西方心理学大师经典译丛
主编　郭本禹

整合与完满

埃里克森论老年

Vital Involvement in Old Age

[美] 埃里克·埃里克森（Erik H. Erikson）
琼·埃里克森（Joan M. Erikson）◎ 著
海伦·克福尼克（Helen Q. Kivnick）
王大华　刘彩梅 ◎ 译

中国人民大学出版社
· 北京 ·

总译序

感悟大师无穷魅力　品味经典隽永意蕴

美国心理学家查普林与克拉威克在其名著《心理学的体系和理论》中开宗明义地写道："科学的历史是男女科学家及其思想、贡献的故事和留给后世的记录。"这句话明确地指出了推动科学发展的两大动力源头：大师与经典。

一

何谓"大师"？大师乃是"有巨大成就而为人所宗仰的学者"①。大师能够担当大师范、大导师的角色，大师总是导时代之潮流、开风气之先河、奠学科之始基、创一派之学说，大师必须具有伟大的创造、伟大的主张、伟大的思想乃至伟大的情怀。同时，作为卓越的大家，他们的成就和命运通常都与其时代相互激荡。

作为心理学大师还须具备两个特质。首先，心理学大师是"心理世界"的立法者。心理学大师之所以成为大师，在于他们对心理现象背后规律的系统思考与科学论证。诚然，人类是理性的存在，是具有思维能力的高等动物，千百年来无论是习以为常的简单生理心理现象，还是诡谲多变的复杂社会心理现象，都会引发一般大众的思考。但心理学大师与一般人不同，他们的思考关涉到心理现象背后深层次的、普遍性的与高度抽象的规律。这些思考成果或试图揭示出寓于自然与社会情境中的心理现象的本质内涵与发生方式；或企图诠释某一心理现象对人类自身发展与未来命运的意义和影响；抑或旨在剥离出心理现象背后的特殊运

① 辞海．缩印本．上海：上海辞书出版社，2002：275.

作机制，并将其有意识地推广应用到日常生活的方方面面。他们把普通人对心理现象的认识与反思进行提炼和升华，形成高度凝练且具有内在逻辑联系的思想体系。因此，他们的真知灼见和理论观点，不仅深深地影响了心理科学发展的命运，而且更是影响到人类对自身的认识。当然，心理学大师的思考又是具有独特性与创造性的。大师在面对各种复杂心理现象时，他们的脑海里肯定存在“某种东西”。他们显然不能在心智“白板”状态下去观察或发现心理现象背后蕴藏的规律。我们不得不承认，所谓的心理学规律其实就是心理学大师作为观察主体而“建构”的结果。比如，对于同一种心理现象，心理学大师们往往会做出不同的甚至截然相反的解释与论证。这绝不是纯粹认识论与方法论的分歧，而是对心灵本体论的承诺与信仰的不同，是他们所理解的心理世界本质的不同。我们在此借用康德的名言“人的理性为自然立法”，同样，心理学大师是用理性为心理世界立法。

其次，心理学大师是“在世之在”的思想家。在许多人看来，心理学大师可能是冷傲、孤僻、神秘、不合流俗、远离尘世的代名词，他们仿佛背负着真理的十字架，与现实格格不入，不食人间烟火。的确，大师们志趣不俗，能够在一定程度上超脱日常柴米油盐的束缚，远离俗世功名利禄的诱惑，在以宏伟博大的人文情怀与永不枯竭的精神力量投身于实现古希腊德尔菲神庙上“认识你自己”之伟大箴言的同时，也凸显出其不拘一格的真性情、真风骨与真人格。大凡心理学大师，其身心往往有过独特的经历和感受，使之处于一种特别的精神状态之中，由此而产生的灵感和顿悟，往往成为其心理学理论与实践的源头活水。然而，心理学大师毕竟不是超人，也不是神人。他们无不成长于特定历史的社会与文化背景之下，生活在人群之中，并感受着平常人的喜怒哀乐，体验着人间的世态炎凉。他们中的大多数人或许就像牛顿描绘的那般：“我不知道世上的人对我怎样评价。我却这样认为：我好像是在海上玩耍，时而发现一个光滑的石子儿，时而发现一个美丽的贝壳而为之高兴的孩子。尽管如此，那真理的海洋还是神秘地展现在我们面前。”因此，心理学大师虽然是一群在日常生活中特立独行的思想家，但套用哲学家海德格尔的话，他们依旧都是“活生生”的“在世之在”。

二

那么，又何谓“经典”呢？经典乃指古今中外各个知识领域中“最重要的、有指导作用的权威著作”①。经典是具有原创性和典范性的经久不衰的传世之作，是经过历史筛选出来的最有价值性、最具代表性和最富完美性的作品。经典通常经历了时间的考验，超越了时代的界限，具有永恒的魅力，其价值历久而弥新。对经典的传承，是一个民族、一种文化、一门学科长盛不衰、继往开来之根本，是其推陈出新、开拓创新之源头。只有在经典的引领下，一个民族、一种文化、一门学科才能焕发出无限活力，不断发展壮大。

心理学经典在学术性与思想性上还应具有如下三个特征。首先，从本体特征上看，心理学经典是原创性文本与独特性阐释的结合。经典通过个人独特的世界观和不可重复的创造，凸显出深厚的文化积淀和理论内涵，提出一些心理与行为的根本性问题。它们与特定历史时期鲜活的时代感以及当下意识交融在一起，富有原创性和持久的震撼力，从而形成重要的思想文化传统。同时，心理学经典是心理学大师与他们所阐释的文本之间互动的产物。其次，从存在形态上看，心理学经典具有开放性、超越性和多元性的特征。经典作为心理学大师的精神个体和学术原创世界的结晶，诉诸心理学大师主体性的发挥，是公众话语与个人言说、理性与感性、意识与无意识相结合的产物。最后，从价值定位上看，心理学经典一定是某个心理学流派、分支学科或研究取向的象征符号。诸如冯特之于实验心理学，布伦塔诺之于意动心理学，弗洛伊德之于精神分析，杜威之于机能主义，华生之于行为主义，苛勒之于格式塔心理学，马斯洛之于人本主义，桑代克之于教育心理学，乔姆斯基之于

① 辞海．缩印本．上海：上海辞书出版社，2002：852.

语言心理学，奥尔波特之于人格心理学，吉布森之于生态心理学，等等，他们的经典作品都远远超越了其个人意义，上升成为一个学派、分支或取向，甚至是整个心理科学的共同经典。

三

这套“西方心理学大师经典译丛”遵循如下选书原则：第一，选择每位心理学大师的原创之作；第二，选择每位心理学大师的奠基、成熟或最具代表性之作；第三，选择在心理学史上产生过重要影响的一派、一说、一家之作；第四，兼顾选择心理学大师的理论研究和应用研究之作。我们策划这套“西方心理学大师经典译丛”，旨在推动学科自身发展和促进个人成长。

1879 年，冯特在德国莱比锡大学创立了世界上第一个心理学实验室，标志着心理学成为一门独立的学科。在此后的一百多年中，心理学得到迅速发展和广泛传播。我国心理学从西方移植而来，这种移植过程延续已达百年之久①，至今仍未结束。尽管我国心理学近年取得了长足发展，但一个不争的事实是，我国心理学在总体上还是西方取向的，尚未取得突破性的创新成果，还不能解决社会发展中遇到的重大问题，还未形成系统化的中国本土心理学体系。我国心理学在这个方面远没有赶上苏联心理学，苏联心理学家曾创建了不同于西方国家的心理学体系，至今仍有一定的影响。我国心理学的发展究竟何去何从？如何结合中国文化推进心理学本土化的进程？又该如何进行具体研究？当然，这些问题的解决绝非一朝一夕能够做到。但我们可以重读西方心理学大师们的经典作品，以强化我国心理学研究的理论自觉。“他山之石，可以攻玉。”大师们的经典作品都是对一个时代学科成果的系统总结，是创立思想学派或提出理论学说的扛鼎之作，我们可以从中汲取大师们的学术智慧和创新精神，做到冯友兰先生所说的，在“照着讲”的基础上“接

① 在 20 世纪五六十年代，我国心理学曾一度移植苏联心理学。

着讲”。

心理学是研究人自身的科学，可以提供帮助人们合理调节身心的科学知识。在日常生活中，即使最坚强的人也会遇到难以解决的心理问题。用存在主义的话来说，我们每个人都存在本体论焦虑。“我是谁，我从哪里来，我将向何处去?”这一哈姆雷特式的命题无时无刻不在困扰着人们。特别是在社会飞速发展的今天，生活节奏日益加快，新的人生观与价值观不断涌现，各种压力和冲突持续而严重地撞击着人们脆弱的心灵，人们比以往任何时候都更迫切地需要心理学知识。可幸的是，心理学大师们在其经典著作中直接或间接地给出了对这些生存困境的回答。古人云:“读万卷书，行万里路。”通过对话大师与解读经典，我们可以参悟大师们的人生智慧，激扬自己的思绪，逐步找寻到自我的人生价值。这套“西方心理学大师经典译丛”可以让我们获得两方面的心理成长：一是调适性成长，即学会如何正确看待周围世界，悦纳自己，化解情绪冲突，减轻沉重的心理负荷，实现内心世界的和谐；二是发展性成长，即能够客观认识自己的能力和特长，确立明确的生活目标，发挥主动性和创造性，快乐而有效地学习、工作和生活。

我们相信，通过阅读大师经典，广大读者能够与心理学大师进行亲密接触和直接对话，体验大师的心路历程，领会大师的创新精神，与大师的成长并肩同行!

郭本禹

2013 年 7 月 30 日

于南京师范大学

前　言

本书在开篇第一章指出它是三位作者共同对老年期做出的“联合反思”。那么，或许我们该在这里解释一下何谓“联合反思”，并告诉读者我们是谁，凭什么可以做出这样的反思。

借着加利福尼亚大学伯克利分校的人类发展研究所开展的“指南研究”（Guidance Study）项目，我们才有机会（第一章有详细介绍）在过去几年中访谈了二十九位 80 多岁的老人，收集到他们自己的，以及，特别是他们子女的在过去半个世纪中的生活史资料。自 1928 年以来，“指南研究”就开始追踪一大批生于 1928 年至 1929 年上半年的伯克利新生儿的生活，从出生到现在，这些孩子和他们的父母都已经度过了五十多个春秋。在 20 世纪 40 年代的时候，本书的一位作者（埃里克·埃里克森）曾对“参与指南研究的孩子们”——当时是十来岁——进行过参与式观察并总结过其中五十个孩子的生活史。那时，主持该项目的是简·沃克尔·马克法兰（Jean Walker Macfarlane），也正是她激发了本书阐述的这项研究。这些在今天作为我们的受访者的八旬老人在当时可都是家有青春期少年的青年或中年父母。

本书的三位作者（尽管我们拥有不同的专业经验，年龄也不同）持有一种相同的观点，即应该动态地认识从婴儿到老年的不同年龄和不同生命阶段的特点。在第一章（第四节），本书为读者呈现了构成我们共同观念的理论基础，即，认为人类生命阶段圆满于老年期的渐成论。

该理论可以让我们把自己的新观点与 1928 年以来收集到的资料整合起来，以便我们对这些高龄被试的“积极参与”（vital involvements）进行深入思考。在第二章，本书对他们在老年和早年生活中的经历与活动兴趣进行了讨论，并试图对老年期的“积极参与”及其心理过程进行最充分的理解。

接着在第三章，本书为读者提供了一个例证，解读了一部几近完整的生活史，即伯格医生的生活史。他是英格玛·伯格曼的电影《野草莓》中的主人公。我们并没有选择自己的某个被试，而是针对这部伟大艺术作品中的一个角色来对生活史进行讨论。究其原因有两点：首先，历经如此长时间的“指南研究”，我们的被试所剩无几，而且他们互相太过熟悉以至于对其中任何一人的深入描述都会造成隐私泄露，这是不公平的；其次，我们所选的这部电影本身已经绝妙地将一部完整的生活史呈现出来。这部电影讲述了一位瑞典医生如何在驱车前往隆德（Lund）的大学城接受世人瞩目的荣誉博士学位的途中故地重游了一些重要地点，以及如何在梦境中重现他生活中一些关键经历的故事。“创作”这部生活史的人真是富有洞见的天才，其中的情景刻画出了包括老年期在内的整个生命的“逻辑”和丰富多彩。

在详尽解读这部生活史之后，本书将视角转换到另一个年代发生在另一个国家的故事，这便是我们所处的时代和我们的国家。我们对当前面临的重要老年议题进行了讨论，并提炼出一些结论（第四章）。在本书最后一章，我们指出了当代美国老年人的“宿命”大趋势，并基于对生命周期的理解，对如何改善这个宿命提出了一些建议。

关于我们自己：埃里克·埃里克森是一位精神分析师，也是哈佛大学人类发展专业的荣誉教授。他已经80多岁了。琼·埃里克森是一位画家和手工艺师，在旧金山的奥斯汀·里格斯中心（Austen Riggs Center）和锡安山医院（Mount Zion Hospital）等治疗机构工作，她研发了一套运用绘画体验来激发潜能的方法以辅助康复和成长。她也80多岁了。海伦·克福尼克则是一位临床心理治疗师兼研究者。她所从事的临床治疗以及有关祖父母、老化和超越文化边界的参与式艺术活动及其心理社会意义的研究，无不折射出其致力于理解并提升整个生命周期的心理社会健康的努力。但她的年龄却比另外两位作者年轻了将近五十岁。

这便是本书的三位作者，年龄不同且来自不同专业领域的同行。读者可能想知道三位作者是如何共同撰写此书的。过程是这样的：每一章都是先由三个人共同做深入讨论，然后由一位作者进行撰写，由另外两位作者进行研读和校对。最后，全书交付给富有洞见的出版编辑琳达·希利（Linda Healey）。

尽管本书取材的背景可追溯至年代久远的加利福尼亚州伯克利，但是我们的研究却是依靠两个当代学术和行政团体——一个在加利福尼亚州，另一个在宾夕法尼亚州——的领导人的信任和支持来完成的。伯克利人类发展研究所的现任所长盖伊·斯万森（Guy E. Swanson）教授对我们的研究给予了热情的支持和鼓励，他的同事们也为我们这项工作能够不断厘清方向提供了最多的帮助。指导过我们研究的还有多萝西·艾钦霍恩（Dorothy Eichhorn）与玛乔丽·翁齐（Marjorie Honzik），她们对我们的任务相当了解。给我们提供了特别帮助的还有卡罗尔·哈芬（Carol Huffine）和马克·维尔基（Mark Welge）。而阿登·帕瑞什（Arden Parish）则是遵照要求一丝不苟地完成了我们的访谈记录，他的帮助也是无可估量的。

还有来自东部地区的一些其他形式的帮助。研究经费的支持来自美国国立精神卫生研究所（National Institute of Mental Health）［以吉恩·科恩（Gene Cohen）和巴瑞·勒鲍威茨（Barry Lebowitz）为代表］和美国国立残障研究所（National Institute of Handicapped Research），经费是通过斯坦利·布罗迪（Stanley J. Brody）领导的宾夕法尼亚大学老化康复研究与训练中心（Rehabilitation Research and Training Center of Aging at the University of Pennsylvania）提供给我们的。斯坦利和他的同事们所强调的老年人的生活需要**康复**这一观点让我们获益匪浅。他的财务协调员多洛雷丝·福斯特-肯尼迪（Dolores Foster-Kennedy）也非常能干，帮我们解决了行政管理方面的诸多问题。

最后，本书的致谢范围还应该包括我们的家人。埃里克森夫妇被迫学会了尽可能让家庭生活和研究工作之间的联系更为紧密一些。海伦·克福尼克的坚强后盾则是加里·加德纳（Gary Gardner），是他不断给予鼓励、幽默和启发。在此，我们三人也竭诚向他表示衷心的感谢。

目　录

第一章 13
年龄与阶段

第一节 引言

本书是对老年期，即生命周期之终结阶段的联合反思，我们在书中会不断地强调从生命最初到最后的每个阶段都必须经历的积极参与。不过，这种生活史视角（life-historical perspective），必须放在历史舞台的背景中考量。在每个特定的历史时期，该背景都会规定一些前提条件，只有在这些前提下个体才能有机会进行属于特定年龄的追求，而这种追求对个体自己的发展以及对同时代亲属们（以及邻里们）的发展都是必不可少的。

在这里，首先可以对整个世界史做个检视，看看从过去到现在不同
时期和不同文明中呈现出的形形色色的对待老人的方式。但是这样的历
史检视可能很难看到我们最想了解的事情，因为历史感兴趣的主要是精
英老人，历史里的真实“老人”，他们由于这样或那样的原因受到爱戴， 14
最后会被礼葬以图进入所谓的来世，所以他们的形象或多或少都是被神
秘预设出来的。而对于不计其数的不知名的老人，我们大概只能泛泛而
谈。虽然，在年长老人掌握着财权、土地和等级的社会里，老年人可以
通过论资排辈得到良好的待遇；但今天，我们面临的是数量空前的老年
人群体，他们生活的环境是技术世界，在这样的社会里，他们总体上会

扮演怎样的角色还相当不明朗。显然，他们的音容笑貌不能保存人类历史的连续性，而这个社会结构的中心地带也“容不下”老年人。

仔细思考一下老年人在人类历史舞台上的境况，很显然地，我们会发现，所有人都面临着这样的前景：寿命将在技术发展不可限量的未来世界中继续稳步延长。在这个未来世界里，人类首先要证明，作为一个总体，人类能够从自己的那些不计后果的发明中幸存下来。从现在开始，老年期就必须是**有规划的**，即成熟的（也有人希望是有知识的）中年人必须开始意识到并一直明白，前面还有很长的生命之路要走。如果老年人能以某种方式圆满地、按顺序地体验生命前期的几个阶段，那么他们就可能形成贯穿一生的积极参与，对于寿命很长的老人来说，余生就取决于这些积极参与。换句话说，生活史的连续性必须贯穿在整个生命周期中，如此，中年人的生活才能指望有一个活泼的代际互动，而老年人才能形成我们所描述的那种存在主义的整合感，这是唯一可能获得的不朽。

那么，为了清晰地说明我们自己的工作，作为本书的作者，我们要做如下声明：我们选择那些和本书的最年长作者同龄或比他更老的老人
15 为对象，对他们进行研究、访谈和讨论；这些老年人同意自己参加，也同意他们的子女参加下面将要谈到的这项“追踪”研究。不过，我们首先应该指出，本书作者是在不同情况下加入这项研究的。但我们都隶属于同一个比较新的研究流派，即，人的整体发展流派。本书有两位作者的年龄与我们的受访者一样，另一位则处于相对年轻的中年期。

说到我们研究的历史背景，有必要指出的是，自 20 世纪中叶以来，学界较为普遍的关注兴趣首先是被儿童发展唤醒的，然后才延伸到各个年龄和生命阶段，而且这种兴趣已经超越了特定的临床上的“个案史”或者特定的历史学上的个人传记。我们的研究对象实际上是来自一个知名社区，即加利福尼亚州伯克利的一组“普通”居民，他们之所以入选仅仅是因为他们的子女是抽样统计中某个特定年份出生的孩子。这种抽样选取“普通”生命个体的方式，也就只能出现在 20 世纪，因为 20 世

纪中期召开了聚焦于“**每一个**孩子的健康人格”的白宫儿童会议（White House Conference on Children）。无疑，20 世纪被称为“儿童的世纪”，因为从世纪初期便在世界范围内兴起了对儿童和“心理健康”的关注，该关注点十分符合人们对可分类障碍——被弗洛伊德认为是普遍存在且至关重要——的兴趣。对童年的特别关注被伟大的导师和科学家们，如杜威、格塞尔、米德以及蒙台梭利和皮亚杰，以各种各样的方式彰显出来。同时还要感谢富有洞见的机构代理人，如劳伦斯·弗兰克（Lawrence K. Frank），正因为有了他们，基金资助才开始支持这些学者。

本书中的两位作者（埃里克·埃里克森和琼·埃里克森）参与了
20 世纪中叶的那次儿童会议（在当时是非常难得的）并提出了（“心理 16
社会的”）生命阶段理论，这也是主导我们当前研究工作的理论。在本章第四节我们会对该理论做一些简单介绍。20 世纪中叶以后，人们对生命其他阶段的关注也慢慢变得同样普遍和集中：60 年代是青少年期（及其对自我认同的探寻）；70 年代是成年期；现在则是老年期。

第二节　本项目的起源

在这个社会关注与科学兴趣相互交织的时代背景下，劳拉·斯佩尔曼·洛克菲勒基金会（Laura Spelman Rockefeller Foundation）同意资助一项在加利福尼亚大学伯克利分校进行的人类发展追踪研究。该研究标志着几支兴趣源流的汇聚，具体如下。伯克利市卫生局的理查德·博尔特（Richard Bolt）的调查证实了伯克利市的婴儿死亡率异常低，这是一个立刻让人感到兴奋和惊讶的统计数据。汤姆诊所（Thom Clinics）和加利福尼亚大学儿科系两家机构对他们当时正在观察的来访者开展了一段时间的研究，鉴别导致来访者出现行为问题的早期根源是什么。同时，在学界已经能够找到一些训练有素且动机强烈的专业工作者，他们有能力对相关问题开展研究。从各个方面看，时机已经成熟了。

儿童福利研究所（Institute of Child Welfare）成立于1927年，赫伯特·斯托茨（Herbert R. Stolz）博士是首任所长，哈罗德·埃利斯·琼斯（Harold Ellis Jones）博士任分管研究的主任。同年，该研究所在加利福尼亚州建立了第一家托儿所并制订了"伯克利调查"（Berkeley Survey）计划。该研究以在一段为期十八个月的时间内生于伯克利的所有婴儿中的三分之一为对象来开展，调查他们的健康和发育情况。

17 在随后的几年中，实际共出现了三个大型纵向研究，均致力于同样的研究目的。这三个项目分别是：伯克利成长研究（Berkeley Growth Study）、指南研究（Guidance Study），以及奥克兰成长研究（Oakland Growth Study）。

本书所呈现的我们研究工作的基础性资料，就是指南研究中的数据资料，以及我们对该研究中的儿童被试及其父母的访谈内容。

> 这248名被试在1928年1月1日至1929年6月30日期间生于伯克利，他们是从一项社会经济调查库中按三选一的比例抽取出来的……虽然遵循了规定的取样程序，但是因为指南研究的样本来自一个大学社区，因此可以想见，该样本与美国人口的总体情况（从人口数据来看的话）还是有区别的。例如，医院接生的比例超过全国平均水平，且婴儿死亡率也更低一些。尽管本研究样本的收入水平低于全国平均值，但是指南研究中被试的父母所接受的教育水平是高于全国平均值的，而且他们更可能拥有自己的住房以及家用电器。[①]

该研究逐渐延续直到被试18岁，它后来成为一项综合性的追踪研究项目，令人惊讶的是，第一批被试的持续参与度非常高。

---

① Dorothy H. Eichorn et al., eds., *Present and Past in Middle Life* (New York: Academic Press, 1981), 34.

指南研究中的宝宝们从 6 个月大就开始接受护士的家访，目的是了解他们的总体健康情况。在 21 个月的时候，这些孩子及其母亲开始每隔半年接受一次研究所的探访。他们的健康、饮食和睡眠习惯，以及排泄都被记录下来，关于孩子的行为问题，访谈员会与母亲进行讨论。这些多轮次的记录为本研究被试的家庭生活及其抚养孩子的方法提供了一手资料。规律性的家访也为指南研究的访谈员提供了机会，可以帮助母 18
亲理解自己孩子的需求，并对各种各样的育儿问题给出解决建议。这些针对孩子的探访持续了十六年，关注点是他们的发展，并做了很多身体检查和各种各样的测验与测量。身体检查又持续了两年，直到他们 18 岁。

在这些孩子 17 岁的时候，也就是 1945—1946 年，他们的父母接受了一次单独访谈，内容聚焦于这些父母自己的个人生活和问题。

后续的资助支持了五年后的一次随访。简·沃克尔·马克法兰（Jean W. Macfarlane）教授从 1928 年开始承担该研究，1938 年，她在儿童发展研究会发表了一期专刊[①]阐述该研究的性质和主题，指出以下三个主要目标[②]：

> **第一**，利用有代表性的儿童样本，我们将对不同年龄段之问题行为的发生频率和持续性收集更多信息……
>
> **第二**，我们试图寻找在人格构成或成就领域中儿童的典型行为与其天赋和环境之间的关系，生理和心理的层面都包括在内……
>
> **第三**，我们希望获取可靠的信息以便我们能够对当前流行的有关早期情绪模式与后期不良适应二者间关系的假设进行评估……

1960 年该研究所总结了以下几点来介绍本研究中所记录的家庭相

---

① Macfarlane, *Studies in Child Guidance*, vol. 1, *Methodology of Data Collection and Organization*, Monographs of the Society for Research in Child Development, vol. 3, no. 6 (Washington, D. C.: Society for Research in Child Development National Research Council, 1938).

② 第四个目标是关于方法学的，由于太过烦琐而没有呈现。

19 关资料是何等丰富，这些资料现在对该领域的一些研究者是开放的。

1. 历史性和事实性数据从被试 18 岁一直跟踪到现在（大约 150 位被试）；这些数据包括教育、职业、婚姻、孩子以及其他生命历程中的重要事件。
2. 四次深度访谈的记录，主题分别聚焦于高峰和低谷时期、与父母的关系、与子女的关系以及将自己的家庭与配偶的家庭做对比。
3. 纵向的健康记录。
4. 一套测验系统，包括智力测验、投射测验、对“重要他人”评价的知觉测验等。

目前正在进行的研究主要关注的主题包括早期测量指标的预测效果、与状态的变化或维持有关的因素、三代人之间的比较、各种择偶模式、职业选择和满意度等。而追踪可以

> 对个体从婴儿期到成人期各个方面的情况进行收集，从而得到一组在生物社会性与行为方面都独一无二的数据。因为这组数据能够对成长过程中与成年期的成熟、不成熟或者人格缺陷相关联的一些因素进行分析，所以应该可以对人格发展方面的理论和知识提供有益的补充。[①]

1960 年以来，追加的资助使得这批数据愈显丰沛，因为可以在多
20 种间隔条件下对被试及其父母都进行追踪访谈。扩展后的研究领域得到加利福尼亚大学校务委员会的肯定，1958 年他们将衍生出该追踪研究的母体机构——儿童福利研究所更名为人类发展研究所（Institute of Human Development）。

1981 年我们三人开始成为该研究所的成员，也就是在那时候，我

① 来自人类发展研究所的档案。

们在宾夕法尼亚大学老化康复研究与训练中心的支持下获得了美国国立精神卫生研究所的资助，着手对指南研究中孩子的父母进行研究。

与我们所研究的父母们最相关的资料，混杂在海量的、不与我们项目直接关联的孩子们的信息中。但是，作为伯克利调查最初的组成部分，该项目于1928年对父母一方或双方进行了初次访谈，收集了他们在家族、职业、收入、居住条件和健康等方面的信息。同时，也收集了他们兄弟姐妹的年龄、性别、健康和行为问题或癖好方面的信息。这批早期数据引起了我们极大的兴趣，因为其提供了不多却十分重要的代际信息，而这涉及我们被试的种族和社会根源。

1968年，当孩子们已经40岁的时候，他们的父母再次接受了同样形式的访谈。到1981年，孩子们都已年过半百，而他们父母当中的健在者的年龄也都已经介于75至95岁之间了。所有这些记录都作为档案保存了下来，而后来追加的数据也可以供我们使用。

早在20世纪40年代，埃里克·埃里克森就曾是指南研究的一名研究者。那时，他对所有的孩子在十来岁时进行了“游戏建构”（play configuration）访谈。[①] 他还写了一些关于五十个孩子的头十年及其家庭环境的概述（现在保存在研究所的档案里）。这些概述中包括一份摘要，介绍了多年观察所揭示出来的父母人格及其育儿风格的关系。如前所述，我们后来就选择了这份“概述”中提到的五十个孩子的父母中的健在者作为本研究的对象，因为我们特别感兴趣的是，20世纪40年代获得的那些数据是否可以预测这些孩子的生命历程及其是否对他们父母的老年生活也意味着什么。1981年，我们从概述记录的五十个孩子的父母中挑选出二十九位居住在本地的健在者作为我们的研究被试。 21

① 最终，对男孩和女孩都常见的游戏建构，在统计上也得到相当令人信服的证明，以至于玛乔丽·翁齐（Marjorie Honzik，当时是指南研究的职员，广受尊重）决定发表一篇摘要介绍这些观察。这篇文章刊登在1951年的《美国行为精神病学杂志》（*American Journal of Orthopsychiatry*）上，并且被哈罗德·琼斯引用在《人类发展研究》（*Studies in Human Development*，University of California Research Bulletin，no. 20）之中。另外，它也是埃里克·埃里克森的著作《童年与社会》（*Childhood and Society*，New York：W. W. Norton，1963）第二版中的一个简短章节。

前面介绍过的马克法兰的专刊《儿童指南项目中的研究》（*Studies in Child Guidance*），总结了指南研究的基本取向是致力于研究人类本性中的“热情、适应性和毅力”。但是，即便有，也很少有其他研究者敢使用这样一个术语——而且用得信心十足和令人可信，即她所谓的“一组正常孩子的追踪研究”。马克法兰显然意在强调，她希望这个研究的立足点不是出于准临床原则，就像当时很流行的试图“解开”某些已被证实的失调的前因，而是出于一个均衡原则，即探讨她（也）称之为
22 的“正在发展的、良性的和失调的模式之前因”，并将对这些发展问题的研究与提供给家庭的谨慎指导结合起来。毋庸置疑，对互相交错的（至少）两代人的生活进行研究并提供“指导”的过程，可以给这项研究带来新的启发，以便更好地理解生活史的本质以及发展问题的本质。

第一次访谈

我们是通过写信做自我介绍的方式来联系受访者的，介绍信由人类发展研究所的所长签名。在第一次踏入受访者的生活空间时，我们受到了热情欢迎。这样的热情表明经过多年反复联系，受访者与研究所工作人员之间一直保持着良好的关系。我们也渴望继续保持这样的良好关系，因为我们知道以后还要给这些慷慨的人提出更多的任务和要求。

对于第一次访谈，我们预备了一些相当宽泛的问题来获取关于家庭和个人生活史的一些事实性信息。我们所有的询问都是开放式的；当进行对话的时候，我们从不尖锐地重复问题。因为我们的目的并不是要量化我们的资料，所以访谈过程非常灵活自由。由于有录音，所以我们不用逐字做记录，当我们发现提的问题很适合保持畅通的谈话时，我们会记下这些问题。丈夫与妻子是分别接受访谈的，尽管另一方并不总能回避。虽然有些老人（包括埃里克森夫妇在内）到最后会很疲倦，但是访
23 谈还是会持续近两个小时。在进行第一次访谈之前我们并没有阅读任何有关受访者的资料，这样我们就可以带着真正的访谈兴趣来熟悉我们的受访者。

第三节　生活与时代

在讨论我们如何整理访谈所收集到的资料之前，必须先简要介绍一下我们的受访者是在怎样的时空环境中度过一生的。出生于世纪之交的他们经历了20世纪以来到今天的整个历史。作为本书作者的埃里克森夫妇，我们也是20世纪的孩子，我们的童年见证了20世纪初的美好时光，那时候的世界很不同。我们在20世纪30年代末就居住在伯克利，亲历了它在前城市化时期的遗风。我们沉醉于受访者童年时期的生活背景，因为我们对他们早年生活过的地理空间了然于胸，他们大多一辈子就住在湾区或者伯克利市区。要想象出一战前的奥克兰和伯克利对我们来说并不困难——没有桥梁、车辆稀少、有许多叮叮当当的电车——因为我们也有同样的在那个年代、那样的小镇长大的经历。我们也同样感受过基本的现实需要，包括简单的生理需要，如饮食和穿衣，以及节约的需要。在那个年代，到处都很宽敞：玩耍的空场地长满野花；安全而空荡的街道在冬天会变得泥泞不堪。那个年代的人们很有能动性。你可以挨家挨户叫卖一束一束的鲜花和瓶装的柠檬水（在阴凉的地方）。正像一位满是思乡之情的七旬老人所回忆的，伯克利那时候有多美好："当我们还是孩子的时候，你知道，我们可以在空地玩棒球和橄榄球。那些空地就那样空着，我们可以拼尽全力击球，不用在乎是不是会打破 24
别人家的窗户。"老伯克利人还能记起他们的祖父母曾居住的地方，这些地方现在已经成为小镇或小城的街道，他们就把粪肥堆在房前，奶牛在后院吃草；还有小鸡和清晨打鸣的公鸡。每个男孩都有放学后派送报纸或者其他服务性的零工。"骑着车，我可以送药和处方这类物品"，"我曾为伯克利市除过野草"，"我每天挣一美元"（在花园劳动）。女孩们则在家里帮忙做家务。"我们洗衣服、熨衣服，我们还要洗碗碟。"那时人们充满希望和进取心，我们的老年被试像孩子一样发出这样的感慨，他们记忆中的早年时光是闪耀着光辉和生机的："那时候很美好，没有阻塞的交通，也很少见到警察。”

在他们年轻时，他们遭遇的第一场灾难就是第一次世界大战。这场战争是他们所有人都不愿回忆的过去。记忆中的这场大战是一段惊心动魄的时期，但其实，那些主要的大事都发生在很遥远的地方，而且战事在西海岸的传播也相当缓慢。

大萧条则是另一种挑战性经历。它出现在受访者学业即将完成或者结婚不久开始要养育孩子的时候。他们为实现并维持家庭的独立而挣扎。许许多多的年轻家庭成员不得不回到条件尚可的父母家去住。后来，当他们能够搬进属于自己的房子时，他们感到非常骄傲，因为这意味着他们有了进一步的独立性和个体性。

和找住处一样，找到工作并守住饭碗在大萧条时期也是很困难的。
25 这要求个体既有主动性又有胜任力。“我先是得到了一份工作，后来丢了工作，然后我就找了点别的事来做。我其实根本想不起来以前做过的每件事。”有工作意味着长时间的辛苦劳作。“我们每天工作十八个小时，有时是二十个小时。我们的孩子，在他们还很小的时候，就要和成人一样工作。他们要解决自己的晚餐，还要自己整理床铺。”相当多的受访者认为他们辍学是被迫的。“我母亲是寡妇，对她来说保证家里每人都有鞋穿实在太难了，所以我就退学了。”那是艰苦的年代，在人们的记忆中是这样的：“我不愿再去回想，太艰难了。”

然而，第二次世界大战的发生，极大地改变了伯克利和我们受访者生活。造船厂、石油公司、武装部队和海军人员的出现使人口剧增。连接伯克利和旧金山的海湾大桥刚刚通行，男人和女人都有工作的机会，而且去工作是正当的也是爱国的表现。尽管该研究中的孩子在二战时期还太小无法工作，但是他们很多人的哥哥姐姐参加了工作。无线电和活跃的港口让这一地区保持与当前局势的联系。1945 年那次访谈的被试，即指南研究中孩子的父母，就生活在这样的背景下，访谈内容反映了人们面对伯克利巨变的激动心情与适应情况。

在伯克利，一所重要大学的出现对伯克利人的生活产生了巨大影响。这所大学的规模和办学水平迅速上升的时候，也正是我们的受访者进入成年期的时候。虽然他们当中只有少数人进入了这所大学，但是他们的孩子中却有很多成为该校的学生，所以对他们的访谈在许多方面都生动展现了这所学校对他们的影响。然而，有意思的是，20 世纪 60 年代末的那几年，躁乱不安的学生们把校园搞得乱七八糟，大学周边几乎变得面目全非，但是我们的受访者却很少重点讨论这些。一是因为他们自身与这所学校没什么实质关联，二是因为他们的孩子多半也是在“世 26
界的维护”（maintenance of the world）期成家立业的。我们的受访者虽然用带有蔑视的语气谈论学生们的离经叛道和年轻人中普遍存在的不安分和不负责现象，但是这些问题却似乎并没有对他们自己的生活产生任何不良影响。

透过上述所有信息，我们后来明白了指南研究记录中所反映的家庭问题，即孩子身体或情绪方面的障碍，是在高中阶段凸显成为关键性问题的。婚姻问题也是存在的，虽然我们的受访者中只有一位离异。还有严重疾病让老年人和年轻人同样遭受悲伤和巨大压力。可以说，我们的受访者是历经了人类各种苦难的幸存者。然而，在我们与他们交谈的时候，他们一定程度上会把过去进行整合，恰当地以某种艰苦奋斗作为结束语。

我们的受访者会清晰而饶有兴趣地谈及自己的生活，似乎是无所隐瞒。但是，当我们后来得知他们曾经历过一些危机——他们与孩子和另一半所经历过的一些巨大挑战时，令我们非常惊奇的是，他们可以安静平淡地向我们叙述这些往事的来龙去脉。有好多次，一句简单的总结就悄悄地把多年一直存在问题的关系遮盖过去了：“孩子们没什么问题……”“我们的婚姻生活中没有发生过什么分歧。”家庭关系的紧张与创伤性经历有关，例如孩子罹患疾病或死亡、青春期儿子或女儿出现极端不良行为或者夫妻不和濒临离异等造成的不良后果。我们并没有将受访者刻意略过或轻描淡写提及的主题抽取出来，因为我们的目的是，要通过他们自认为在某阶段很重要的并加以讨论的矛盾冲突来理解这些老年人。

27 ## 个人空间

对老年被试成长与发展的社会历史背景的简短概述，引发我们进一步思考老年人是如何安排他们的生活空间的，包括夫妻同住、与家人同住、独居等情况。任何的居所，对进入其内的拜访者或者观察者而言，都带有自己的氛围或色调。这种氛围并不容易拿来分析，因为它是拜访者的一种觉察，即迈克尔·波兰尼所说的，是一种对主人如此这般安排空间、家具和装饰设计所反映出的价值观的内隐认知和鉴赏。对于居住其间的人而言，这个空间得到授权展示出主人的偏好与使用风格。那么，这里会有什么样的活动呢？内部空间是否被用来迎接和款待他人？居所整体是否暗示了对他人的依赖性，或者这个空间是否完全由居住者掌控？它是否充盈着对过去的记忆，或者，是否会因为年轻家庭成员照片的陈列而立即让人注意到房主的代际关系？

外在的活动参与迹象总是很直观的，对于老年人的家庭来说尤为如此，因为利用环境来“刻意表达观点”的社会需求和个人需求都已经不如从前那样重要了。

因此我们认为，就如访谈中受访者的言语陈述一样，受访者居所的空间安排也可以通过上述多种形式反映出他们的活动参与情况。所以，我们就打算重点关注一下我们这个数量虽小但却是随机抽取的伯克利样本，他们通常的居住安排会是怎样的。而且，他们仍然住在该地区，这正是我们选择他们的一个重要理由。

28 受访者中将近一半的人不仅住在市区里面，而且就住在他们已经过了大半辈子的房子里。有一对夫妻所居住的房子，竟然就是其中一位当年出生的地方！他们曾搬出去在别的地方住过几年，后来由于要照顾年迈的父母就又搬回来，之后就一直住在那里了。

有五位受访者在附近的退休社区选择了居所来安度晚年。这类社区是相当豪华的住宅小区，配备有康乐设施，例如游泳池、俱乐部活动室、宽敞的停车设备等。有五位鳏寡老人住在较小的公寓里，其中一位还与她同样寡居的姐姐住在一起。有一位女士住在自己女儿的房子里，一位男士则独自住在一间阁楼里。一对夫妇住的两间房属于政府补贴的、可以提供部分照料的设施，因此个人的生活方式在某种程度上会受到限制。另外还有一位女士独自住在退休公寓楼里，这里提供三餐和很多娱乐与照料设施。如我们前面所提到的，所有受访者都居住在伯克利，就在市区或者离市区几个小时的车程范围内。为了方便讨论，我们可以把他们分成三组：夫妻（10 人）、单身男性（5 人）、单身女性（14 人）。

他们居住的房屋大半都维护得很好，通常有一些额外的日间服务帮助打理。我们感觉他们大部分的家具陈设没有更换过或翻新过。老年人似乎很喜欢他们那些老物件原来的样子。我们在很多个案里看到，近期增添的物品主要是家庭合影照片，在讨论孙辈的时候可以顺手拿起来看看。如果是独居男性的话，房屋里很少看到照片；其实，屋里一般都很少有装饰品和小摆件；除了少数例外，屋里的物品是摆放整齐的而且很结实；屋内较少有明亮的色彩，这让人不由自主地会把视线移向窗外。

如果是女性独居的话，陈列的“细节”和物品则更多一些。大多数情况下，居所的颜色更加清晰明亮，家具的摆放也更适宜接待客人。 29

只有一位男士给我们提供了小点心。而几乎所有的女士都表示出了这样的热情。

在大多数小型公寓里几乎住的全是女性，我们对这些搬进狭小生活空间的老人感到惊诧，她们很明显想要留存老旧而熟悉的物件。相对于她们的居住空间来说，家具似乎太大了；物品也很多，虽然可能各有其用，但囿于空间，反倒显得凌乱不堪。伴随着衰老，熟悉的物品可以支持我们的连续感，而这种支持肯定能够带来某种安慰和愉悦。如果它们把现有空间全部占满的话，则说明这是存在问题的。不过，有两间凌乱的房间，经我们观察得到的迹象却表明，主人正在从事的活动是多么活跃，我们一点儿也不觉得它们是沉闷的或者令人窒息的。

当我们被迎进这些空间的时候，许多事物就立刻变得鲜明起来。这些事物或者向我们吐露出有形的活力和温暖的气息，或者它们就以那种自然褪色的方式继续保持着自己的存在。

第二次访谈

与第一次访谈相比，总体上看，第二次访谈虽然设计更困难，但回报也更丰硕。已经建立起来的密切关系节省了开场白时间，而且基于被试的追踪研究档案和前次访谈资料，我们可以用前次不可能用到的方式
30 进行提问。为了能够收集尽可能多的信息来澄清每个心理社会主题，我们预备的问题会针对每个主题，既强调老年期的也强调年轻时期的经历。问题清单相当长，我们并不总是试图完成这个清单。相反，我们很鼓励受访者对那些引发他们兴趣的问题尽可能详细地展开讲述。

埃里克森夫妇发现，他们可以很自然地与受访者分享“过时”的表达方式、开他们共有的维多利亚时代背景的玩笑、即兴讲一个自己的故事来引发受访者的早期记忆。手势、大笑和腔调在很多案例中都激发了一种令人感到温暖的共情。此外，有些受访者可能因为习惯的缘故（他们毕竟在过去经历了很多次访谈），会提供一些原始的基本信息或者会把同样的经历再讲一遍。

太年轻的一代不可能对我们的受访者在前半生生活过的世界有直接经验，海伦·克福尼克就是年轻的一员。不过，这反而成为她的优势，让她可以倾心聆听每位老人的故事，觉察那些不同于自己已经有所了解的每一个点滴。她说：“我自己不曾有过类似经历，我也不可能提出什么标准对他们进行比较或评判。这就像我刚开始工作的时候，当我对老年人做开放式访谈时，我发现我很容易激发出他们像对待自己孙辈那样的温暖、关心和信任感。而假如受访者是我同辈人的话，他们会踌躇要不要道出深藏内心的有关社会、政治或宗教方面的信念，除非他们了解到我的态度。但这些老年被试没有丝毫犹豫，我常感到他们跟我分享个人观点的时候就好像是在传递有价值的忠告。如果说我的同辈会犹豫要

不要表达自己的悲伤或者愉快（因为他们不太愿意将他们的生活和我的生活做直接比较），或者要不要详细描述那些离奇怪异的或者难以置信的经历（因为他们不太愿意激发一种‘疯了’的评判），这些老人却没有表现出这样的犹豫。非常一致的是，他们对我的真诚提问都报以坦诚相见的回应，给我讲述那些我未曾亲历过的历史时代和生命阶段的故事。” 31

在几乎所有的案例中，我们每个人都与受访者建立了真正温暖的关系，到最后我们实在舍不得跟他们说“再见”。不过，我们也确信，有些老年人会觉得自己在过去这些年里已经回答得够多了。

介绍完我们所参与的这个研究的来龙去脉，读者的胃口可能已经被吊得很高了。我们相信，稀有的纵向数据和受访者的相对开放性给我们提供了一个机会，让我们能够利用这些珍贵而详尽的资料来支持我们的结论——关于生命动力学的，特别是关于老年期的结论。这些资料对“典型”生活的启发性强于临床案例的病史，因为后者经过谨慎的计划并做了必要的掩饰，也强于知名人物的传记式生活史。不过，我们最初给受访者的介绍信同时附有我们签署的保密承诺，这是受访者同意参加研究的前提。因此我们不可能把过去参与研究的被试中某一位的全部生活史呈现给读者。但是，我们特别地考察了受访者在生命最后一个阶段的参与情况，并根据他们早年的生活史资料对他们当前生活的诸多方面进行了阐释。

此外，我们将在本书第三章讲述一部生活史。多年来，这部生活史 32
在我们自己以及许多读者眼里，是对我们所持的生命动力学原则给予的最清晰生动的演绎。这就是伊萨克·伯格（Isak Borg）医生的生活史，被英格玛·伯格曼的电影《野草莓》戏剧化地描写出来。伟大的艺术家，其伟大之处不仅在于他深谙生活，也在于他精通如何将人生的深刻意义——一种我们只能在理论层面进行理解的主题——在作品中以常人可及的方式展现出来。

那么，我们接下来就要给读者呈现我们对人生的整体理解的理论框架，即一个由主要发展阶段，特别是心理社会发展阶段构成的“渐成性”序列。这些阶段将在伯格曼的生动刻画中清晰地显示出来，他描绘了一位老人从渐行渐远的生命状态逐渐苏醒过来的经历。

第四节　阶段说：渐成论

动态的对立平衡

这里即将呈现的发展阶段，对一些人来说已经再熟悉不过了。但这一次，我们想呈现的是这些阶段如何与积极参与过程中的主要问题发生联系，以及积极参与如何与这些阶段发生联系。我们强调**积极**（vital）一词，是因为单单**参与**（involvement）一词就包含多重含义，褒义贬义都有。通常，它带有复杂的、被动的过度卷入（有时，甚至是无望的和无助的）的意味，人被包裹其中而不得自由。但是，对这个词的“词源”含义的最好阐释就蕴含在它语言学的头韵中，因为 in*volve*ment 一词中的 *volve* 与个体出生前曾被包容在母亲的 *vulva*① 有关。据此，现
33 代研究者认为，我们并不是被包裹着，而是已经做好准备要证明我们真的具有“内在的”参与能力，这就意味着我们是积极的，就像“环境”刺激着我们一样，我们也刺激着“环境”；因为我们是积极的参与者，所以我们也对“环境”提出了挑战，要求它用可靠有力的方式让我们参与它。正是这样的心理和社会性的发展过程在生命的每个阶段都以新的方式延展开来，而它首先与心理生理成熟关系密切，正是这种成熟规定了逐步发展的基本序列。

在此，我们打算仅沿着一个发展趋势展开，即心理社会发展的八个阶段。从婴儿到成年再到老年，这个发展趋势为逐渐扩展开来的社会环境中的交互性参与（mutual involvement）提供了必要的力量。不过，

① 该词意为“阴道”。——译者注

我们从事本研究的基本兴趣是想发现：最后阶段的互动中残存的潜能或者新的潜能是什么，以及老年期必不可少的解离（disinvolvements）过程中体现出的积极参与（似乎有些矛盾的）是什么。

但首先，我们必须对发展的每个重要阶段提出两个看似互相对立的发展倾向，即本书所称的**和谐的**（syntonic）与**异常的**（dystonic）倾向，积极参与程度就取决于二者之间的平衡状态。最开始的两个倾向，是在婴儿期（infancy）出现的信任感与不信任感。我们认为，它们之间的平衡有助于创建一个基础，它对于理解整个人生来说是至关重要的，这个基础就是希望（hope）；而希望，它必须由我们最初的母职照料者唤起。下面简单列出随后的两个阶段以便读者能对早期发展的方向有个初步的印象：第二个阶段是童年早期（early childhood），该阶段必须在（和谐的）自主感（sense of autonomy）与（异常的）羞愧和怀疑感（sense of shame and doubt）之间形成有益的对立，这种对立有助于一种基本力量意志（will）的发端；第三个阶段是游戏期（play age），主动感（sense of initiative）和内疚感（sense of guilt）之间的平衡会得到促进。

诚然，此处使用的所有术语都是“成人的”语言词汇，其原因在于它们能描绘出这些早期的发展倾向最终会如何变化，而且，最初的人生 34
经验其实也几乎无法用任何语言描述——这一事实让观察儿童成为一件令人着迷的事情。不过，无论我们使用何种成人术语来指称，这些早期的心理社会发展倾向都可以与其他的发展事实关联起来。例如，由弗洛伊德最早发现的心理性欲阶段就是一个发展的事实。弗洛伊德是真正地提出儿童阶段论的始创者之一。婴儿期，是性驱力（libido）的口唇（oral）（我们会加上“与感觉”）阶段，性驱力为最初的心理社会性参与提供了必要的本能能量；童年早期的性驱力能量则集中在肛门（anal）（我们会加上“与肌肉”）并支配这一时期的心理社会性参与。这些发展共同为人类提供了一个最初的基本倾向，它是个体后来在逐渐开阔的社会环境中进行交互性参与的必要条件。这个最初的基本倾向就是希望，它就是或它最终将成为那个持久的信念，即，相信命运是仁慈的，尽管生命都是以阴暗驱力和愤怒为标记开场的。因此，希望是信心的个体发生学根源，它得到来自母亲的信心的滋养，而母亲的信心就渗透在最初的照料模式中。接着，**意志**成为坚不可摧的决心，它要实践自由选择以及自我约束，尽管在早期，个体会不可避免地经历羞愧与自我怀疑。一个正在成熟的意志以及对其局限性的接纳，是个体最终接受法律和必然性的基础，而意志起源于父母所具有的法律精神和聪明睿智。

第三个阶段是游戏期，通过把真实世界的物品当玩具和幻想的生活，个体形成了一套理想化的目标以及实现目标的力量。**目的**（purpose），它指的是正视并追求有价值的目标的勇气，它没有被幼稚的幻
35 想击败，没有被强加的内疚感击败，也没有被害怕惩罚击败。目的起源于最初家庭中的互动经验，它会对未来的行动理想产生影响。

下一个阶段是童年期的结束，即学龄期（school age）。但是，在给出指导我们进入和度过成年期的成熟力量的定义之前，我们先将所有阶段按我们所说的发生学顺序清晰地绘制在表格中（见表 1）。按照这个表格的样式，我们可以继续阐述童年早期与游戏期之后的时期，那就是学龄期。学龄期发展的主要张力在于和谐的勤奋感（industry）与自卑感（inferiority）。勤奋感，就是指很勤勉，其目的是学习个体长大后即将进入的制度体系所要求掌握的技术，并完成越来越多的高级任务。在这一时期逐渐形成的力量就是能力（competence），即在完成任务的过程中得心应手地运用机敏和智力，不会因一种长期自卑感的威胁而受到损害。能力是在技术领域进行合作性参与的基础，因此它依赖于逻辑性工具和技能。在此阶段，主导性的异常倾向带来的威胁是弥散性的失败感。

然后是青少年期（adolescence），该阶段的基本张力在于心理社会认同感（sense of psychosocial identity）的发展与不可避免的认同感混乱（identity confusion）之间的相互交织。随着这种张力的消解，忠实感（sense of fidelity）会出现，它既指向个体自我认同感的不断累积，

也指向某种整体性的取向，帮助个体的认同感与现有的或正在形成的意识形态中的世界意象统一起来。因此，可以更明确地说：**忠实**是自主地忠诚于承诺的能力，这无关乎价值体系间是否存在不可避免的冲突。忠实是认同感的基石，它能从思想的证实和同伴的肯定中得到确认。

表 1 **生命的心理社会阶段** 36

老年期								整合 对 绝望 **智慧**
成年期							繁殖 对 自我贯注 **关怀**	
青年期						亲密 对 孤独 **爱**		
青少年期					认同 对 混乱 **忠实**			
学龄期				勤奋 对 自卑 **能力**				
游戏期			主动 对 内疚 **目的**					
童年早期		自主 对 羞愧/ 怀疑 **意志**						
婴儿期	基本信任 对 基本 不信任 **希望**							

现在进入成年期。按照预期，青少年期的意识形态方面的承诺，会
37 引发亲密的关系并最终产生亲密共生的模式。正因如此，我们将青年期发展的主导性张力定义为亲密感（intimacy）与孤独感（isolation）之间的对立。当然，亲密感不仅仅包括各种各样的亲密性，它更是一种做出最终承诺的能力，该能力使人可以获得长久的友谊和一般意义上的同伴关系，以及弗洛伊德的心理性欲理论特指的生殖器意义上的交互性。该阶段会出现一个极其重要的（且是成年期的第一个）力量，那就是爱。关于爱，我们的说法是：爱是长久的、交互性的，它可以战胜各行其是时所固有的敌意。爱弥漫于个体的亲密感之中，而且，随着归属模式的精细发展，爱便成为伦理关怀的基础。

最后，我们来到真正的成人世界，在这里，繁殖感（generativity）存在于代际的技术与文化场景中，它必须“关照”（take care）正在生育、生产和创造的产物。这种重要力量就是**关怀**（care），（正如我们已经清楚阐述过的）它是延伸的关心，包括因爱、必要因素或者偶然因素所制造的产物；它能克服随不可逆转的义务而来的矛盾性。因此，关怀是所有受造物的需求。

接下来，我们才真正地进入最后一个阶段。该阶段正是我们一直努力关注的，也是本研究最重要的反思和总结内容。尽管我们的构想包含一些高级术语，例如**整合感**（integrity）和**智慧**（wisdom），但我们真的能够运用并能够确信我们对这最后一个阶段的表述吗？我们认为，整合感在此必须是主导性的和谐倾向，它要与同样普遍存在的绝望感（sense of despair）之间取得平衡。**智慧**，作为最后的力量，我们这样表述它：智慧是直面死亡，对生命本身的超然关怀。虽然身体和心理功
38 能在衰退，但智慧仍然存在并不断学习如何将经验整合并传递出去。

随时间而发展

任何与生命历程有关的理论都会自然而然地着重考虑到时空的整体性视角，并据此认为有必要——不过这会让读者感觉到比较困难——在

尝试阐明所用术语的同时让读者在头脑中保持住那个生动的整体形象。伟大的剧作家莎士比亚“都做到了”，因为他将“整个世界”形容为一个舞台，而他自己是这个有限场景中不变的主人，他把我们所说的“不同年龄”称为剧幕。不过，我们会把许许多多用于描述这个或那个生命阶段的不同概念组合起来，然后采用**生命周期**（life cycle）这个术语来表述整个序列。这样做，方能在我们阐述到最后的时候，令读者觉得我们言之有理，才能理解为什么这也是一个代际周期（intergenerational cycle）。

与此同时，我们将继续按照表 1 所示的渐成性模式展开“我们的”各个阶段，现在是时候将之呈现给读者，或者说，提醒读者了。本节的副标题是“渐成论”（Epigenesis），顾名思义，*epi* 意指空间上的“在上面”，也可指时间上的“之前”。与 *genesis* 相连则可以很好地表达出整个发展过程的时空属性。在表 1 的对角线上所经过的每一个方格，如我们所看到的，是一对和谐与异常的发展倾向。例如，信任是必需的，但是我们也看到，只有当它与一种“合理的”不信任——也是生存的必要条件——相互联合时才能展现出积极的存在。只有在两种倾向之间出现某种创造性的平衡时，希望才能得以发展。信任与不信任之间的稳定比例将成为每个阶段乃至整个生命周期的常态和**共存性**（sympathic） 39
状态。在表中，这一发展思想体现为每个对角线上的方格在纵向的延伸。

顺便提及，诸如**合理的**（sensible）、**创造性的平衡**（creative balancing）以及**比例的保持**（keeping in scale）都似乎表明首先存在着认知意识和意向性加工。然而，我们这里所指的是一个复杂的过程，可能部分是有意识的，部分是无意识的。在该过程中，个体可能会产生一些“感觉”但绝对达不到她或他对此过程进行有意识指导的程度。或许读者已经领悟到了，整个过程一定与个体自我中心化的心理倾向有关。精神分析理论将这种对经验进行组织的心理倾向作为自我的整合功能进行过丰富的讨论。也正因如此，才发展出了自我心理学的分支。在每个发展阶段，个体都会经历两种矛盾倾向之间存在的创造性张力，这种张力吸引着本能的和非本能的能量。与此同时，逐渐扩大的人际关系使得个体在每个阶段都可以接触到新的社会领域，进而提供甚至决定个体的发展。

渐成表还恰当地指出，个体努力解决的并不仅仅是当前阶段所关注的张力。而是，在每一个连续的发展阶段，个体会越来越期待即将成为关注点的张力，也会越来越强地再次体验到前面虽已关注但却未得到充分整合的张力；类似的情形也会出现在当时得到了适龄的整合，但后来却表现不足的张力上。例如，童年早期的张力：自主对羞愧和怀疑。很
40 明显，如果一个健康的两岁孩子的自主感要发展成为家庭认可的自主感、健康的学龄儿童的自主感、青年人的自主感，以及繁殖期成年人的和老年人的自我决定感，就必须不断进行某种程度的修正。正是基于这种修正，我们提出学龄期会出现再整合，老年期也会出现对该主题的再参与。在每个连续阶段，前期的冲突都必须被再次放在它与当前发展水平的关系中重新解决。

因此，再体验的原则说明，老年人能否恰当地努力以处理整合与绝望之间的张力，在很大程度上取决于他们在早期的心理社会张力中取得的符合年龄的平衡状态，也取决于当下他们如何对业已形成的各种基本力量所具有的全部可塑性和韧性进行再次的合成。然而，最后阶段的努力焦点被称为整合与绝望，但它并非因为生命以既定方式活到此刻而被预先决定或者被排除在外。最后的两个对立倾向之整合所需的一个关键条件就是一种老年期特有的、重新开始的意愿，即，愿意想起和回顾早期经历过的生活。

不良的发展

鉴于我们想采用阶段化的模式来呈现渐成性发展，那么现在就需要认清是什么**阻碍**了平衡过程。但是，浩如烟海的文献以及众说纷纭的心理病理学“流派”似乎告诉我们，在当前情境下，最好的做法是放弃具

体的诊断性讨论，仅仅指出那些可能降低老年期“积极参与”机会的“不良发展”（maldevelopments）和恶性情况即可。我们的总体观点是，如果存在一种趋势造成和谐的发展倾向过度表现或过度发展并因此造成异常的发展倾向萎缩消失，那么反而会出现发展不良的后果；而且，如 41
果过度强调异常对丧失和谐的威胁，结果可能反而转向恶化。该术语也暗示了不良的发展最终可以通过自然的或治疗性的再适应得到矫正；相形之下，一个恶性“倾向”则可能导致发展的停滞，此时需要更为彻底的改变。临床医生们会说，在第一种情况下，显然我们会预期一种与“神经质”更类似的问题；而在第二种情况下，则会预期一种与“精神质”更相似的问题。（表 2 呈现了每个阶段所出现的失衡之本质。）

如果，整合的失败导致在第一阶段出现过多的信任，那么，正如我们所指出的，这会造成适应不良的定向混乱，尽管它也存有机会或早或晚得到再适应。但是，如果不信任仍然没有得到平衡，那么会产生一种很深远的退缩倾向并迟早会因此出现一种恶性的回避参与的倾向，很多边缘型精神病患者的病史确实可以追溯到生命的第一阶段。

鉴于信任所具有的关键性特征，我们有必要在这里再简单回顾一下与婴儿期有关的动力学特点。婴儿的生存依赖于源自他们自己感官所产生的内在信任，以及对他们照料者的信任。遗传程序造就的婴儿感官所具有的功能是，它可以激发对系统局部发起合理的抗议。例如，当提供的食物材料、气味、口感或者温度不合适时，如果照料不足的话，不管是大声的还是呜咽的抗议，都是良性的反应。为了与他们的照料者建立起充分的信任感，生病的或者感觉被剥夺的婴儿会比健壮的孩子要求更密切的、更个人化的关注，这样方能消弭某些感觉的剥夺。在基本生存很难实现的时候，婴儿可能多少会采取恶性退缩的方式。这虽然可能有 42
助于存活，但造成的后果则是希望的渺茫和难以为继。感官不足或对照料者缺乏足够的信任，就无法为希望提供来源，那么婴儿就无法生存下去［正如勒内·斯皮茨（René Spitz）所记载的］。我们据此可以认为，所有活着的婴儿都已经具有了一点点的信任基础，可以支撑后续的发展。信任会随着希望的出现得到提升和增强并能够缓和总是存在的不信任感所带来的紧张。

对稍微大一点的婴儿来说，他们对过于热情的照料者形成了过度依赖的信任关系，当过度顺从的信任压制了婴儿自己的感知觉时，可能会出现适应不良。适应不良的表现形式可能包括过度限制、营养提供不足，或者成人对孩子身体活动的要求超出他们的能力感，例如在孩子的肌肉尚未充分发育之前，过度刺激他们去行走。

感官必须对过度刺激或者过多照料恰当地发出不信任的信号，因为它们威胁到正常休息和活动以及摄取营养食物的节律。感官刺激不足或者照料中的忽视，如缺少或缺乏与照料者的互动，从另一个方面也会引发婴儿的对立倾向，以后还可能演变成不可逆的恶性后果。另外，在生命早期出现的对自己感官的不信任水平，可以成为未来生活中的对立倾向和依赖程度的试金石。最后，我们必须指出，在任何阶段，极端对立倾向所致的病态影响可能只在下一代才全部显现出来。

在第二阶段，即童年早期，我们将潜在的适应不良倾向称为一种（或多或少）“无羞愧感的”任性；而羞愧和/或怀疑感的增强，其后果则是一种恶性倾向，会导致严重的强迫性自我怀疑。

43 在第三阶段，即游戏期，如果主动性没有充分地与内疚导致的共情能力达到平衡，那么个体会对毫无愧疚感的冷酷非常宽容（乃至，最终会发展成为一种争抢式的自我扩张），而过度的内疚倾向以及因此对个体目的感的损害，会造成恶性的自我抑制。

现在，到了学龄期，在这一时期，学习的内在意愿和社会对孩子进入学校的准备，这二者间的整合就应该形成能力的基础。如果出现明显的失衡，勤奋会转变成一种“工艺偏才”（narrow virtuosity），这对“儿童的健全”而言，其结果就是适应不良。针对这样的适应不良，个体在后来充分扩展的教育体验中，可以对一些内在意愿和社会准备度进行再适应。尽管自卑也是必要的，但是引发自卑感的习惯性倾向不应该引发可能出现的一种恶性状态——迟钝。

适应不良和恶性倾向的危险性在青少年期再明显不过了，因此，强调一下这些危险的一般表现是非常重要的。青少年期免不了要遭受角色或身份的混乱，个体必须要拒绝一些“异己”的价值观，才能将信心聚焦于自己所选择的意识形态和观念。不过，青少年太容易去批判或接受一个观念。因此，问题的利害关键在于忠实（fidelity）的作用，这是一切的核心体现。但忠实既不能衰变成一种适应不良的盲信狂热，也不能衰变为一种对差异性的恶性否定。

到青年期，我们单单把爱作为适应性力量，成年以前它一直都在孕育，直到此时才显露出来。现在，建立真正的选择性亲密感的能力取代了所有的试验性亲密，包括性、友谊和同伴亲密感，或者取代了痛苦的孤独感。这一时期，不良适应的危险则是混乱的“爱”，而带来威胁的恶性倾向则是自我孤立和充满憎恨的排斥感。

在中年期，爱进一步成熟为关怀和关心，它在这一时期指导着个体 44
与所爱的人一起生育、生产和创造——而这一切都取决于繁殖感（generativity）的成熟。与之相反的异常，则是在这些可能的活动中表现出停滞感（stagnation）。这一阶段的不良适应表现为过度扩展的关怀他人超越了个体的能力所及；主导性的恶性倾向表现为过度概化的拒绝感，即不关心也不在乎任何人。

关于老年期的阶段性不良适应和恶性倾向的讨论，我们所使用的是表示身心和谐的整合感（integrity）和异常的绝望感（despair），以及表示主导性力量的智慧（wisdom）等术语，但这些都需要做大量的解释。因此，我们最好少安毋躁，及至我们对生命最后阶段的那些积极与不太积极的参与有了更多了解之后，方能理解这些概念的含义。

共同的参与

即便是在存在不平等体验的伙伴关系中，例如新生儿和母亲的关系，我们的概念“积极的”也指的是，他们最初的共同参与是一种互惠性的交互性关系。进而，如果我们认为它是一种“现实的”关系，那么

现实必须意味着不仅在“事实性”维度上双方是互相适合的，而且还意味着能产生一种特殊的交互性现实，即一种积极状态，它可以不断地唤醒双方的内在准备状态，以促使相互作用模式的形成。这就是说，共同的参与（communal involvement）不仅要符合双方各自当前的生命阶段的要求，还需要不断增强，以便为未来进一步发展做好准备。积极参与的婴儿不仅要为接受母亲的照料做好准备，而且还要给自己对母亲的认同打下基础，对母亲的认同会使个体终生具有“母性的”行动能力。

45 **表 2**

不良倾向		适应性力量			恶性倾向
Ⅰ	（感觉的失调）	信任感	**希望**	不信任感	（退缩）
Ⅱ	（无羞愧感的意志）	自主感	**意志**	羞愧/怀疑感	（强迫）
Ⅲ	（冷漠）	主动感	**目的**	内疚感	（抑制）
Ⅳ	（工艺偏才）	勤奋感	**能力**	自卑感	（迟钝）
Ⅴ	（狂热）	认同感形成	**忠实**	角色混乱	（否定）
Ⅵ	（混乱）	亲密感	**爱**	孤独感	（排斥）
Ⅶ	（过度扩展）	繁殖感	**关怀**	停滞感	（拒绝）
Ⅷ	（傲慢）	整合感	**智慧**	绝望感	（蔑视）

46 不过，早在婴儿期的活动中，就要求参与的双方在参与彼此生活的过程中，具备一种准备性，这种准备性因文化不同而有差异，我们称之为**仪式化**（ritualization）。对于该术语，我们在下面提供一些引文，从这些引文可见，交互性参与必然发生在进化史和文化史的背景中①：

> 我们应该……从假设开始，那些被称为人类仪式化的行为必须包含一种协议性互动，它至少是在两个人之间达成的，而且隔一段时间就会在相同场景中重复出现；并且，这种互动应该对参与双方都有适应性价值。而我认为，这些条件完全满足了母亲和婴儿在每个清晨彼此问候的方式……

---

① 来源于 E. H. Erikson, “Ontogeny of Ritualization in Man,” in “A Discussion on Ritualization of Behavior in Animals and Man,” organized by Sir Julian Huxley, F. R. S. in *Philosophical Transactions of the Royal Society of London*, ser. B, vol. 251 (1966): 337 - 49。

……如果持续观察几日，会更加清晰地看到，这一日常事件是高度仪式化的，因为母亲似乎有一种义务，且没有丝毫的不愉快，来重复这个行为以唤醒婴儿可预期的反应，婴儿的反应又反过来鼓励了她继续这样做下去。不过，这种仪式化其实很难描述。它既是高度**个体化的**（individual）（“这位母亲的这种典型性反应”，只适用于这个特定的婴儿），也会按照［某种文化的］传统习俗被**刻板印象化**。这个过程被附加在关乎生存的生理需求周期上；不过，对母亲和孩子来说，它既是情绪性的，也是实际生活的必需品。正如我们将看到的，这种受到强化的日常行为不过是所有强大的代际后果中的一个微小却牢固的联结……

……来自日常的［以及文化的］观察（圣母与圣子画像散发出的特殊气息可以佐证）表明，这种交互性行为的特殊意义在于：它 47
是人类仪式化行为中普遍存在之成分的个体发生学来源，而其基础就是**交互性认可**（mutuality of recognition）。

很多证据还表明，人类［能够直立和面对面的定向］生来就有这种定期的彼此确认和证明的需要。我们知道，这种需要在任何程度上的缺失都会对婴儿造成彻底的伤害［例如，自闭症］，因为会削弱或消除他对自我证实感［以及因此形成的意义感］的探寻。然而，这种需要一旦被唤醒就会在生命各个阶段自动反复显现，并不断渴望新的更加形式化的和更加广泛共享的仪式化行为，乃至重要的仪式。仪式会重演个体所期待的面对面的“认可”……就好像沐浴在某位领导者的“人格魅力”［和某位神的“恩典”］中那样。因此，我认为这最初的最微弱的确认，代表一种**神圣的存在感**（hallowed presence），构成了人类那些隆重的**仪式性动作**的基本成分，即我们所说的“神圣庄严”（Numinous）。这一名称透露了我贯穿始终的一个想法：虽然还比较模糊，但我们认为神圣庄严是［人类历史上］定期举行的**宗教仪式**（religious observances）的不可或缺的组成部分。在宗教仪式中，信徒用恰当的身体姿态表白他们的信

> 靠和孩童般的信心，并用恰当的祭品来寻求被超自然物高举到怀中的安全感，如果用可见的形象来形容这超自然物的仁慈回应，那就是——前倾的脸上带着一丝笑容。宗教仪式会让信徒产生一种**超越分离**（separateness transcended）感，也会产生一种个体化的**区分确认**（distinctiveness confirmed）感。

最后让我们（按照表 1 所示的顺序）一一列出从开始到最后每个发展阶段所要求的新的参与。让我们从列出每个年龄组对应的各个阶段的心理性欲发展特点开始，因为我们说过，我们对童年期之前阶段的划分来源于弗洛伊德的性驱力理论。该理论告诉我们，推动童年期及以后的每一种新的参与所必需的强大动力，来自性驱力激发出的心理生物学力
48 量，而性驱力提供的快乐体验则与生理需求的满足相联系。第一个阶段是口唇期，显然，除了从先天预备的源头，如母亲的乳头或者人工替代品，获得吮吸能力的成熟以外，一种由母亲行为激发并得到满足的令人陶醉的性欲快感也“自然而然地”加强了摄入需求。这种交互性参与会引发存在主义的基本体验，即真实的信任感以及某些（同时也是适应性的和不可避免的）不信任感。但是，正如我们想强调的，从系统的角度看，所有这些同时也要求父母做出特定的、仪式化的行为，不过，这是由文化决定的。而且，除了有益于当时的适应之外，交互性参与还能帮助建立主要他人的形象，而这是维持人一生希望感的基础。在不同阶段，希望感依附于重要的他人形象，包括从世俗秩序中的各种重要他人到处于顶峰的戴冠冕的或有光环的他人形象，再上升到由信仰维持的信念系统中至高无上者的形象。当然，我们将尽力提供一个合理解释，即，对人类一直期盼的交互性环境而言，漫长而互动紧密的婴儿期就是其秩序的构成基础。

相应地，第二个阶段，即童年早期，是一个体验到肌肉和肛门尿道快感与掌控感的时期（弗洛伊德的“肛门期”），此时儿童能够参与的家长圈子更大了（父亲、叔伯舅舅、阿姨姑姑和帮助者等），他们为人类的另一种基本力量——意志的发展提供了支持，同时也（或多或少）带

来一些重要的制约。其实，生命第二阶段的经历仍然是基础性的，因为意志力与羞愧和自我怀疑的首次相遇（我们肯定希望不要过于抑制），现在随时可以被人类的惩罚、羞辱以及（是的）贬低所唤醒。此后，意志力会延续一生都存在，它体现为每个个体要不断对公共法律和秩序进 49
行保护性和制约性的调节，在这个过程中，个体必须接受一种体系的公正性，并逐渐为自己找到一个“正确的”位置。

然后是游戏期，此阶段会出现一种具有活力和想象力的主动性。个体在可以激发游戏的物质世界里与主要家庭成员共享，现在的主要家庭成员还包括兄弟姐妹和“玩伴”，个体在与他们进行有规则的互动过程中，必须学会创造性地练习，同时也要学会适当地限制（不带有太多内疚感或太多抑制）自己的希望，把对某些目标最终实现的期待，置于包括理想角色和邪恶角色在内的社会秩序中。

但是到了学龄期，小时候的玩伴换成了同学，老师也加入进来成为家长式的权威，他们展示并传授一些基本能力，这些能力最终必须能够转换成新功能出现在特定工作任务中，并在任务中良好运行，完成技术性的指令。

然后，进入极大扩张某种希望的时期，即希望获得一种或多或少是出于自我选择的认同感，我们称之为青少年期。此时，我们的交互性参与范围扩大了半径，包括同伴群体，以及，尤其是成年榜样。榜样可能是现在活跃在年轻人中的导师，也可能是出现在年轻人视野中的英雄和领袖。一个崭新的世界在等待年轻人发展出可靠的忠实感，现在，是时候要形成一种世界观思想了。

接下来是青年期，参与形式首次包括自由选择的友谊、同伴和性关系，青年期参与的决定因素是现在能够理解生殖的意义并具备生殖的能力，同时也能够对真正意义上的亲密感和爱做出承诺。在此阶段，归属感的仪式化行为与时俱进地发生演变，在公共秩序中以友善、合作、竞争等恰当形式体现出来。而如果所有这些可能的承诺都缺失的话，那么 50
个体必定会出现不良行为，或者孤独感（有时它是走向正确选择的暂时且必要的一步）。一个过于优秀的团体成员身份可能多少会导致孤立性的排斥感。所有这些潜在的危险最终被克服的唯一可能是，个体明确地进入具有繁殖感的成年期，这将是一种新的身体和心灵、品格和行为的状态，成年期会再次给个体提供一些曾因受制约而失去的机会，使这些机会不单单可以在此生的家庭里得以实现（这意味着被激活的以及主动的），而且还可以使个体利用这个机会为后代建立一个家庭。

那么，成熟的成年期指的是，在生命的繁殖活动中发生的一系列积极的参与。正如大多数心理分析理论所强调的那样，最重要的心理性欲发展应该是在此时，因为此时的心理性欲会在彼此的生殖快乐中达到顶点。然而，对于整个生命周期而言，成人的性驱力可以通过多种繁殖性方式走向成熟：从性的生殖到每一天的技术生产，以及个体和他们所处的时代形成的各种形式的创造。有些产物是上述内容的组合，这时就要求个体确保活力的秩序性，而且还能照顾到成人活动背后更广阔的世界。用印度教的说法，那就是要保障“世界的维护”。简言之，所有一切都导向一种在各种领域的积极参与，个体在其中学会关怀他们所真正关心的事物。

在研究老年人的时候，我们就不能单单只是注意到正在流逝的或者过去的那些能力，与当下为那些受造物提供“祖父母式”关心之间的关系。这一时期的问题还在于，哪些现实性和交互性可以在预期的参与和可预见的解离过程中继续保持下去。同样，这一时期还要求老年期的智
51 慧力量能够与所谓的具有真正参与性的解离过程相妥协，而这一切都发生在公共的秩序里。

那么，智慧很可能就是真诚的参与式解离。若不如此，那么老年期的参与将只是一种延续的关心，因为生育、生产和创造在中年期已经成为关注的焦点了。但是，现在出现的新的归属感是做祖父母（将在下一章讨论），这就要求在老年期，在智慧的带领下，个体必须忠实于一个清晰的和规划好的角色。

如我们即将看到的，觉察力的提高是参与的必要条件。然而，**觉察**

(awareness）碰巧是一个很少在心理学论著中使用的词，就像**我**这个词一样。然而，就是因为正在讨论共同参与，我们才必须简要地澄清一下觉察和**我**之间的关系，好让它像术语**意识**（consciousness）或**自我**(ego）和**自身**（self）那样更为普遍。这让我们在将弗洛伊德的基本术语翻译成英文时面临巨大困难，因为弗洛伊德所说的“**变得**有意识”(becoming conscious，*Bewusstwerden*）和“**有**意识”（being conscious，*Bewusstsein*）两个词之间是有区别的，前者似乎包含更多觉察的状态。一个相似的并与之深度相关的区别，体现在弗洛伊德使用德语的“我”(*Ich*）一词及日常意义的“我”（I）一词上，在翻译的时候它们通常以“自我”（ego）出现，尽管无休止的讨论谈的是“自身”（self）。这非常重要，因为我们必须解释本书的主题——**积极的参与**（vital involvement）。我们认为，从主观上讲，其原因在于积极的参与能提高觉察力，觉察丝毫不需要由通常说的“自我”来声称。这对我们而言是更为重要的，因为进入老年期后，个体一定要面临不再存在的问题，同时也要面临我们所说的存在主义的认同感如何达到最终成熟的问题。

首先，我们简要讨论一下“我”（I）所包括的维度。词典［这里我们 52
引用的是《马氏辞典》（*March's Thesaurus*）］提供的是完全客观化的解释：**我**，当然，就是“自我指称的名词”，而且据此在所有的语言中，都将思考者和发言者与其他人区别开来。但是，**我**还指的是“精神层面的人格”（spiritual personality），它表明某种存在主义的认同感，而**自我**则是“被看作意识所在地的自身”。所有这些都让人们继续思考**我**所包含的各种意义。①

我一词，在所有的语言中，是口头上的确信，即我们每个人都在宇宙的中心，并成为觉察的中心，因此随之而来的是一种一致且连续的认同感；换句话说，我们活着并觉察到活着。［难怪，为着互相认可的体验并在宇宙水平上说“我们”（We），我们需要一种信仰，如同摩西教

① 见 *Identity: Youth and Crisis*（New York：W. W. Norton，1968）。

给我们的。他宣称，当他问上帝是谁时，上帝回答说：**“我是自有永有的。”**]

所以，当我们谈到“我”是什么的时候就是我们在说这个词的时候所感觉到的，这就好像是在表达一种觉察，或一种对觉察的需要，如同下列形容词所描述的各种近似含义：

在时空里是处于中心的而非外周的
是清楚明亮的而非黯然失色的
是主动与激活的而非被动的
是连续的而非离散的
是不可分割的而非割裂的
是融合的而非孤立和排斥的
是安全联结的而非侵扰的或回避的
是被选择的而非受忽视的
等等

将会变得清晰的是，尽管所有这些维度在生命的各个阶段都是“待
53 解决的问题”，但在老年期它们将处于明确的风险之中。在这“最后”的阶段，感官和随之产生的一切时空联系必然会或多或少地丧失一些连贯性力量——即使人们知道，躯体存在本身即将走到尽头。而所有这些会造成许多具体的异常和对立的倾向，如表 2 所列的绝望、（自我）蔑视和整体的教条主义等。

但是，到了老年期，同样也很清晰的是，“我”的意识仍将有一个彻底的机会超越受时间束缚的认同感，并能感觉到，如果只用最简单的术语说就是，一种全人类的和存在主义的认同感。这种认同感犹如世界上的宗教和思想所试图创造的那样，不过，我们情愿这些宗教和思想本身不会有沦为好战之教义的风险。

然而，以免**我的意识**（sense of I）这个术语以及描述它的那些形容词仍然过于凸显自我中心性，我们重申一下**积极**参与所必须具备的两个根本

特征：现实性和交互性。我们希望，上述罗列的那些先决条件性描述从句已经表明了一种现实感，即一种在共同的“现实性”中发生的主动和真实的交互参与，以及在共同的“交互性”中共享的“我们”意识。

总之，在老年期，个体要再次面对之前的和最初阶段的许多发展问题，而往昔获得的能力、品质以及参与性，现在则要经历某些反转性的发展。

54

第二章 受访者的心声

第一节　整合感与绝望感：智慧

在参与我们研究的受访者讲述他们一生的经历、观察和思考时，他们人生中的八个心理社会阶段好像都尽然展现在他们的言谈之中。本章内容即是对这些讲述的回顾和探讨。如前所述，在生命周期的各个阶段，个体都要以新的、适龄的方式重新融入那些在早期占主导地位的心理社会主题。在每个阶段，个体都要在平衡当前关注点所引发的张力时，将更早期的心理社会主题整合进来。尽管我们的被试年龄跨度为从七十出头到将近百岁，但他们都算是正在经历我们称之为老年期的人生阶段。因此，我们可以这样理解，他们要在截然对立的两种张力之间寻求平衡：一种是整合感，即持久性的综合；另一种是绝望感，即恐惧和
55 无助。此外，在有意和无意之间，这些老年人也在尝试着与早期心理社会主题（繁殖感与停滞感，亲密感与孤独感，认同感与认同感混乱，等等）达成和解，以便与当前老年期的发展进行整合。

那么，我们的受访者在这些过程中具体从事过哪些积极的活动，担心过哪些问题，参与过哪些事务呢？对于我们所定义的人一生中的心理社会张力，即对八个不同主题的再次体验，他们是如何表述的呢？鉴于每位个体独特的生命周期和复杂而唯一的心理社会动力，他们是如何对早期的心

理社会主题进行整合，努力使得贯穿一生的可靠的统一感与暗淡无望的分裂感之间的对立达到平衡？作为在同一时期同一地域进入老龄阶段，而且可能曾经在近似生活条件下经历过年轻时代的这些人，他们会有哪些共同的人生经历和社会环境？为什么有的人可以把老年期的艰难境遇整合为一种新的心理社会力量，而有的人面对相似境遇却不能进行有效的融合，不能保持身心健康和持续的发展？

接下来，我们会探讨这些受访者对自身生活的叙述与反思，以期对上述问题做出一些回答。我们会先从老年期所面临的整合感与绝望感之间的张力开始，依次倒序回顾此前所有人生发展阶段的心理社会主题。老年人会竭尽所能对每个心理社会主题进行整合，力图达成平衡，使得整个生命周期浑然一体。我们将以多种方式来呈现他们所做出的这些努力。

正是在人生最后的这个阶段，个体的生命周期得以完成自身完整性
的融合，最终将成熟的希望、意志、目的、能力、忠实、爱和关怀整合 56
为一种综合意义上的智慧。在某种程度上，个体在一生的经历之后预见到老年的最终结局，他们体验到“虚无”的存在性恐惧；与此同时，随着时间的推移，他们也全身心投入将行为和局限、选择和拒绝、基本的优势和劣势不断进行整合的过程，也就是建构“我”在世界上的意义的过程。这种张力在老年期达到顶峰。老年人面临着诸多挑战：在个体的生命周期中，他们的时间所剩无几；他们需要以成熟的智慧放眼未来；他们需要用新生代的眼光审视自我；他们不得不接受自己在无限的历史进程中所处的位置。

他们不仅受制于自己的身体状况，还要面对比以往任何时候可能都更无法回避的有限未来，这些生命周期接近尾声的老年人发现，自己必须努力接受过往的不可更改和未来的不可期许，努力承认曾经可能犯下的错误和导致的疏漏，努力在随之而来的绝望感和全面整合感之间达成平衡，只有这样才能让生活继续。或许这是人生中第一次，他们意识到了死神的脚步在逼近。基于他们特有的生命周期视角，这些个体可以为

后来者指点人生迷津，但他们同时也必须努力找到他们自己可以依靠的人生指南，这样他们才能好好地考虑自己和我们整个世界的未来。

有些受访者在他们人生的早期就曾对老年生活有所期许，这得益于他们与自己喜爱的祖父母和其他长者建立的关系。现在，他们自己也步入晚年，依然愿意回顾过往，从自己小时候最尊敬的长者身上寻找人生
57 的真谛。有位女士在访谈中多次提及祖母无处不在的满满的幽默感。她说自己一直努力成为这样的人，她希望人们记得她也是因为她“有幽默感，就像我祖母一样”。另一位女士则想起她祖母晚年的岁月：“我曾经在她人生的最后几年照顾她，那时她已老态龙钟、时常迷糊。但是她特别可爱，我从来没有觉得她真的老了，她只是需要些帮助而已。”这位女士和她所有的孙辈都保持着亲密的关系。她总是热情而慈爱地谈到他们的生活方式，从她的讲述中可以感觉到这些孙辈经常惦念着她，对她充满了喜爱和尊敬之情。她的讲述中看不到孙辈们把她视为老年人，相反，我们能看到的是，她和他们相处的时候总是那么有趣、体贴和乐于助人。实际上，这位女士有点霸道，并且相当固执己见。不过，她待人接物的姿态无懈可击，她总是乐于接受拜访或电话交流，总是在谈话中保持着愉悦的情绪。她确信无疑地流露出一点，那就是如果将来她像自己的祖母一样需要被人照顾，那么她的孙辈们同样会好好待她，就像她当年陪伴祖母一样。

对有些老年人来说，是他们的父母而不是祖父母提供了老年生活的早期范例。有几位受访者提到他们父母的智慧和良好的判断力，认为这是他们最为欣赏，也是最希望自己可以充分展现的品质。有位女士发现了父母身上她早先没有特别在意如今却特别推崇的品质：“妈妈做事很聪明。她很严格，也要求得到尊重，不过她会尽力为我们做她能做到的
58 一切。爸爸总是鼓励我们，夸奖我们。”最近几年，她的几个子女都在闹离婚并争夺子女监护权。当他们前来求助时，她比以往任何时候都更有意识地展现出她从父母那里回忆起的这些品质——变得明智、严谨，并提供充分的支持和鼓励。这位女士之前曾经在母亲的严厉态度与父亲

的公开支持之间备受煎熬。如今她可以把这些看似截然不同的特质很好地融为一体。她或许是人生中第一次领悟到人必须有一种智慧，可以做到共情而非纵容自私，提供帮助而不具有冒犯性，为自己感到骄傲而非自以为是。她从自己年幼时就在父母身上看到了这种智慧的萌芽。

还有一位女士讲起一则关于她母亲的逸事，她的老年哲学观及其源起尽现其中："我妈妈 80 岁时种了一棵苹果树。她说：'用不了五年，我们就可以吃到苹果了。'"这位女士如今也步入 80 岁的年纪，总是努力把每一天都安排得很充实，从不为明日而忧愁。当其他一些老年人得过且过地生活，对未来充满疑惑，也不愿对将来想太多时，她依然故我，对还没到来的时光充满期待。比如最近，她刚刚在社区大学报名参加一门手语课程。好像是因为这门课程按规定至少需要十五人注册才能开课，她的一位邻居有个聋哑人亲戚，就过来劝她凑上了最后一个名额。最初她只是想要帮邻居一个忙。不过现在她对手语课已经相当热衷了，她解释道："再过几个学期我就能很熟练了。到那时候我就可以去博物馆劝说他们为聋哑艺术爱好者提供手语导览。"

还有些受访者在与自己同时代的人物——有媒体公众人物，也有身边的朋友或亲属——身上寻找成功变老的途径。有位男士对鲍勃·霍普 59
(Bob Hope)① 颇为推崇："他赚了很多钱。他只结了一次婚并和妻子恩爱至今。他在越南之行中表现得非常无私。我们年龄相仿，我希望自己也能像他一样生活。"有位女士很欣赏自己的邻居，说她个头娇小，总是为朋友做些小饼干送过去，借以看看她们过得好不好。有次在我们访谈期间，这位邻居正好过来拜访，她来去匆匆，看起来很开心的样子。在她离开之后，我们的受访者说道："她做过两次髋关节手术，但除非你事先知道并特别注意，你根本看不出来她走路有什么异样。她摔倒过两次，两边髋关节都受了伤，如果有东西掉在地板上，她很难弯下腰去

① 鲍勃·霍普，美国喜剧和电影演员，生于英国。20 世纪 40 年代主演大量的"路"系列喜剧片，如《新加坡之路》《桑给巴尔之路》等。1971 年霍普只身去河内与越南谈判用 1 000万美元赎回美国战俘的问题。——译者注

捡起来。但她还是到处走动，不停地做事，甚至还陪人走走逛逛！现在，我身边总有一盒她做好送来的饼干，你说我还能再抱怨自己这儿疼那儿痛吗?”

第三位受访者提到他在当地的老年中心认识的一位男士：“这儿的人都很喜欢他，他很有成就但平易近人。他曾帮我耕过一次地。他本来是给他自己犁地，也帮小山丘那边的几位寡居女士耕地，就顺便帮了我一次。”这位上了年纪的好撒玛利亚人[①]，健康状况其实很糟糕。他显然备受消化道手术的折磨，“他体内充斥着大量尼龙填充物”。在我们的受访者看来，这位老人面对病痛不屈不挠，且一心为朋友和邻居着想，非常值得尊敬。我们这位受访者在自己的生活中也身体力行地向那位老
60 者学习。他擅长做家务，就去帮助邻居们；他把自己的物品分享给他人，只要他觉得这样可以给别人带来欢乐；他一直试着用自己的热情去感染身边的人。对上面所有这些受访者来说，不管是过去还是现在，他们在自己所推崇的长者身上看到并认同的人格魅力，也正是他们在自己的老年生活中想要尽力展现出的品质。这种努力似乎给他们提供了一种力量，用以对抗当下的不知所措，也让他们可以对过往坦然以对，对未来平静以待。

我们的大多数受访者发现，不管是自己还是同龄朋友，步入老年之后都发生了一些变化，与年轻时有所不同。对很多人来说，变化之一就是对身边的世界和人群的多样性更为关注，也更为宽容。同年轻时相比，他们觉得自己和同龄朋友都更宽容，更耐心，更开放，更善解人意，更富有同情心，对人对事也不再那么苛求。许多人用不同的表述来说明这些变化，比如：“老了之后比年轻时更懂得耐心。”“对那些不能理解他们看法的人……老年人不会轻易动怒。他们现在已经可以平静地对待生活的变迁。”“没有什么事能惊吓到我了。”“我现在可以做到从两

① 出自《圣经·新约》中的故事。撒玛利亚是一个堕落的民族，但有一个撒玛利亚人却比出身纯正、地位高贵的祭司更有爱心，他救了被强盗打伤的人。好撒玛利亚人意指出身和地位不高但却有爱人的心肠和助人的善行的人。——译者注

面看问题。”

很多受访者对他们曾经无法接受的一些观点开始持有开放性态度。对有些过去毫不关心的问题，他们也开始有所关注。比如说，有位女士过去一直是一名自由主义活动家，自从具备了“从两面看问题”的能力，她对自己的自由主义政治观点开始有所反思，对保守党的看法也有所改观。同样，那些过去一直信奉保守主义的人，对自由党的政治主张也更为容忍和接纳了。老年人会试着与自己长期共存的人、事和价值观 61
达成和解，晚年全面看问题的观念即与此紧密相连。如果说中年人不得不以鲜明的立场和行动来维护自己对家庭、机构和社群的责任，老年人似乎就可以不再面对这种压力，而乐享各种不同的看法和观念。

当然，也不是所有受访者都把自己或同龄人描述为开放性或容忍度更高的个体。也有不少人提出相反的观点，认为“老年人更固执了”。还有几位受访者内心有些挣扎，声称在自己身上同时存在这两种状态。这种冲突在实际生活中表现得可能并没有那么明显。或许保留自己的意见和容忍他人的观点这两者并非水火不容。事实是，对自有观念的持续整合，可能在某种程度上也提升了对他人固守**他们**自己的风格的理解。

不少受访者在讲述自己的晚年生活时都提到那些同样老去的朋友和邻居。他们会隐约提及朋友和邻居在自己去世之后会感到孤独，可能会想念自己。他们想到年老的邻里同伴和老年中心时，就会叹息：“我为这些人的老去感到遗憾，他们会一个一个离开我们。”有些受访者会因为有人一起老去而感到一丝安慰。其中有位受访者回忆道：“四十年前我们搬过来时，大家［都］还很年轻，邻居们和我们一起慢慢变老了。”有些人说，看着朋友和邻居老去，竟会让自己忘了自己也在变老的事。对于这一点，有位受访者坦承道：“我从来没想过自己会变老。其他人会，我不
会。”看着身边的同龄人慢慢变老，好像可以帮助我们的受访者更好地 62
整合老去过程中的各个方面，给他们提供一个肯定的社会视角来看待自己的个体性体验。在这个意义上，所有与变老同时发生的令人害怕的事情——无论接受与否——都有力地证明了个体乃社会之成员，而这发生

在人生之最豁达而漫长的生命历程中。

为了避免自己因为变老而过于沮丧哀怨，我们有几位受访者已经建立了自己的衰老哲学，决心让自己“老有所为”。在这种继续让自己的生活丰富有序的理念下，有位男士务实地宣称：“要继续自己的生活，你最好继续成长。”有些受访者讲述了自己规律有序的日常生活。一位女士说道：“我每晚都看着自己喜欢的书入眠，我每天早晨起来都会给自己来一杯咖啡。这就是我的生活。”有些受访者依然活跃在自己的社交圈里，有人说：“我忙于自己喜欢做的事，也经常会去帮助别人……有时候会觉得身上有些不适，不过这样我也不会停下来。”还有些受访者讲不出来自己对衰老的整合具体采取了哪些策略，他们更愿意笼统地给老年生活提出指导性意见：“老年人总是为生死忧虑，感觉自己身体欠佳，缺少关爱。他们寻求被需要的感觉。出来做做志愿者就可以帮助所有人解决这个诉求。”

我们的大多数受访者发现，自己总是不由自主地会想到死亡和病痛，并因此情绪低落，甚至有些抑郁。这些想法在某种程度上反映了我们这个社会对老年群体的认知，也表达了所有老年人的一种绝望情绪。
63 不过，多数人在努力用更乐观、更积极向上的生活态度来抵消这种悲观的想法。他们好像认为，那些悲观的、消极的情绪和些微的身心疲惫都不应该被提起，否则会危及他们已然脆弱的乐观。

下面这位年逾九旬的老人是受访者中少有的对自己的长寿感到歉意并准备好随时迎接死亡的人。他直言道：“你已经拥有过了生命而且还活了那么久。你知道俗话说，‘好人不长命’，嗯，我年轻时一定是个恶棍，因为我到现在还活着呢。”他言语之间没有丝毫戏谑的口气。他虽然没什么大病，但身体已经很虚弱，走一个街区几乎需要一个钟头的时间，耗费掉一下午的精力。他对政治和文学依然有兴趣，但是他所热情向往的生活目标已变得触不可及、令人忧伤地失去了。他继续说道，气息有些不稳：“等你到我这个年纪，就会明白，我随时都愿意离开。我活着不过是因为还有家庭的责任。”对这位老人来说，在晚年他对家庭成员应尽的责任与他想离开这个世界的意愿或者说渴望之间的冲突，成为他在老年期要整合的一部分。其他更年轻一些的受访者会着重强调应当要满足老年人的被需要感，相比之下，这位老人反而觉得自己的被需要倒像是一种负担而不是应当被满足的。他的纠结让我们意识到，死亡是生命周期中自然而然的存在。老年期的任务不单单包括维持有意义的人际参与和活动参与来重申生命的价值，即，强调心理社会的力量，也包括慢慢接纳死亡终会来临这个不争的事实。

纵贯整个生命周期，对未来做出预判和计划，是为可预期的将来所进行的必要心理准备。尽管个体的生命可能随时会终止，但是在童年 64 期、青年期和中年期，个体对自己的未来一般都会有长达几十年的展望；老年期则不同，可期许的未来到底有多长，是件很难确定的事。曾经拥有的来日方长的幻梦，在日益确定的死亡面前，逐渐化为泡影。固然如此，我们的受访者还是会想到自己未来的日子，将其作为生活本身的一部分。许多人将之视为一直以来生活的延续，对于延续性，有些人意指日常活动的延续，而有些人则指的是长期的人生规划。有人提到自己与伴侣一直在分担家务。有人说自己正在从一项手术中恢复，希望自己能在好起来之后继续享用美味的食物。有几位受访者打算继续完成自传的写作。有些人决心要加强日常身体锻炼，培养新的业余爱好。有位受访者希望能缓和自己与子女之前紧张的关系。有几位老人畅想着自己可以从过去六十年紧张的工作状态中放松出来。这些老人至少在某种程度上对自己未来的生活都有所安排。晚年生活对他们来说可能是一次机会，可以借此完成自己年轻时想做却没时间做的事，可以继续享受那些一直乐在其中的事，或许还可以借机弥补年轻时曾经留下的误解和遗憾。

对我们所有的受访者来说，或许提到将来，就必然会联想到死亡可能随时来临的事实。上面提到的那些老人依然把时间看作一项宝贵的资源，需要尽可能去珍惜。有位受访者解释道："我觉得自己最多还能活十年或者十五年。所以我现在才特别渴望……去做这些事。"其他一些

受访者对未来没有特别明确的目标，只是想尽可能长寿。他们不断为自
65 己设置新的里程碑。几位年过八旬的老人希望自己能活过九十；有位女士还加上一条，希望自己是满头金发的九旬老妪。这些老人好像并没有想要达成什么特别的目标。活着本身对他们来说就是一项成就。对许多人来说，尽可能长寿好像也是他们目前唯一的渴望。

面对死亡的迫近，不少受访者感觉很难去计划未来。“你根本不知道自己明天还能不能在这里，”有位受访者说，“当然这一点没人有把握，不过人年纪越大这种可能性就越小。”他们过去忙忙碌碌一辈子，总是以牺牲今天的快乐为代价去换取明天的回报，如今却不得不接受现实的各种不确定，发现曾经根深蒂固的人生模式突然间无所适从。虽然未被问及，很多老人还是主动表明自己并未因此而忧虑。这种态度恰恰袒露了这种陌生的不确定性给他们带来的痛苦。有些人说自己根本不在乎还能活多久。有些人则声称自己并不在意自己以后会在哪里生活。还有些人说自己对未来所有的日子全然不在意，一切都随它去吧。显然，比起以往时期，老年人在人生的这个阶段，对自己的未来更加感到困惑和迷茫。对很多人来说，惑于未知则必然忧虑，而忧虑又必然引发来势凶猛的绝望感。为了尽量与死亡的终极命运相妥协，他们意识到自己正在尽一切所能去全然忽视它的存在。

尽管许多受访者都宣称自己并不为明天所忧虑，但他们还是无法掩饰自己对死亡的恐惧。有位老人声音有些颤抖：“当新年的钟声敲响时，我太高兴了，自己又活过一年。我根本不想死！我特别害怕死去！”在有
66 些人看来，死亡是个痛苦的折磨人的过程，他们竭尽全力想要避免这一切发生在自己身上。有位老人含着泪说：“我不想承受身体的病痛，但我现在已经开始感到疼痛了。我不怕死，但我不想受罪。”有人觉得死亡就代表孤独和被遗弃，虽然他们并没有直接这么说。有些老人非常坦率地表示自己不愿意给任何人带来负担。虽然多数受访者并没有明说，但他们显然有一份无奈的愿望，那就是如果他们最后被身体所累成为负担的话，会有人愿意承担这份责任，好好照顾他们。

我们的受访者在几近生命尽头之时，很多人都开始将自己的孙辈视作自身在未来的延续。有位老人解释道：“我对自己的未来没什么想法，不过我总是会想着我的孙辈以后会如何如何。”有些老人会特别提到其中的某个人，谈起他或她与家族遗传不同的眼睛颜色、肤色或者是相同的名字和相似的个性。正因为这份对孙辈们人生前景的担忧，他们不再纠结于自己生命的脆弱无力和不确定，而是想象着这些年轻人可能有的长远的未来。而孙辈的前程亦是这些老人关注整个世界未来的一部分。

问及未来时，我们的受访者会很快表达出自己对当前世界范围内情势所持有的不安和极度悲观。很多人都会评价说“现如今世界上一切都那么糟糕”和“我对此完全无能为力”。尽管引发这种评论的缘由并不相同，但他们的论断本身却是惊人地一致：“我很高兴自己现在已经老了，不用再为这个世界的未来操心了。”“我很高兴自己不必生活在这个 67
孩子们不得不继承的世界了。”“有时候我真为地球的未来担心，不过我也庆幸我们已经完成了自己的使命。我不知道这个世界将来还会不会像过去那样美好。”“这个世界变得这么糟，如果是现在我可能就不会要孩子了。”

每一位受访者都从不同方面表现出对当今世界的不满。有些人提到世界政治格局——他们主要担心苏联会凌驾于美国之上。有些人的关注点是环境生态，认为地球正在失去供养人类的能力，我们有责任去保护环境。不少人对美国社会的价值观丧失颇为诟病。他们会提到个人、企业和国家的贪婪自私，提到传统美国理想的覆灭，提到家庭关系、人际关系和组织关系中承诺、忠诚和信念的沦丧。他们认为美国社会在这些方面正在误入歧途，而认为他们自己更为了解什么是正确的方向。当然，他们也承认，虽然他们视角独特并洞若观火，但他们对此也是无能为力。有几位老人总结说：“虽然说，担心自己无能为力是无济于事的，但是，我确实是有想法啊。所以，我免不了要忧虑。”

在我们的受访者为孙辈们将来所生存的世界而忧心忡忡时，我们也和他们谈及核战争的可能性。有些老人坚信人类有能力避免这种惨剧的发生："没人敢起这个头。""我想不出来有谁敢先打第一炮。""我希望我们有足够的防御能力。""我对此确信无疑。""我一点儿都不担心。"
68 "人们没这么傻，应该没这么傻。""我觉得人类这么聪明，不会任由核战争发生，会杜绝一切可能性。"出于宗教信仰或人类理性，他们也许是真的相信核战争的悲剧可以完全避免。不过也有可能他们并非真的对此充满信心。他们这么说只不过是不想面对可能后果所带来的绝望感。因为这种灾难性的后果不仅会立即摧毁他们自己的个人生活，也必然将他们生存许久的这整个世界毁灭殆尽。

有些受访者则试图乐观看待核战争的后果，以此来抵消自己的绝望感。他们会说："我觉得这不会灭绝整个人类。它可能会让我们倒退几百年。""如果事情真的失控了，或许这是停止脚步、重新开始的机会。倒退上百年再重新开始。"不过这些看似乐观的言论听起来和前面满是信心的说法一样显露出绝望的虚空。他们这么说并没有什么确切的依据，不过是个人情绪的强烈表达，他们坚信人类可以避免惨剧的发生，因为他们觉得这一切源于先进科技的毁灭性力量放大了人类的焦灼和狭隘自私。毋宁说，他们之所以认为人类可以逃过核战争这一劫，主要是因为这种想法让自己心里觉得舒服。只有几位老人敢于直面真实的后果："我们都会被炸飞的……以前也有战争，不过这就太可怕了！一旦有一颗核弹落下，所有人都没命了，哪还会留下什么人处理后事?"

这些老人并没有就如何避免核灾难提出什么全球性的战略。相反，他们更关注微观的问题并提出清晰的观点，他们认为人只要想生存，就应该知道如何好好生活："你必须足够宽容，必须尊重别人的想法。"
69 "尊重他人和善待他人是最起码的……还有耐心……如果你学会等待，等你得到一直想要的东西之后，就会更开心。""我们必须为其他人多想想。做个好榜样，提供些实实在在的帮助。""父母应该在孩子身上多下功夫。管教要一致，要有规矩。""你得相信灵魂不死，相信上帝。要有敬畏之心。""我们必须尽己所能，爱人如己，要让这个世界变得更美好。"这些建议主要是提给后人的。我们的受访者很可能也是从自己的父辈那里继承到了这些理念。他们自己在生活中一直试图贯彻这些价值观，也想要把过往人生的感悟和积淀融合为面对未来的成熟智慧。

我们的受访者重视自己过往的人生经验，认为这是好好面对未来的基础。在这个过程中，很多人转向宗教——是当下的信念，也是终生的信仰。对他们而言，宗教是人生各阶段得以安身立命、指导言行的根本。如今，他们面对一个可能比以往更可怕和更不确定的未来，终生的宗教信仰是一种强烈的精神慰藉。有位女士回想起小时候学过的儿歌版“十诫”。另一位老人不断回想起自己还是一个小女孩时做礼拜的情景，穿着她最好的礼拜天衣服，紧紧握着妈妈的手。两位老人的这些儿时记忆，似乎也让她们更坚定了自己的宗教信仰，以应对晚年生活中不可回避的绝望感。

有些受访者一说到出席例行的教会活动，好像就觉得自己很安心。
上面提到的那位女上，很高兴地讲起自己小时候参加这种仪式化活动的 70
体验，说自己近些年愈发想要再去参加这些活动，想要再次获得那种内心的安宁。有些老人会反复强调去教会的重要性，不管他们自己是否真去。或许正是这种充满仪式感的群体行为，使得他们可以把自己的终生信仰与不熟悉的绝望感协调起来。或许，这仍然反映了一种整合感，他们借此将生命周期、代际周期以及更宏大的社群周期进行了整合。

在本节开始的部分，我们就提到过，整合感和绝望感的平衡，是一个回顾过往并与之达成和解的过程。这个过程中很重要的一部分，就是承认和接受自己过去在人生各阶段所做出的选择。很多受访者在回首往事时，对自己过去选择的生活方式都相当满意——包括他们结婚的对象、养育子女的方式，还有从事的工作。总的来说，这些老人的结论是：“回首从前，我觉得自己已经没有什么遗憾了。”我们要注意的是，他们当下的满意并非意味着在整个人生中都是满意的。事实上，生活史数据表明，他们中有不少人在人生早期阶段曾经历过严重的不幸和焦灼，而当时他们将之归咎于自己在择偶、择业、育儿或生活规划上的错误决定。

为什么这么多受访者都不愿再提起早前的不满和不幸了呢？这种忽略不计的态度，对老年人的整合感和绝望感的平衡有什么意义呢？或许
71 这不过是他们“伪整合”的过程，假装那些不堪回首的往事未曾发生，这样就可以给自己的整体生命周期做出一个满意的评价。也或者，他们不过是有意识地选择了保留部分隐私，因为不管这些访谈者多么富有同情心，毕竟也较陌生人亲近不了太多。也有可能，这种回避正反映了人们终生都在致力于整合与重塑，那些曾经痛苦难耐的往事，经年之后，放在整个人生长河里就产生了新的意义。此外，随着岁月的流逝，他们或许能够正确看待曾经经历的那些创伤事件。

对前尘往事的回顾和接纳，部分也源于往事的不可更改。提及曾经的人生选择，有些老人表示出百分百的满意，他们会这样说：“我一定是鸿运高照。我一辈子都没有真正为什么事情感到失望过。”有些老人承认自己的人生并不总是坦途，有时候他们也确实不能以适当的方式满足那些实现不了的需求，也无法总是先知先觉，按想要的方式处理好一切意料之外的紧急状况。所有人都有些不得不情愿地承认，不管他们在过去是否可以有不同的选择，**如今**都是绝对无法对**当时**的选择和行为做出任何更改的。尤其是，有几位老人对他们年轻时无法守护自己所爱之人的生命耿耿于怀。他们会不断问自己：“为什么我就是无能为力呢？”他们觉得自己对配偶或子女的死亡负有不可推卸的责任，他们翻来覆去地想，无法释怀。当时是否应该多看几位医生？如果他们足够细心，会不会能更早地发现家人生病的征兆或症状？他们是不是可以做更多的事情，以拯救或至少延长亲人的生命？不过，对这些问题的反复琢磨最终
72 与接受既成事实之间达成一种平衡，他们认识到如今无法改变久远以前发生的紧急状况、做出的反应以及事情的结局。

在理想状态下，老年人一方面努力寻求明确的人生智慧和态度，另一方面，他们不排斥适当的愤世嫉俗和无望感，而是以人的整体性态度动态均衡地接受它们。晚年生活有太多理由让老人们感到绝望：梦想未能实现的过往；痛苦难以避免的当下；充满不确定性的可怕的未来。当

然，还有不可避免的死亡，它是最终的结局，却没人知道它何时到来。因此，老人们必须从步入晚年的那一刻起就接受那些不得不面对的绝望，接纳其为老年生活的一部分。老人们对上面提到的各种事情进行反思的过程，亦是他们进行人生整合的过程。此外，这最后的整合将包括人在晚年所有的有意识和无意识的再体验过程，而这些再体验会对塑造生命周期的那些心理社会主题重新进行考量。我们接下来就按阶段逐一阐释这个再体验过程。

并非所有受访者都可以运用自己从漫长人生中获得的感悟，并将其作为安慰、理解或同情的源泉。也并非所有受访者都可以成功地在晚年展示他们所崇敬的长者身上所具备的品质。不过，我们访谈的这些老人都在努力用得到认可的心理社会优势来平衡自己一生的心理失调倾向。当然也有一些人，他们的优势力量不够强而心理缺陷持续占了上风，这使他们仍深陷痛苦之中。我们会在后续章节里详细描述这些老人因此所面临的各种矛盾和冲突。不过在此，我们必须强调一点，不管这些老人 73
能否成功地再次体验一生的心理社会主题，他们每个人都在这个过程中付出了努力。也正是由于有了这样的努力，人们才能在生命周期的各个阶段都有所收获、不断成长。

第二节　繁殖感与停滞感：关怀

人类的繁殖主要体现在关爱、培育和养护子女的过程中，每个新生儿的诞生，都意味着一个生命周期**循环**的开始，也使得人类的繁衍得以延续。这个过程也使得循环往复的生命周期扩展为**代际**传递。上一代给下一代赋予生命，下一代则要承担起对上一代的赡养义务，这种传承自然而紧密。因此，老年人繁殖感与停滞感的整合过程，既包括他们对自身作为父母养育下一代时人生经历的回顾，也包括他们对自己更早期时作为子女被父母长辈呵护关爱的回忆。也就是说，对于几十年前自己在完成中年期的养育、工作和创造等活动过程中形成的繁殖感和停滞感，个体在进入老年期后要对二者进行协调。除此之外，他们还必须接纳自己作为儿童时所受到的来自父母的关爱和忽视，同时也要接纳自己作为成人，对年迈父母负有照顾义务时体验到的关爱和忽视。

我们认为，中年期对“世界的维护”所负有的繁殖义务体现在与人、制造的产品和理想相关的领域。对每一代成年人来说，一方面，他
74 们有责任去孕育、培养和教导下一代，让其长大成人；另一方面，他们还要建立和维护社会体制及自然资源，否则后代的生存将无以为继。当不再正式地担负这些家庭和社区责任后，老年人会不甚情愿地遭遇停滞感，因为在他们身上，明确的繁殖需求减弱了，而惯常的繁殖活动对他们就不适宜了。另外，因为精力和身体条件的衰退，他们在家庭、职业或机构中所能给予的关爱行为，也显然受到限制。不过，本书后面将谈到，人生的最后阶段会经历每一个心理社会主题，而每个主题都会对老年期产生影响并提出独特的要求，同时还将提供独特的机会让老人用新的、调整过的方式参与一生中的繁殖性关爱，以此对不可避免的停滞感进行整合。

为实现繁殖感与停滞感的调和，老年人会展现出一种“宏观繁殖感”（grand-generativity），它在某种程度上已经超越了中年期对维护世界所负有的直接责任。很多角色，例如老年的父母、祖父母、老朋友、顾问、建议者、导师等给所有老年人提供了重要的社会机会，使他们在与各个年龄段的人交往时体验到宏观繁殖感。在这些关系中，个体努力将外在的关心他人与内在的自我关怀整合起来。在照顾他人的同时，老人们还要面临挑战，要接受别人的照顾，这种接受本身也是关爱。在代际周期的视角下，老年人有责任从年轻后辈对自己的照料中提升自己的繁殖感。

宏观繁殖感包括对当下和对未来的关怀——对今天的年轻人之未来
75 的关怀，也包括对尚未出生的后代的关怀，以及对整个世界的存亡的关怀。这种关怀有助于个体产生不朽的意义感，使个体能够超越因生命终点的日益迫近而产生的现实绝望感。不过要注意的是，宏观繁殖感关注

的是抽象的未来，它必须和当下生活中对具体某个人的简单而直接的关怀整合在一起。步入晚年之后，如果老人满脑子都是对世界的无限不确定性的关心，那么这将带来很大的伤害风险，因为这会让他们对熟悉的人——亲戚、同事、朋友和照料者造成忽视或疏忽，而这些人恰恰是他们生命中最亲近的人，只有在这些人中才能出现最深刻的彼此关心。

虽然我们在上面提到，繁殖感的含义包括多个方面，但我们的受访者在对自我早期养育角色的反思和当前关怀活动的参与中，最为关注的还是他们的子女。对于这些人中的大多数来说，为人父母似乎已成为成年期的核心责任。因此，很自然地，他们会反思子女在成年期的成功和失败，以此追溯自己对子女的养育，评判自己是否很好地履行了为人父母的职责。

就像任何年纪的父母一样，大多数受访者总是迫切地想要表达自己对子女所取得成就的骄傲之情。“我的儿子们都很富有。”“我的孩子们都茁壮成长，而且都拥有良好的品格。”“他们真的很聪明。他们都考上了大学。”人到晚年，他们似乎都觉得，自己在过去六十年到二十年前对孩子的教育，是子女们获取当下成就的主要原因。有位女士在回想当年自己养儿育女的岁月时，总是抱怨社会对富人和穷人的不公，而她自
己的家庭就相当拮据。她总是大声地抗议说：“不能用金钱来衡量一个 76
人。”然后就马上引用报纸上的报道，说那些有钱人的言论是多么愚蠢，或者做了多少违法的勾当。她在访谈中总是提到钱不够用、生活必需品定价太不合理、穷人的权益得不到保障等。这说明，在她对成功的看法中，金钱占有核心地位。像她父亲一样，她丈夫日夜辛劳却收入微薄。因此，不管是作为女儿还是妻子和母亲，她的日子一直过得不算宽裕。她现在最为骄傲的，就是每个孩子都拥有并经营着利润颇丰的制造企业。虽然她自己不可能攀上财富之巅，但她很自豪的是她养育了如此成功的子女，而她的子女可以让**他们**的孩子拥有最好的一切。

除了总体成就之外，老人们也会谈起子女们的育儿之道，借以审视自己早年为人父母的得失成败。不少受访者会对子女们的教养方式给予

赞赏，不过主要体现在那些对他们有意义的方面。有些人是借此证实自己也曾在相同的方面十分重视并取得了很大的成就。有位女士一辈子都是家庭主妇，她特别欣赏小女儿操持繁忙的家事、经营一个大家庭的方式。她为五十年前丈夫对自己热烈的夸赞而骄傲：“珮丽是个糟糕的簿记员，但你永远找不到像她这么称职的妻子或母亲。”她把这一重要的职责（就是取悦丈夫和抚养子女）完成得很好，这对她来说也是最有价值的。在这位女士还是一个年轻妈妈的时候，家庭成为女性的繁殖力量得以释放的唯一生活领域，后来几十年间社会对女性的期望发生了重大变化，那便不再是绝对的理所当然了。不过，如今这位女士不再看重孙
77 辈们在学业或体育上的成就了。她也几乎不提女儿的受教育程度或家庭之外的工作兴趣。女儿的家庭生活跟她没什么关系，所以她很少谈到这些。她最欣慰的是，自己养大的女儿在母亲最为看重的家庭领域做得非常出色。在她看来，女儿所取得的成就，既验证了她自己的价值观，也表明了她将这一价值观有效地传递下去了。

我们的受访者很看重自己是不是好的父母，包括自己是不是在子女的职业、养育后代及克服生活的困境中提供了必要的支持和帮助。这样，他们至少在回想起孩子们所经受过的诸多磨难时，能够感到一些慰藉。以一位女士为例。她说自己小女儿的人生堪称支离破碎。她虽然上了一所名牌大学，且成绩优异，但却中途辍学，和她的高中男友结婚，成为六个孩子的妈妈。当丈夫拒绝结束他与另一个女人的长期婚外情之后，她离了婚。有好几年，她都只能靠做代课老师来养活自己和孩子。后来她成立了一家家教机构，而且经营得很成功。她一直喜欢雕塑。现在孩子都长大了，她就转让了公司，卖掉了房子，把全部时间都用在雕塑上。在过去这些年，这位女士在女儿的每一个人生转折点都感到难过不安、忧心忡忡。

这位女士自己也是大学没念完就结了婚，她对自己未能完成学业这
78 件事深感遗憾。她女儿很小就有比她更好的学习成绩。她对此既感到骄傲，又觉得欣慰，因为女儿弥补了她自己学业未成的遗憾。虽然她自己

早先冲动辍学，但显然她给孩子们成功灌输了以学业为重的观点。拜她的价值观和谆谆教导所赐，孩子们本不会犯和她一模一样的错误。不料，女儿的生活轨迹突然发生转折，这对于她母亲来之不易的肯定感是个巨大的挑战。或许，她还是没能让孩子们做得比她好。

这位女士自己有着牢固、安全、稳定的婚姻，一直维持到她丈夫在退休不久后过世。女儿的离婚和之后的谋生方式让她这个做母亲的感到，女儿在生活的各个方面都没有享受到稳定或安全。在步入老年之后，这位女士不再为女儿的困境或生活的断续而忧心了。恰恰相反，她现在为女儿的勇气、活力和心灵手巧而倍感骄傲。她说道：“她这么聪明。她特别有想法。我为她各方面的成就而骄傲！我知道我用不着再为她担心了，因为不管发生什么，她自己都可以处理得很好。”

为了想要通过子女的生活来证明自己的繁殖感，他们总是带着十足的满意感说起子女的婚姻如何幸福。这些谈论也给他们提供了一个机会，使他们重新思考自己年轻时的亲密感和孤独感。这也让他们可以确认自己对子女的教导是有效的，因为子女们有能力获得成年期的满意感，以及负有责任感的婚姻共享性。当然，也不是所有受访者的子女都有幸福或稳定的婚姻。事实上，几乎半数受访者至少有一个孩子经历过 79
至少一次失败的婚姻。因此，当这里面许多人在讲述子女痛苦的婚姻困境却满怀对子女力量或成长的赞誉时，多少还是挺让人意外的。不过可以理解的是，他们是想借此说明自己对子女的教育还是有成效的。有位女士沉思地说：“我真不知道他挑选女朋友的眼光是怎么来的。我们觉得这婚姻从一开始就是个错误。”接着她开始对儿子表示赞许，说他及时认识到自己的错误，没因此毁了他的下半生。另一位女士谈起自己的女儿，说：“她丈夫特别难相处。她再也不能忍受下去了。”她很高兴女儿不再被人欺负。有位男士说“很高兴看到他们能和平解决”，虽然他儿子之前不听劝，但最后还是表现得相当成熟和正直。他尤其感到骄傲的是儿子的表现比他自己可能做到的还要成熟。另一位男士解释说：“在他妻子离开时，我不知道到底是他还是我们更伤心。不过从长远来看这好像是最好的安排。”他这么说是一种安慰性的暗示，因为他认为儿子的第二段婚姻远比第一段婚姻更幸福，也更受益。

当然，也不是所有受访者都能通过子女的成年生活来成功地确认自己的繁殖感。有位男士，一提到儿子的数次婚姻和从未稳定过的工作，就陷入沉思：“我真不知道我儿子的情况是更糟了还是故意要跟我对着干。他从不抱怨什么，但事情真的不妙。”而在早些年，他一贯觉得儿子的所作所为是无可指摘的。或许，这是老年期的一个成功标志，即开始重新考量他的生育意义上的繁殖感。对这位老人而言，他能够注意到
80 儿子的生活出现了问题，同时开始怀疑自己是否为此也负有一些责任。

除了通过评判子女的生活来替代性地再次体验自己的育儿之道以外，我们的受访者也会通过回想五六十年前自己为人父母的岁月来直接面对这一话题。很多受访者把自己早期的育儿经历放在代际传承的大背景下，追忆自己是怎样有意识地延续或摆脱家族的教养方式的。这些年事已高的父母，很多曾经受了颇为严格的家庭教育。有些人延续了自己家庭的那种不容妥协的严厉风格。他们解释道：“是的，我效仿了父母对我的要求，对孩子必须要严格，这没什么可商量的。”有些人则信奉折中之道和社会演化的影响，他们试着打破家族传统的教育模式，对孩子更宽容一些，但同时又并非毫无原则的纵容。他们没有延续令他们不满意的家庭传统的教育模式，而是尽力营造一种更健康的家庭模式并使之延续到下一代。有些受访者觉得他们有效地建立起了自己的奖惩体系：“我们对孩子要求很严，但不能做得过头，否则会完全毁了他们的快乐。”还有些人对自己所做的不太满意，他们若有所思地说：“我对自己的孩子比我妈妈对我宽容多了。过于宽容了，实际上。”不管他们这些做法成效如何，我们的受访者到晚年之后对自己做出的努力都还是很满意的。从家族代际传承的角度来评判他们自己的育儿方式，不仅体现了他们对下一代幸福感的关怀，也体现了他们对上一代情感和价值判断的尊重和欣赏。对代际周期进行这些思考构成了老年期重新获得繁殖感的重要内容。

还有一个维度与生育相关回顾有关，即回想起自己初为父母时的情 81
绪和感受。有些受访者认为那段日子是他们一生中最快乐的时光；他们会讲起他们最喜欢的故事，回想起自己跟孩子一起参加童子军、家校联谊会（PTA）、主日学校、音乐课、体育运动等活动的日子。这些回忆好像给他们提供了一个宝贵的机会，让他们再次体验自己年轻时的快乐，因为此时他们正努力形成终生关怀的意义感。相反，另一些人对初为父母的回忆则带着焦虑和遗憾，试图在不称职感和成就感之间找到平衡。有些人会纠结于一些他们为之负疚几十年的事故。有位男士在教儿子木工活时，因为疏忽大意导致儿子的手永久性损伤，他对此很是自责。或许他是希望通过讲述自己的过错，来更有效地把这件事情纳入他对自己为人之父的总体评价中。有几位老人有些难为情地讲述了自己养育孩子过程中一些特别具体的事，说如果有机会重来，他们一定会采取不同的方式。有些人说自己会更耐心或者不那么“严格要求和完美主义”。有些人说自己会把更多时间用来陪伴孩子而不是工作。有些人并不明确自己可能会做出怎样的改变，不过他们觉得自己的子女存在问题，说明他们的教育方式有某些不当之处。所有这些回顾和反思都表明，老人们试图与一种主导了自己过去数十年生活的责任来一次彻底的和解，因为它仍然影响着当下的生活。

对我们的受访者来说，和他们的许多同龄人一样，一生中繁殖感的主要表现形式是生育，而不是生产和创造。要知道，他们是美国经济大萧条时期的年轻父母。紧急的备战状态和严重的经济危机，使得他们许
多人很难或根本无力在照顾家庭的同时完成自己的学业和职业追求。因 82
此，在某种程度上，他们会将自己养育子女的成就视为自身未竟梦想的实现或替代。他们多少会觉得，子女在创造力和生产力方面的成就，就是自身未曾实现的创造力和生产力的证明。在那个年代，女性会因为婚姻和抚养孩子而离开学校或职场，男性会为了家庭责任接受低薪工作而放弃自己对高等教育的追求。当他们为子女在学业、艺术、智力和职业发展上的成就引以为豪时，所有这些遗憾就好像是得到了补偿，他们自

身的繁殖感也得以圆满实现。

不过，并非所有的个人未竟梦想都能通过这种替代性实现。有位沮丧的音乐爱好者谈起他的儿子："他拿到了我从未能获得的音乐学位。还有音乐上的教学资质。这孩子过得很好。"这位老人小时候展现出很强的音乐天赋，曾经一直想要以此为生。他在大学里学习音乐，遇到一些挫折，正处于困难之际一战爆发了，他被征召入伍，中断了学业，当时觉得未尝不是更好的选择。战争结束后，他没有重返校园。他遵从自己作为成年人的责任感，与女友结婚，找了一份工作来养家。他职业生涯的大部分时间用来写作和销售广告歌曲，一直期盼自己的音乐才华能得到认可，被人"发掘"出来。不过愿望还是落空了。为了更好地支撑家庭，他舍弃了自己做严肃音乐的初衷，后来又离开广告业，改为从事
83 更赚钱的销售工作。在繁殖感的生育性维度，他是成功的。不过他在实现自己的创造性繁殖感的抱负方面，却先后因为社会环境和经济状况而不得不放弃。这样的抱负再加上早年学业上的失败经历让他的挫败感和停滞感愈发强烈，带着这样的感受，他个人的创造性便让位于人际的生育性了。在过去这些年里，他既为儿子在艺术方面取得的成就感到骄傲，同时也不无嫉妒。

如今他年近九十，对儿子这种矛盾的骄傲之情慢慢淡去。不用再为了生计而日日工作，他开始演奏萨克斯管，在老年中心做表演，为那些老朋友写好玩的歌。他终于可以完全沉浸于自己的创造力。而曾主导该领域的停滞感再不会因为理所应当的生育性繁殖感——支撑一个大家庭，帮着妻子养儿育女，赚足够的钱保证他和妻子能够安度晚年——而受到干扰。

从孩子身上得到的替代性满足，还包括这些老人在下一代身上看到自己、自己的配偶和他们父母的影子。我们的受访者都很开心地提到他们的子女和孙辈在性格、兴趣和天赋上与自己的相似之处："我儿子是个完美主义者，这点像我。""孩子们生来就十分聪明，和他们的爸爸一个样。""她跟她妈妈一样热情似火，她是我们的长女。她比任何人的精

力都更充沛也有更多的规划。想想看，我妈妈也是那样热情。还有我妻子的两位祖母也都是如此。”这种对家族个性特征遗传的确认，是因为他们把自己和子女都视为连续代际史的一部分。他们认为，后辈安身立 84
命的根本，在某些方面是世代相传的。这种认知让他们可以在代际周期中找到自己的位置。

在老年人最后一次重新思考其一生之中的养育和关怀时，他们必须试着以某种方式接受自己早期在繁殖感的表现方式上所做出的以及因种种原因**没有**做出的选择。如前所述，他们在早年所选择的生活方式，会更多地基于对子女人生前程的考量，而不是基于自身才干与抱负的实现。这些生育性的选择本身也整合了他们自己在童年期所受到的关怀和忽视。到了人生的最后阶段，当意识到要满足自己过早被抑制、长久以来被尘封的兴趣已经时日无多时，有几位老人很难接受自己未能实现本来具备的创造力和生产力的现状，而此两方面同样体现了关怀感。有些人，像上面提到的那位音乐爱好者，在终于有了自由时间，无须再承担太多的家庭责任时，开始培养和发展自己自青少年晚期就已蛰伏的艺术创造力。不过，其他人却没能利用这个老年期的机会，因此他们体验到了停滞感。

有一位女士，年轻时是一名艺术生。那时候，她还是一个优雅可爱的姑娘，她喜欢创作小幅的蜡笔画和水彩画，还有线条精细的童话人物素描。她结婚很早，为了养育子女和丈夫成立并经营了一个家庭批发公司。这个家庭不幸被疾病和情感问题所困。这门生意让他们精疲力竭， 85
却还是无法很好地解决经济上的困境。他们从内心里对这种经营也没什么兴趣，当初做这个不过是为了给家庭提供一份稳定的收入。过去很多年，他们都一直认为用心经营生意是他们照料孩子的一种表示。当孩子们长大成人，一个个从身边离开后，做父母的却开始病魔缠身，这位女士和丈夫原本期盼的美好退休时光就这样耗费了。她照顾丈夫度过痛苦的绝症，确定自己一个人无力支撑那份岌岌可危的生意，于是，她退了休回到了家乡，等待死亡的来临。

她满怀惆怅地讲起自己曾经创作的那些画，哀叹自己被生活困境剥夺了这类活动的机会。当问及她愿不愿意在日子不那么艰难后重新拿起画笔时，她叹着气说："哎，但是我做不到。已经这么多年了。"这位女士将自己的创造性让位于有点自相矛盾的生育性方面的努力，她把三个孩子养大成人，说他们"非常有责任感"。他们会寄来节日的祝福卡，他们会正式通知她一些重大事件的发生，比如升职和孙辈的出生或宗教的皈依。或许是对子女的不够亲近感到不满，或许是对自己一直以来为家庭需要而牺牲了个人兴趣的事实耿耿于怀，她不像很多其他受访者，可以从后辈的成就中获得比较强的替代性满足。过去这些年她一直艰苦度日，辛苦地付出却并未让生意红火起来，她曾一度渴望自己能再有画画的机会。她总是想："哪怕只让我画一幅画，我知道，我可以画出很
86 好的、美丽的作品。"由于种种原因，这个愿望一直未能实现。而如今，她又觉得一切都为时已晚。

对于一般人，生育主导了一生的关怀感，而有一对夫妇却凸显出一个例外。对他们而言，生产力却是生活的绝对重心。他们不到 20 岁就结了婚，自那时起就在塞拉山麓（Sierra foothills）地区非常成功地经营一个家庭大牧场。跟其他职业不同，经营牧场（加利福尼亚州的牧场在美国其他地区被称为农场）对创造性和习惯养成的要求都很高，当然也意味着付出辛劳和具备熟练的技能。牧场上的农作物和牲畜每天都需要得到精心的照料。在过去几十年里，这个家庭蓄养了一批又一批牛和鸡，年复一年地种植水果和坚果——从播种，到收割，再到休耕期的养护。除此之外，牧场本身也需要经营，这样才能应对因经济环境和气候变化所带来的财务危机。

这对夫妇热爱他们的牧场，为此付出了他们所能付出的所有时间、精力和心血。他们的孩子也是从小就在牧场干活。这项家族经营需要家里每一个人都付出很多，即使在孩子很小的时候，夫妻俩也没时间照顾孩子。这项任务主要由祖父母承担了。等孩子稍微长大一些，就开始做些力所能及的事，跟父母一起照管牧场。事情总是接连不断，牧场面积

一直在扩容，于是，所有的子女都渐渐担负起高级主管和责任人的职位。这样，当（或者如果）父母完全退下来，他们就可以独立经营牧场，并用牧场养活各自的小家庭。

与其说这对夫妇忽视了孩子的养育，倒不如说他们主要是通过一家 87
人共同参与牧场的工作完成了这项任务。与上面提到的那位女士经营的批发公司不同，经营牧场好像并不是谋生的方式，而是为了给各个家庭成员提供关怀的机会。这对夫妇现在会觉得有些遗憾，以前工作太辛苦，在孩子小时候陪他们的时间太少。不过即便如此，他们现在对子女生活的关注点，主要还是跟牧场有关。

大部分受访者热衷于讲起他们现在跟子女的关系——这是一个能够让老年人再次面对繁殖感与停滞感之间的相互影响的主要领域。他们一方面习惯了一辈子为子女操心，另一方面也意识到孩子们已经长大成人，成为父母（不少已经成为祖父母），需要尊重他们的独立性。他们努力在这二者之间把握好平衡。这种努力主要体现在给孩子提建议方面，提建议被看作最后的可尽的父母之职。出于关心，他们很想提建议；出于尊重，他们又得忍住不提。

有几对父母的心态好像特别好，他们能互相给出建议，听取对方的想法，也能彼此忽略建议。有个妈妈解释道："我就是想到什么说什么，他们也一样。我们都不会特别在意。"她说她对孩子们一贯坦诚："我们家里人都互相关爱和体贴。我们当然不会把自己所有的想法都说出来。不过我们对其他人的建议都抱着开放的态度，我们知道这都是出于爱护和关心，没有理由改变这种状况。当然，我们尊重彼此，尊重每个人最后的选择。"对她来说，对建议而言，重要的不是内容，而是它体现了 88
父母与子女之间的关爱，这是两代人一直以来都十分认可的表达关爱的方式。

很多人尽量克制不给孩子提任何建议，一方面是出于子女感受的顾虑，另一方面则出于对下一代自主生活权利的尊重。有一位特别有活力和独立自主的女士解释道："我跟女儿是闺蜜。我们无须互相依靠。我们一起享受生活。我们的母女关系仅限在某些必要的场合，或者发生了什么事。所以我不会对她指手画脚。她跟自己的孩子们也这么相处。”对这位老人来说，“发生了什么事”是指她认为女儿犯了某种可能会造成伤害的错误情况。这种情况下，她觉得自己就有必要以母亲身份来教导和保护女儿了。与此同时，她认为能让她这样以恰当方式避免女儿犯错的阶段早就过去了。她女儿尽管患有先天性的严重疾病，但已经活到了中年。从一开始，这对夫妇就没有遵从医生的主流治疗建议，不愿意女儿就此过一个残疾人的生活。在养育女儿成人的过程中，这位女士把繁殖感意义上的关爱与对女儿自主自立的笃信和尊重整合在了一起。她继续这么做，倒不是因为年纪大了就不再关心了，相反，她认为关爱的表现必须随着生命周期发生阶段性改变。

对我们研究中的一些父母来说，克制自己不再给子女什么劝告，更多是出于务实而非哲理。虽然提供建议和进行劝诫可能是教导年轻人的
89 有效方式，但这些父母发现，这种交流方式可能会危害他们与成年子女的关系。有一位女士感叹道：“我很想跟他们说说我的想法，不过我还是忍住了，因为很容易发生误解。”另一位老人也持有同样的观点：“我尽量克制自己想发表意见的冲动。我尽量不批评他们，也不提出什么意见，反正他们也不听。他们不喜欢我管他们的事，有时候还会很生气，甚至都没有耐心听听我到底在说什么。冲突之后大家情绪都不好，总有人要先道个歉。我觉得糟糕透了，好多时候如果他们肯听我的，就不会事后觉得后悔，也不会浪费那么多钱。但是如果他们根本就不想听，说这些又有什么意义呢?”对父母来说，这里面每一个让他们保持沉默的理由都代表着，他们要学习如何有效地向中年子女表达自己的关心。

劝告往往并不是单向的，而是两代人之间互相表达关爱的一种方式。我们的受访者想表达关心，又觉得提了建议也没有用，因为子女不会接受，因此就想放弃，于是他们就感到很纠结。一方面，他们希望能指望子女，希望子女们知道自己真的在乎他们对自己的依赖；另一方面，他们的自立感又让他们不太情愿接受任何人的建议和帮助。有一位

母亲的讲述确切地表达了这种纠结的心情："你知道吗？每次他们提醒我医生说我可以吃什么不可以吃什么，我都感觉要疯了！就算我吃了一块蛋糕，我愿意承担这后果，这是我的事。我知道他们是关心我。他们说得多，我生气，不过那也比他们根本不知道我有糖尿病要好得多。"她总是试着冷静对待子女的提醒，告诉自己这并不会危及她自主的底线，这样才能不为此生气。她努力以冷静的感谢态度接受他们有时令人烦躁的劝诫，这种态度证实了他们的繁殖感，同时也把她自己在老年期 90
的宏观繁殖感包括进来。这些都是她将富有成效的代际关怀和与之相反的自我沉迷倾向重新整合的努力。

两代人之间除了会互相进行劝告，也会互相给予帮助。社会学研究的数据表明，在个体的整个生命周期中，不管家庭的社会经济状况如何，父母与子女之间的金钱往来都是双向的，父母会"自上而下"帮扶子女，子女也会"自下而上"反哺父母。尤其是中产阶级家庭，父母会持续对成年子女提供经济上的援助，甚至直到子女进入老年期。[①] 的确，我们有几位受访者提起这一点都很自豪，因为他们可以给子女提供各种不同形式的经济支持。有的会支付长途电话费和拜访的费用，或者为家庭聚会买单。有的会在适当的时候以礼物的形式给些帮扶，包括添置汽车轮胎、换个新房顶，或帮着付一部分学费。实际上所有老人都会给他们的子女一些钱，也为此感到开心。同样，很多老人也提到他们的子女会反过来给他们一些经济上的援助。虽然他们不大情愿听从子女的劝告，但他们对子女给予的金钱方面的帮助还是心存谢意的，包括更换一辆因事故而坏掉的汽车、偿付搬家的费用，或者支付一部分日间护理的生活费等。从很多受访者的谈话中可以发现，虽然他们与子女有时都会觉得对彼此的劝告是一种侵犯，却好像都乐意接受彼此经济上的互相帮助，认为这恰当地表达了两代人之间持续的亲情和关心。

除了经济援助，我们的受访者和他们的成年子女之间还存在其他形 91

① L. E. Troll, S. J. Miller, and R. C. Atchley, *Families in Later Life* (Belmont, Calif.: Wadsworth, 1979).

式的令人安心的互帮互助。多数受访者说起子女对他们的总体帮助情况，都是骄傲而满意的。他们提到的帮助包括交通、搬家和休闲娱乐这些方面，认为这体现了子女对他们的爱和尊敬。当然，这种帮助也是双向的。我们的受访者也谈到他们对子女的帮助，这是他们在老年期表达关怀的方式。他们很高兴自己能为子女做些事情。要是家庭成员之间因为他们的帮助而关系融洽，他们会更开心。就像前面提到的那位患有糖尿病的女士对感谢的冷静表达，这种真诚的满意感，可以提升子女的关怀责任感，进而，也会强化老年人的宏观繁殖感。

我们在这一部分反复提到，老年父母与成年子女的相处，是老年人展示晚年关怀，也是对早年的子女关爱进行回顾与和解的重要契机。作为代际周期的一部分，我们的受访者像其他父母一样，在子女长大成人并为人父母之后，升级为祖父母。这一角色使得他们有更多机会去整合养育的责任感与自我创造力减弱的感觉。研究表明，祖父母这个身份会给很多人提供获得繁殖感的“第二次机会”。与年轻时养育自己的子女相比，如今他们对孙辈的关爱可能更坚定，也更明确。[①]

92 那些曾经疏于父母责任的老人，他们把照顾孙辈当作一次补偿的机会。有一位老人特别提道：“我特别愿意照顾孩子。我极其喜爱我的孙儿们，从他们很小的时候开始，我就喜欢照料他们。”这位女士对自己孩子生活的各个方面有过度的参与，因此家里总是充满紧张气氛，常常出现摩擦。她的子女都非常聪明，因而她的养育责任让她对孩子们的优秀充满期待，让孩子参加形形色色的竞争性活动。相比之下，她跟孙辈之间的关系是温暖、放松、彼此尊重和知足的，完全不像过去她与自己孩子之间的关系。她不会把自己对优秀的期望强加给孙辈，她会欣赏那些对他们自己而言很重要的成就。作为祖母或外祖母，她能在养育孙辈时做到关爱和尊重。而在早些年，当她对自己孩子负有责任的时候，她好像根本做不到这样。她从自己与孙辈的关系中学会了向孩子们表达支

---

① H. Q. Kivnick, *The Meaning of Grandparenthood* (Ann Arbor, Mich.: UMI Research Press, 1982).

持性的关爱，而这在过去与子女的关系中是不可能表现出来的。这是第一次，她可以认真倾听他们的问题，然后以他们认可的方式表达自己的关心、尊重、同情、支持和信心。她不仅最终体验到繁殖感这一至关重要的心理社会主题，她还更新并修复了自己与已经长大成人的子女之间的关系。

与孙辈们在一起的时候，老人们可以用各种方式指导与爱护新生一代。这让他们体验到关怀感和作为家庭中长者的价值感。[①] 不过，作为 93
祖父母，他们可以在指导和爱护孙辈方面**做出贡献**却不必**对**孙辈**负责**。作为祖父母，他们可以关心、爱护和帮助孙辈，而做这一切都无须担负内置于父母繁殖感的责任。老年人的关怀感主要体现为宏观繁殖感，而能够具备宏观繁殖感的关键就在于，他们已经从中年时期维护世界长存的责任中解脱出来。而恰恰是这种自由让很多老人对祖父母的身份津津乐道。有位老人说："作为祖父母，你不用为二十四小时的责任而忧虑，你可以有充裕的时间跟他们玩，你也不会着急生气。"

做祖父母可以让老年人把繁殖感的很多维度都进行一次重新整合。在子女有事不在家的周末去陪伴孙辈，祖父或外祖父会觉得自己不仅是在照顾孙辈，也是在照顾子女。对孙辈的喜爱和关心，体现了老人对子女繁殖感的肯定，而子女的繁殖感也是自己繁殖感的产物。对有些老人来说，炫耀自己的孙辈比夸奖自己的子女要容易得多；为孙辈爆发的骄傲也比为子女的更不谦虚。隔代亲常常可以使那些曾经在父母职责中遭遇挫折的受访者，或者那些很难认可自己繁殖感成就的受访者，在孙辈身上体验到自豪感，而这种自豪感是不可能在他们自己孩子身上体验到
的。每当在孙女身上看到和自己一样的蓝眼睛，和自己祖母一样的笑容 94
和幽默感时，一位祖母就会体验到五代的延续性，而她自己的繁殖感在其中功不可没。

有几位受访者长期参与到对孙辈的照顾之中，扮演了代理父母的角

---

① H. Q. Kivnick, "Grandparenthood: An Overview of Meaning and Mental Health," *Gerontologist* 22 (1982): 59-66.

色。有位寡居的女士在儿子离婚后不久去照顾还是婴儿的小孙子，这样儿子才能有充足的时间和精力去追求事业和情感生活。这位女士很享受与孙子相处的每一天，乐此不疲，一待就是六年。回顾这段时光，她既感到温暖，又有些难过。她难过是因为儿子婚姻的失败，也是因为儿子没有很好地尽到做父亲的责任。不过她很高兴儿子在有需要的时候开口求助，而自己也能真的帮到他，正是亲情的纽带让他们紧紧联结在一起。她自己做母亲时就很享受亲子时光，她也很高兴有机会可以重新承担母亲的角色，这也让她跟孙子一直非常亲近。她回忆道："那时我给他当娘，他呢，就管我叫'妈妈'。我把他和一群孩子一起送到托儿所。我还重新参加了家校联谊会，那时我都快 70 岁了。"她发现，基于自己多年的育儿经验，她还可以为孙子班上同学的年轻妈妈们提供一些亲子关系方面的建议："我们会一起喝个咖啡聊聊天，我想，对有些人来说，跟自己家庭之外的人谈谈可能会更轻松愉快一些。"每次回忆起这段经历，她都觉得自己给儿子的帮助对整个家庭的发展算得上功不可没。不过她现在也如释重负，因为不再需要这么做了。

有些老人特别在意自己对孙辈可能造成的影响，不管是积极的还是消极的。他们会根据自己的感受，凭借意志力和责任感去调整自己的言行，唯恐对孙辈造成什么不好的影响。有位悲伤绝望的 89 岁老人，说
95 自己之所以没有自行了断，就是因为担心这种做法会伤害到孙辈的情感。他们是那么敬爱她，视她为生命中很重要的人。她担心他们不能理解她的想法。她宁肯咬牙忍受身体的强烈病痛，也不愿失去他们的尊敬，或对他们造成无法挽回的伤害。这位女士的同龄人几乎都已离她而去，她的病痛也已经持续了好多年。她每天都在挣扎，不知道自己该怎么做。她觉得自己现在每天都像是在赎罪。所有这些想法都出自她对子孙们深切的爱。她没有跟他们交流过自己的想法，所以他们可能永远也不会知道她其实很关心他们，因为这种关心完全被她表面看起来的消极被动的长寿掩盖住了。

对繁殖感的确认，最后还体现为个体会以各种方式发出自己死后能

被孙辈铭记的愿望。“我希望我在他们心里是一个和善慈爱的爷爷。一个好人，一个为他们着想的人。”“我希望他们觉得我是智慧的源泉。”“我希望孙辈们会说跟我在一起很有意思。”这些老人抱有这样的想法，似乎是因为他们觉得现在得到的肯定不如死亡后得到的肯定那样明确——他们现在活着时听到的赞扬不是永恒的，而由孙辈在他们百年后所给予的肯定则可以延续到无限的未来。

虽然我们的受访者主要通过他们与子女和孙辈的联结来平衡自己的繁殖感与停滞感，但其他的人际关系对老年人基本关怀感的整合也起到
一定作用。不少受访者都有过照顾重病亲属的经历，其中有些甚至长期 96
陪伴晚期病人。有位 92 岁的男士，在过去四年里和妻子一起在家里照顾她 88 岁失能的妹妹。从她几年前身体丧失活动能力开始，他们就一直在资助她的生活。如今她卧床不起，几乎一动也不能动，完全离不开人。过去两年，这位男士的妻子每晚都睡在楼下病房里。他摇着头说：“这毁了我的性生活，我知道她也不想这样。你不得不理性地看待这些事情。”这位男士和妻子把所有的时间和精力都用来照顾病人了。甚至可以说，他们的生活，就是为了照顾她。

我们之前讨论到，中年期繁殖感主要体现在生育性上，而这位男士则表现出了另一个很特别的模式。他从年轻时就特别看重自己在药店的工作。在娶妻生子之前的好多年，他都致力于自己的职业发展，并秉承其行业的传统。对维护社区健康，他有着神圣的责任感。他跟其他药剂师和店员一样努力工作，而不仅仅是把这份工作当成一张赡养自己和家庭的长期饭票。他十分关心这个行业的发展状况，小到日常业务大到未来存亡。当“传统药房在战后消亡”，尽管这是社会进程而非他的个人过错所致，这位男士还是失去了他繁殖感的核心意义。如今，他提起老
式药房来，就像是在讲自己逝去的爱人，满怀渴求和遗憾。 97

这位受访者对自己在职业立场的培养方面感到很惬意，相形之下，我们通过回溯他的生活史资料却发现，他一直难以直接地表达对孩子们的关心。他待在家里的时间很少，每当要表达关心的时候，总是存在这

样或那样的人际紧张妨碍了表达。他自己的童年很不幸，在他还是婴儿时就被父亲遗弃，而母亲在他上小学之前就去世了。他被不同的亲戚轮流抚养，才十来岁就外出自谋生路，他横穿了整个国家。或许，导致他为人父母之后不能顺利体验到繁殖感的部分原因就在于他在自己的童年期没有感受到父母的或家庭的繁殖感。

现如今，年迈的他反而比早年更能关注到具体的个人，从而体验到当下的繁殖性关怀。他能够欣然接受来自孩子们的关心，虽然感觉自己无以为报。他总是理性看待自己与子女关系上反复出现的令人痛苦的停滞感：“他们对我是极尽所能，我对他们也是如此。现在我已经不能再为他们做什么了。不过他们现在还可以为我做些事，所以他们就做了。就这么简单。”这位受访者比其他受访者都更为消极厌世，他好像已经看破红尘，随时准备离开这个世界。不过，对妻妹的照护义务对他来说是个牵绊。尽管他转弯抹角地表达了自己的厌恶，她的疾病妨碍了他的婚姻甚至是他的死亡，但他却说：“唯一能让我活着的理由就是我对家庭的义务……［否则］我随时欢迎死神的来临……［但是］我现在还不想走，因为这位女士需要我。”

有几位受访者照顾的人是他们住在养老机构的兄弟姐妹或堂（表）
98 兄弟姐妹，这些人已经离不开机构的护理了。有位女士每天下午都会去陪伴自己患了认知症的哥哥。他住在附近一家疗养院里。她有些无奈地解释说：“他想跟我住在一起，但是不能如愿。孩子们告诫我千万不要在自己家里照顾他。他就一个人，他想跟我住一块儿。他大部分时间里是大小便失禁，也不怎么认人。我觉得孩子们太残忍了，不过我也知道他们是为我考虑。有很长一段时间我都觉得很内疚，一直在想这件事。你要知道，我明白他们是对的。但我还是感觉很糟糕。他没有孩子，我就是他唯一的亲人。我在他身边时他也不大能认得出我来。我在房间里待着也帮不到什么忙，所以我过去的时候就帮人推推轮椅、端端盘子。看到他的心智逐渐衰退，而我又无能为力，真是太痛苦了。”

繁殖感已然成为这位女士成年生活的主要心理社会力量。在子女长大成人之前，她每天的生活就是围着子女和丈夫转。在我们所有的受访者中，这位女士很突出，她用愉悦的语气讲述自己曾经扮演过的遥远而令人怀念的育儿角色。她说自己曾是屋里的母亲、童子军营里的母亲、家校联谊会的主席。她满怀热情地回忆起孩子们在学校参加的活动和那些特殊日子的具体细节。她总是兴致勃勃地讲起他们最爱穿的衣服，讲起自己看着他们一个个长大离开时哽咽的心绪。在子女长大成人离家自立之后，她开始为红十字会工作。

可能是因为她一直以照顾家庭为己任，习惯了为家庭付出，当想到自己不能如兄长所愿去照顾他时，她甚至会觉得自己太自私了。或许是由于她一直很有风度，她在接受子女们的建议和劝告时，不像其他受访
者那么纠结。她现在是以一种可以让所有家庭成员都最大限度获得繁殖 99
感的方式照顾自己的兄长。她接受子女的建议，让他们觉得自己的意见得到重视。她以自己的方式尽力去照顾兄长，这让她不会因为不能把他接到身边而感到痛苦和内疚。而且，她照顾兄长的同时，还能关照一下疗养院里的其他老人。

很多老人都与自己的兄弟姐妹和堂（表）兄弟姐妹以一种交互性更强的方式来互助互爱。他们彼此在对方生病时进行探望和照料，他们口里不说但心里都知道，这不过是暂时的，等自己有需要时也会得到同样的关照。子女都长大成人，一般不在身边；曾经亲密的爱人和朋友，也一个个故去，他们的孤独感与日俱增，于是他们转而寻求彼此的陪伴，一起回忆往事，一起放声大笑。对每个人来说，对方就是那个“你心里知道的会永远在意你的人”。

有些受访者则与年轻一代保持了良好的互惠式交往。有一位女士在过去十年里，一直为当地一所学院国际部的亚洲学生提供食宿。她戏称自己现在已经有了一个人丁兴旺的国际大家庭。刚开始她只是觉得自己是在为这些远离亲人的外国学生提供一项服务。她自己的子女已经长大离开，除了为可能到访的孙辈预留客房，她还可以为一两个学生提供住处。她有点意外地发现，自己居然可以和这些原本毫无关系的陌生人发

展出热切亲密的情谊。她提供的不仅仅是一间卧室，而是一个家，一个栖息身心的地方。她没有想到的是，这些学生也给了她家的感觉。慢慢地，她很享受他们和朋友们在厨房里制造的喧闹声。她喜欢在冰箱里塞满苏打水和啤酒。她很看重自己的生活重新与校园发生了关联。她喜欢
100 听这些学生讲述自己祖国的故事。她为这些年轻人对她的关照而感动，他们总是很细心，看看房屋里有什么需要修补或改造的地方；当她想要晚上出去散步时他们会坚持陪着她；他们还会带她一起参加可能让她感兴趣的校园活动。有孙辈和这些年轻学生的陪伴，她可以尽享关心人也被人关心的愉悦。在这样的关系中，她无须承担为人父母的责任，也无须将历经多年的个人生活中有关父母与子女之间的错综复杂的繁殖感牵扯进来。

有些老人与其他人彼此关照的频率和强度相对都低一些。有位男士会远远地留意一位脾气暴躁的邻居的动向，每天看看她客厅的百叶窗有没有打开、垃圾袋有没有拎出来、花园有没有浇水，等等。有几位老人参加了教堂或社区的电话社交圈，每周隔三岔五互相打个电话问候一下。有个社区，一群老人找来一辆厢式轿车，不定期载着大家去老年中心参加活动。如果哪天有某位成员未能如约而至，其他人就会尽快前去问候，看看自己有什么可以做的。有一位精力充沛、身体康健的女士，在社区里提供上门送餐服务。另一位女士身体状况不太好，不能走动太多，于是，她就给医院的病人钩织披肩和阿富汗地毯。虽然这些上年纪的人不能继续担负维护整个世界的义务了，但是，他们对维护彼此日常的生活却非常投入。

至此，我们讨论的都是老年人与特定个体之间的互动，除此之外，他们中的很多人还表现出某种整体性的和群体性的关怀感。在他们回顾过往时，他们会发现，自己一生都遵行着某些信念，这些信念反映出他
101 们对社区、国家乃至整个人类的持久关切。我们认为，参与政治就反映了他们对群体的关注。有几位受访者直到现在还很活跃。他们有人称自己是“具有宗教信仰精神”的选民。有人还在为自己支持的党派捐助资

金。有人会以信件方式表述自己的政治主张。有些人总是回忆起自己当年参加党派政治活动或非党派选举活动的往事。他们为自己年轻时所做的这一切感到骄傲，所以现在还在继续参与。有位老人说：“我手边放着一沓明信片，每当对一些事情感到愤怒我就写上几张寄出去表示抗议。那些事情太伤天害理了！”对另一位老人来说，对政治时势丧失兴趣或无所作为是不可理喻的事情。“你的耳朵［在大选中］要随时保持警觉，一定要投票。这是**必需的**。”说到各种政治事件对社会经济、儿童道德和人类存亡所产生的影响，这些老人都可以从多方面清晰地阐述自己的观点。虽然他们大多数人已经无法在这些事件中施展个人的影响力，但他们依然认为自己对这个社会负有一定责任。对他们来说，这种参与表达了自己对国家、对世界的关切。作为老年人，他们已经不再承担维护世界的责任，但只要还活着，他们就有义务去关心这些事情。

老年人对过往关怀感的回顾的最后一个方面还体现在，繁殖感体验在个体的整体人生哲学中处于什么位置。也就是说，在多大程度上，他们的世界观会涵盖宽泛意义上的整体性关注，即对整个世界和人类福祉的关心。我们上面提到的那位曾经是药剂师的老人就回忆说，自己最喜欢药剂师工作的原因就在于有机会去帮助别人。他解释道：“我喜欢帮
助别人。我有自己的药店，做了很多护理性工作。我所在的那个社区比 102
较贫困，所以人们有时候不去医院，而是来找我看病，我就尽力帮助他们。我喜欢那种感觉。”在他努力整合自己一生的关怀感时，这种因帮助他人而形成的社区关怀感可以平衡一下他在其他方面存在的无法忽略的欠缺。

有一位男士至今还处在自己到底应该是“爱你的弟兄还是过好你自己的生活”的纠结之中。和很多男人一样，照料和养育是他为家庭生计所承担的基本责任。不过，从他的坦诚诉说中，我们看到他比很多人更加关心那些在日常生活中与他交往的人。不幸的是，他感受到一种不可调和的矛盾，一方面是从一开始就存在的驱动他工作的关怀感，另一方面是他获得工作成就所必须具备的态度和行为。他是个推销员。在回顾

自己的职业生涯时，他叹息道，虽然自己总是尽量为客户着想，尽量公平交易，却并不总是能换来回报。同样，他会尽力尊重其他推销员的业务范围，他们却不是这么待他。他虽然收入尚可，却也从来没有挣过大钱或者创下梦想中的骄人业绩。他一直认为，自己失败的原因就在于难以平衡自己与同事、客户和竞争者之间的关系。对别人下不了狠心，就只能委屈自己。他对这一点至今耿耿于怀。他觉得自己善待了同事，结果却怠慢了自己和家人。他为个人的失败感愤愤不平，因此便努力从他一生遵从的高尚信条中寻求可弥补的满足感，这个信条就是人类的生存基于人与人之间的正直与善良，然而他的这种努力是徒劳的。

103 除了在这些人的生活中实际承担的养育和自我关注的角色，每一位受访者在晚年都对该角色应该在世界上发挥什么作用持有一个更加整体性的看法。“我觉得保护资源，［关心地球，］是我们应尽的义务。不管怎样，这是我们居住的世界。”“如果我有能力，我会把所有国家的领导人聚集起来，质问他们：‘［对你们自私的破坏行为］你们不觉得羞愧吗?’”“一切的根本就在于学会与人相处。你可以学会怎么理解别人的想法，怎么站在别人的角度去看问题。”“我觉得我们来到这个世界，就是为了尽己所能互相关照，我对此深信不疑。”“秘诀就是为他人做事。”这些说法都展示了他们在为维护这个世界做出积极贡献之后所形成的世界观。每一句话都出自他们从过去这些年付出的关怀和遗留的缺憾当中得到的感悟。他们也知道，如今时日无多，精力有限，只希望可以从个人层面多做一些力所能及的事情。这些老年人努力想要将自己的想法表达出来，并且，也想在余生付诸行动。

我们的受访者都十分关心的一件事是，今天的孩子所接受的指导对于他们有什么样的成年十分关键，因为这决定了世界在他们手中是否安全。作为有多年人生经验和体会的祖父母，他们对于如何做出指导有着惊人一致的观点。“要是你想让你的孩子或孙辈相信你说的话，你就得让他们知道你是值得信任的——你就要以你对他们的要求那样去生活。如果你自己一直那么做了，嗯，他们就会知道你确实是可以信赖的，这种信任会让你感觉特别好。”他们确信，仅靠随意的劝告和课堂学习，孩子们不会成长为有责任心的成年人。只有在他们与有责任感的成年人建立起信任关系之后，这种成熟才有可能。孩子们从长辈那里汲取人生 104
准则，代代如此。作为当今社会中最为年长的群体，这些老年人觉得他们有责任成为可信赖的人并展示人类的最高标杆，这就是他们的宏观繁殖感。

最后，还有一种感受体现在很多受访者的评论中：“要是我年轻时知道这些就好了。”尤其是，人们注意到在关心自己的同时会出现繁殖感不足，他们多希望那时有足够的智慧可以避免这个问题。“你有时候会犯一些愚蠢的错误，不经意间伤害到其他人。”回望过去这些年他们对他人造成的影响，这些老年人常常认识到，给他人造成的伤害往往是由于那时专注于自我目标而没有顾及其他的结果。对很多人来说，相比于在人生最后阶段对自己一生中各种关系的价值重新做出评估，其他目标的重要性都早已变得不值一提。他们过去在追求个人利益的过程中曾给别人造成过伤害，这些事再也不能置之不理，也不能像年轻时那样找借口为自己辩解了。对于因过去的冒犯而体会到的痛苦遗憾，他们在年老之时仍然有机会在现在生活中表示真切的关怀。确切地说，这种为了美好的明天让今天与昨天握手言和的过程，就是我们一生之中得以与压力和挑战共生的方式。

第三节　亲密感与孤独感：爱

在整个生命周期里，个体获得亲密感的能力与保留适当孤独感的需要之间应该保持一种平衡，从而使得个体能够与他或她爱的人和爱他或她的人之间形成真正的交互性。与年轻人一样，老年人也必须调和亲密感与孤独体验之间的关系，以此再次巩固其爱的能力。不过，在老年 105
期，个体面对这些问题时所处的关系背景有两个：一个是保持了几十年之久的关系，另一个则是近期的关系。老年期的爱必须要面对和接受整个生命周期历程中表白过或未曾表白过的爱。也就是说，在回顾早年的共享和分离体验的过程中，老年人会试图继续保持他们爱的能力。

在老年阶段保持亲密感并不容易，还可能会很痛苦，因为老年人往往不得不面对因终身伴侣和经年旧友离世而带来的孤独感。加之，子女和孙辈很可能住得比较远，距离阻隔了以日常交流为基础的代际亲密感。因此，在面对经常出现的难以习惯和难以忍受的孤独时，老年人必须重新认识自己早年的爱所表现出的力量和缺陷。基于此，个体在婚姻和其他的亲密关系中所结识到的新同伴将会在交互性关系中与其共享一种得到更新的爱的能力。

老年人必须以新的形式和平衡力来保持与各个年龄段的人的关系。生理上的衰退不可避免，这让老年人很难克服地理上的距离，阅读其他人的手写信件也很成问题。那些在一起活动的基础上建立起亲密友谊的老人，突然发现很多事情都无法享受了，比如上街购物或去山区度假。与联系距离不算太远的朋友所付出的必要努力相比，怀念已经故去的旧友却是更为轻松的事情。大量的孤独感体验给老年人带来的挑战是，他们很难与各个年龄段的人形成和维持交互性关系。

106 在我们的受访者中，有共经风雨的老夫妻，有丈夫或妻子已经去世或离婚的单身人士，也有再婚老人。（我们在本章会用**鳏寡老人**来统称那些配偶已经离世的受访者。）不管他们现在的婚姻状况如何，这些老人总是会幸福地回忆起自己十几岁和二十几岁的恋爱经历——这些经历标志着长久婚姻的开始，而正是在这长久婚姻中体验到的亲密感主导了他们成年期的生活。对有些人来说，特定的记忆能够立刻唤醒他们，让他们重回最初对亲密感的承诺。有一位女士是通过丈夫的家人认识他的，她的眼睛熠熠闪光：“我为他疯狂。我们都约会三个月了，他还没有碰我一下。我忍不住了，‘今天晚上最好发生点什么’。我不能说得更明白了。那天晚上，他吻了我，直到他去世那天，他每天都吻我。”这位女士已经寡居多年。她的生活很充实，一直为子女和孙辈忙活，也有很多朋友，参加很多活动。她活泼幽默，与人为善，人缘一直很好。不过对她来说，目前的伙伴中没有人能代替她的丈夫，她和其他人之间的爱不可能取代她与丈夫之间的那种爱。或许，每次讲起他们相处的趣事都能激活她内在特有的爱的感觉，这是自他去世以后再没有跟任何人一起拥有过的。

在过去几年，这位女士几近失明，听力也越来越差。她因为糖尿病的影响失去了一条腿，只能终日坐在轮椅上。拥抱和触碰对她来说愈发可贵，因为身体的接触传达了一些重要的信息。最重要的是，这表示有人爱她，她也可以报以自己的爱。此外，身体的接触可以给迟疑的视觉 107
信息提供一个补充确认，让她知道房间里还有别人。最后，这种接触可以非常物理的方式传递信息，告诉她，虽然她年事已高，身体有病，但她仍然与其他活着的人一样属于这个世界，仍然可以在身体上和精神上彼此发生联系。令人悲哀的是，对这位女士和其他同样身有残疾的老年人来说，虚弱的身体让他们无法承受这种自然而深情的身体接触，虽然这是他们过去深爱的方式。和许多其他老人一样，能够让她享受到令人安心的充满爱意的身体接触的人主要是孙辈。对年少爱情的甜蜜回忆使她能够透过一生看到现在的自己到底有多令人失望。或许，唤起早先感受的过程也有助于填补当下的空虚感。

进入老年期之后，长久亲密关系的性生活质量不复以往，鳏寡独居的老人更是不得不形单影只，而回忆可以让他们对早期生活质量中的温柔、喜爱和性欲进行重新整合。不论有多害羞或多尴尬，许多受访者都承认，性的吸引是他们当初择偶的基本条件。一些老人毫无保留地讲述了他们年轻时爱与亲昵的感受。有位非常保守、言语不多的男士回想过去时红了脸，他说自己和女朋友（后来成为他的妻子）高中毕业之后进入不同的大学，但“一直互相非常喜欢”。另一位男士边说边哧哧地笑：“我跟我老婆是在她们的一次接吻派对上认识的。”对这些老人来说，和大多数人一样，回想早年情感就是他们快乐的源泉，因为这可以寻回遗失多年的亲密体验。

有一些受访者则不同，他们非常明确地表示自己的择偶是出于务实 108

和社会关系的原因而非浪漫。有一位男士说自己决意想找一个与他的其他女友都不一样的女孩结婚："我想找一个优秀靠谱的，而不是整天涂脂抹粉或游手好闲的人。找一个生活标准令我尊敬的人。"根据生活史资料，我们发现有一位女士似乎很为自己感到骄傲，因为她不是出于喜爱或性的依附而结婚。虽然在大学那几年里她是校花，但最后她选择丈夫却出于"理性的原因。他光明正大，有着严谨的人生观和金钱观"。这位女士年幼时家境贫寒，父母离异。她母亲不惜气力地中伤前夫，并一再警告女儿要小心男人和被迫发生性行为的危险。她很少见到父亲，在她看来父亲是一个质朴平和的人。因此，每次与父亲见面后回到家，她都会反击母亲对他的诋毁和中伤。她高中毕业后不久，母亲因确诊为精神病被机构长期收容。

在大学时期，我们这位受访者的行为似乎有些自相矛盾，她既听从了母亲的劝告，又做出母亲曾经严厉警告和激烈反对的事情。一方面，她凭借自己的美貌和魅力，无情地调戏和玩弄那些男孩子。但另一方面，到最后她决定要结婚时，生活史资料显示，她却选择了一位她没什么性兴趣，也毫不浪漫的人做丈夫，这可以让她与之保持一定程度的隔离。生活史资料也显示，虽然我们这位受访者原本希望这桩基于理性的婚姻能够顺利，但她和丈夫的关系却很快就陷入持久的疏离和淡漠之中。另外，资料还记录了一些研究者的推测，这种疏远和淡漠对这位女
109 士来说可能是一种基本的防御方式，为的是抵抗潜意识里她对丈夫的恐惧和厌恶，毕竟，她的丈夫是一个男人。

现如今到了晚年，在寡居多年之后，这位女士总是用甜蜜和忠诚来形容自己过去的婚姻生活。她大笑着回忆起丈夫曾经吐露说，在他们正式结识之前，他有好几个月的早上都是走路递送包裹，只为了在她步行去上第一节课的途中有机会靠近她。他会在她经过时靠在篱笆上，哼着小曲——"菲奥娜·麦克拉伦走来，头上戴着漂亮的蓝帽子"[①]。她还

① 这应是一句歌词。——译者注

认真地回忆起自己为他倾心的爱恋所感动，愿意“跟随他到天涯海角”，只为了回报他给她带来的幸福。

这位女士当下对自己恋爱和婚姻的回忆，与她自己早些年的描述和指南研究的工作人员在几十年前记录的资料之间存在明显的不同。这种差别表明，现今对往事的回忆在她进入老年期后发挥着重要的心理社会功能。面对当前的孤独感时，她便修改了自己早年与丈夫的亲密性，这给她提供了一种令人欣慰的陪伴感。家庭史资料显示，至少这位女士本可以在孩提时代萌发爱的亲密感，但却被不信任和孤独感打得千疮百孔。也许是因为在整个成年期，她婚姻所需的亲密感让她感到非常恐惧以至于触发了她的抗拒性感受和行为，这在生活史记录里有被提到。如今，当远离让她感到害怕的人际亲密时，她好像反倒可以更好地关注爱和亲近的感受了。其实，一直以来在她表达自己的对抗时，这些感受自始至终都默默地陪伴着她。也或许是因为，在经历了一辈子的痛苦和孤 110
单之后，这位女士感觉自己时日不多，所以要抓紧时间表达亲密感。因此，姑且不论其与记录里的生活史资料有什么联系，这样的表达可以看作一种由恋爱和婚姻的美好回忆所直接产生的作用。

我们研究中的多数受访者在回忆或者至少在描述自己的婚姻生活时，认为他们与伴侣之间是互敬互爱、互相扶助、相互理解和彼此陪伴的关系，双方的感情也是越来越深厚。有一位体贴的男士，不到 20 岁就结了婚，虽然这么多年一直穷困潦倒，但对自己的婚姻却是非常满意，他满眼温柔地说：“我们的爱总是能让我们忘掉那些痛苦。”其他受访者对自己一直以来与伴侣之间的互敬互爱也是倍觉欣慰：“我们总是一起进出，一起做出所有决定。”“我们在一起待着就感觉很满足。”“我们总是尽力让对方感到开心。”“我们变得越来越亲密。”“我们如此地享受彼此的陪伴。”“我们是家人，随着一起变老，我们的互相理解也更深。”“我们彼此需要，性格互补。”“我们在一起总是很开心，总是一起做事。”所有这些回忆体现的都是老年人爱情中喜爱、忠诚和激情的部分。

我们很惊讶地发现老人们都一致地认为自己的婚姻关系是亲密的，尤其是，当我们看到有些受访者很像我们之前花了很大篇幅讨论的那位女士，早年曾经历过不幸婚姻并且对婚姻也并不满意的时候，我们更为惊奇。前后四十年对感情婚姻的不同描述，似乎体现了一个重要的心理社会过程。至少对有些老年人来说，他们的亲密感与孤独感之间的平衡
111 在过去几十年里常常是不稳固的，现在要把整个一生的爱都整合起来，那么就要对早期经历进行大面积的重新评估和重塑，以至于这些经历在外人眼里都无法辨认了。

据生活史资料，有些受访者在过去几十年里体验到的困难和分离远多于彼此间的亲密，然而，即使是他们，也不太情愿在我们的谈话中提及任何有关过去或现在婚姻的问题。总体而言，他们宁愿报告说自己对婚姻中彼此的感情和互补性是感到满足的。有两位老人的故事尤为典型。其中一位是新寡的女士，她在年轻时就反复威胁说要离婚，指南研究曾就此对她提过劝告。现在，她却把自己的婚姻描述为“从一开始就彼此倾心，直到他过世我们都彼此相爱”。对这位女士而言，在养儿育女的时期，婚姻中令人满足的亲密感与令人沮丧的孤独感一直处于无序混乱的失衡状态。在子女们长大离开家之后，这种失衡状态大大减轻。随后在两人共同生活的二十多年里，她和丈夫所共享的亲密感相比之前几十年的不幸福则可能让她尤为感到满意。她对后半段婚姻生活中彼此之间的忠诚感到既高兴又骄傲。在她的老年，近期的感受显然主导了她的亲密感，而这也是她最想保留在记忆中的。

另一位女士的生活史资料显示，在她三四十岁期间，她向指南研究报告说，她和自己的丈夫之间没有任何共同点；他们总是吵个不停；她丈夫对她和三个儿子都吝于付出；她对他的照顾像是自己多了一个孩
112 子；她特别想早日脱离苦海，因为婚姻让她感到压抑和不值。而现在，她却断言：“我们总是能想到一块儿去，这一点是把我们联结在一起的最重要的纽带。我们总是一起做事。我们一直互相扶持，已经六十一年了。”的确，这对夫妻如今好像总是形影不离。就像那些长期彼此深深

了解的人一样，他们会表现出一些典型特点，他们会轻松自然地互相调侃，间或有一些对彼此优点和癖好的客观评价。他们在谈话中每讲一个句子都会提到彼此，显然他们已经成为彼此生命中不可或缺的存在。老年期这种亲密无间的**事实**显然已经超越了四十年前的痛苦。不过，这位女士对自己婚姻生活的前后两种看法差别如此之大，仍然令人感到惊奇。或许，她会觉得，在两人已经相濡以沫这么久之后，如果自己再提及早年的不快，就是对丈夫的背叛。也或许，这么多年彼此忠诚的爱已经对她的记忆起到粉饰作用，当她想起婚姻头几十年的光景时，认为那并不是彼此之间的争吵，而是他们对外在世界的合力抗争。

我们研究中很多女士所生活的年代，都深受维多利亚时期拘谨风气的影响，她们对性知之甚少。有位受访者惊叹道：“你能想象吗？直到我结婚前一个月，我和我的六个哥哥都还不清楚婴儿是怎么来的！”另一位受访者悲伤地回忆：“在我长大成人结婚之前，我对性几乎一无所知。等我知道了，又觉得恶心。”与维多利亚时期的夫妻一样，我们许多受访者好像都经历了艰难的婚姻适应期和严重的早期性生活障碍，
通常表现为女方的性冷淡和男方的索然无趣。对多数配偶来说，只有 113
诚挚的情感和温厚的性情才能让他们平稳度过婚姻起始阶段的狂风暴雨，让家庭生活得以持久，并最终让双方都感到满意。当老人们努力将喜爱、感情和性的质量重新整合到一生之中的爱里时，他们才能忽略早期短暂的艰难，而专注于一生中长期的婚姻满意感。

只有很少的受访者明确表达了他们对配偶或婚姻的批评和失望。有一位寡居的女士，当回忆她的丈夫时说他缺乏爱的能力。她说：“我从孩子们那里寻求亲密感。”这位女士并不谈论在他们漫长的婚姻中，她对丈夫是怎样的感受。生活史资料显示，她丈夫不仅缺乏爱的能力，也无力养家，是妻子一直承担着养家糊口的重任。她不仅担起了这份责任，而且做得很好。然而，如果说相比于传统家庭和工作环境中的女性，她在繁殖感和勤奋感方面获得了更大的成就，那么她在亲密感方面的发展则逊色于传统环境中的女性。特别是在丈夫过世之后，这位女士

就和孩子们建立起十分重要的交互性关系。如今，想起过去，她还是无法接受丈夫在亲密感上的缺位，不过马上她就会说到更直接、更令人欣慰的亲密感，那就是她与孩子们之间的亲密感。她以某种方式在过去婚姻里的孤独感和现在拥有的一种整体亲密感之间找到了平衡。

相较而言，下面这位男士好像很难摆脱他在婚姻中的孤独感。离婚
114 已经大约二十年了，他对前妻从一开始就表现出的优越感仍然心存怨恨："我常问自己，为什么会跟那个女人结婚。想想吧，我居然还跟她一起生活了三十二年！"离婚后他一直单身，谈话中弥漫着他对前妻的不满。他指责她让孩子们也跟他对着干。虽然前妻在几年前就已经过世，但他还是对她离婚后很快再嫁而自己一直单身的事实充满愤恨。与之前刚刚提到的那位女士相比，这位男士好像没能试着将其他心理优势进行最大化，以弥补自己长久以来在婚姻中未能获得的亲密感。他跟子女或朋友也都没能发展出替代性亲密感。因此，直到现在，他对亲密关系的重要体验，还止步于这段二十年前就结束的婚姻。他在时隔多年的婚姻中经历的痛苦和孤独给他留下了某种情绪，一直影响到他现在的生活。他似乎不能放下前妻或过去的失败婚姻，那么，放不下的人和事及其催生出来的情绪就留下来成了他当下生活的一部分。

在为数不多的承认目前关系并不和谐的老人中，有一对结婚多年的夫妻。他们当下的艰难表明，当日渐衰老的年迈伴侣努力重新整合亲密感和孤独感这一人生主题时，会引发一些问题。这对夫妻对两人过去的生活都是很满意的。他们的婚姻相当传统并且两人高度互补。尽管经济拮据，但妻子还是竭尽全力地养育了五个孩子，培养他们的智力和艺术才能，并把家布置得有趣而美观。丈夫一直辛勤工作，负担家庭的各种
115 开销。他们很享受各自为人父母的职分。对于家庭之外的事务，妻子永远是站在丈夫背后，她支持并夸奖丈夫取得的成绩。他讲的笑话总会让她放声大笑。丈夫也一直很信赖并感激她的支持。

丈夫现在的说法是："我们过去配合得特别好，现在却不行了。"由于妻子患了关节炎，他们就不得不从自己居住多年、温馨舒适、本欲作

为终老之所的家，搬到一个毫无特色的普通公寓。随着妻子病情进一步加重，他们最近又不得不搬到一个机构的两居室去居住，因为那里可以为他们提供餐饮、医药和治疗服务。妻子在谈话、吃饭、看电影的时候都会打瞌睡。

如果照顾的是一位聪明、有活力和满怀感恩的伴侣，那么丈夫会乐在其中并努力做得更出色。而恰恰相反，他要照顾的是一个常常不知感恩的失能者。而且，不论他怎么努力，他都无法满足妻子所有的需求。他必须安置好妻子以使她能接受到辅助性的专业帮助。他憎恶现在自己不得不学习处理各种家务事，这在以前根本不归他管。他憎恨在自己需要鼓励和支持的时候却没有了啦啦队。他愤怒，因为妻子不再关注自己。他悲伤地怀念长达几十年的相濡以沫，并对妻子日渐恶化的病情忧心忡忡。为了从其他地方找寻彼此交互性的感觉，他开始和楼里其他人建立关系，会经常跑出去找人做伴。

他的妻子则对丈夫的不耐心甚为不满，愈发下定决心要依靠他做一切事情。即便已经支付了人工费，她也不接受任何人工帮助，例如洗浴或理疗，她只要丈夫为自己做这些事。作为一名多年来勤劳能干的家庭 116
主妇，她为自己如今的无助感到挫败和尴尬。一想到他们在一起这么多年，在她第一次需要全身心地依赖丈夫时，他却不能以亲自照顾来回馈自己长久以来的付出，而是花钱雇人来解决问题，她就感到既恐惧又愤怒。由于害怕他会离开自己，她就把他拴得紧紧的。她不仅自己不愿和楼里的任何人交朋友，还会在丈夫出去拜访邻居时给他打电话，坚持让他马上回来接她，而去了邻居家之后她又待不了几分钟就要走。

这对夫妻的例子是一个令人悲痛的极端案例，它告诉我们，年老及其带来的退化会迫使结婚多年的伴侣对彼此之间的期望和行为发生怎样的调整。这两位老人曾经长久稳固的互补模式无法再有效运行，到目前为止他们一直无法适应不断变化的环境。双方都觉得自己是那个受委屈的、被孤立的、被抛弃的人。两个人都感到既愤怒又恐惧，没人能做出改善双方信心的姿态，即指向有意义的亲密感和指向有关爱的合作性姿态。走过将近六十五年的婚姻之旅，他们亲密感和爱情满意感的来源却完全在于曾经和过往。他们对过去的描述是如此一致而彼此交融，如此牢靠而不可改变，以至于这些描述化身为咒语。或许，一致而频繁地唤醒良好亲密感的印象是一种力量，它会起到某种安慰作用并能胜过给他们彼此造成威胁的分离感。

117 或许这对夫妻的老年光景将会达到一种稳定状态，他们能够彼此适应，并能够在当下的亲密感和当下的个人孤独感之间建立一个新的有效平衡。无论他们将来能取得怎样的进展，现在所面临的困境都会在他们十年后再回首时成为过去，因为他们要努力完成整个老年期的交互性与分离感之间的整合。

有些夫妻，即使他们并没有因为身体健康状况而导致终生相处的模式发生意想不到和根深蒂固的改变，也不得不应对日常生活中各种各样的变化，包括日渐衰减的精力、职业生涯的终结以及新兴趣和新活动的产生。他们必须适应每个人在信任感、自主性、主动性、勤奋感和认同感方面的变化——包括对自己的和对另一方的。伴随着这种适应过程，亲密感和孤独感之间也必须建立起一种新的平衡。

一位丈夫刚刚退休的女士说：“我们都让彼此感到有点紧张，我们不习惯一直待在一起。”这对夫妻面临的挑战是，如何建立一个满意的模式使得个体的独立性与身体的接近和情感的亲密同时并存。她丈夫退休之前是一名摄影记者，每天丈夫出去工作留她一人独自在家，丈夫回家时带回来的不仅有薪水，还有他在这一天旅途中的逸闻趣事，现在她再也指望不上这样的生活了。在他们婚姻的大部分时间里，她一直全心全意把他们的家营造成一个可以让他在工作之余放松和“充电”的地方。他职业生涯中的刺激和魅力，对她来说一直是一种替代性的乐趣，很长一段时间以来是对她辛勤持家的回报，否则她可能会觉得每天的日子枯燥乏味且又单调重复。现在他的职业生涯结束了，她必须依靠回顾过去所得的回报才能继续支撑自己担负起家庭的责任，因为这责任并未
118 因丈夫退休而终止。不仅如此，她还发现自己多了一个新的责任，即振

作丈夫的信心。他似乎需要有人不断提醒他，他并不是突然丧失了能力，只不过是退休了而已。一夜之间，这对夫妻几十年来借以维系亲密关系的奖励机制和责任体系都无法维持原有的平衡了。要在亲密感和孤独感之间建立起一种新的平衡，就需要整合过去，同时也需要对现在进行新的安排。这种新的平衡本身必须具备足够的灵活性，使之能够应付未来日子里可能遭遇的各种变化。

对不幸丧偶的受访者，我们的访谈主要集中在两个方面。第一个方面是从几十年的婚姻生活到新的独自一人的生活，他们是如何适应这种转变的。这种适应可以通过行为这一重要而间接的形式表现出来，它反映了个体对因丧偶而加剧的孤独感的接受。这种行为也可以被看作晚年之能力的体现，它表明在老年期，各种心理社会主题之间存在着千丝万缕的联系。强烈的自信心和能力感能够促进个体对丧偶后孤独感的调解；反之亦然，强有力的孤独感与个体一生的亲密感相结合，则可以增强个体晚年的能力感。

一位很务实的女士宣称："适应丧偶后生活的关键是你在他死前为自己做了多少事。我妹妹在这方面简直是一团糟。"她结婚之后一直是家庭生活的维护者和管理者，丈夫的去世对整个家庭的日常生活并没有太大影响，财务收支、住所迁移等各项事务依然井井有条，日常生活依
然有序有效运转。她并没有特别喜欢做这些，但她为自己能够很好地完 119
成这些任务而感到自豪。过去她批评的是那些比她更养尊处优的人，现在她嫌弃的是那些因受宠爱而一直陷入无助感的同龄人。当她回顾这段她常常贬低丈夫成就水平的婚姻生活时，她产生了一种新的认识，她发现这个关系迫使她学会了自力更生。

另一位受访者则声称："你必须把一切安排好，开始全新的生活。"这位女士解决问题的一贯策略就是立即行动，而非前思后想。她总是试着充分利用现有的资源，而不是无所事事地妒忌别人所拥有的机会。此外，她坚决拒绝对自己内心感受或家人的感受给予过分关注，她视这种行为"不但没解决麻烦反而招惹了更多的麻烦"。这位务实干练的女士

向来不喜独居，她非常重视亲密的家庭关系。在她丈夫意外过世之后的几天内，她就计划好要搬到几百英里[①]以外和她的妹妹合住一套公寓。现在，新家已经被她整理得很舒适了。她解释说：“不论在哪儿，你都可以创造自己的生活。有太多的事情要做，你根本没时间闷闷不乐，也没时间去想念那些你再也见不到的人。”

对丧偶受访者的访谈的第二个方面，是如何接纳长期伴侣的去世所带来的情绪和感受。与伴侣的亲密性和交互性已经在有意和无意间成为他们当中许多人的自我意识的组成部分。失去伴侣，就像是失去自身的
120 一部分。一位老人十分哀恸地说：“她是我的另一半。这个家，这栋房子，我的工作，还有我的小计划。除了想她，别的我什么都做不了，我总觉得她就在什么地方。她会觉得这本书怎么样？她会觉得这个笑话好笑吗？现在当我回想任何事时，都能看到她的身影。而在过去，当我憧憬未来的任何事时，她也都在其中。她的死，就像一把剑刺伤了我，必须及时疗愈。”不管过去这段婚姻是长期和谐还是长期冲突，老人们都认为配偶的死亡使他们的内心世界深受折磨。这位男士继续说：“我们知道她坚持不了太久，但当她真的死了，哎，这感觉就像是把我的世界劈成了两半。”失去了伴侣之后，这位男士和其他丧偶老人一样，努力接纳自己婚姻中的亲密感，同时也开始接受其中蕴含的孤独感。

对故去配偶的哀悼似乎也是一个机会，可以让人宣泄悲伤、内疚、激情、怨恨、喜悦、恐惧和许多其他冲突性的情绪，这些情绪其实也是人一生中的夫妻爱情的一部分。有一位男士曾经认为妻子对她的陪伴是理所当然，现在每当看到她曾坐过的那把椅子，就是她最近过世时坐着的那把椅子时，他都会动容地想起他们在漫长岁月中一起度过的点点滴滴。一位女士愤愤不平地谈起丈夫的突然离世，让她措手不及、毫无准备，或许，这反映了生活史资料中所记录的这段婚姻在其他方面存在一些怨恨。不过，很快她就淡忘了这种怨恨，转而更多地回忆起她和丈夫

---

① 1英里约合1.6千米。——译者注

之间亲密的忠诚和交互性的愉悦，似乎这才是半个世纪以来夫妻间爱的主旋律。

在我们的受访者中，那些曾经长期拥有亲密婚姻的鳏寡老人，从来无法真正地实现对过去的再体验，这在很大程度上体现了他们的哀痛。相反，他们似乎可以停在某个时刻，而不再任由这些感受控制自己的每一天和每一分钟。在这一时刻，他们发现自己可以从一生中的夫妻爱情中汲取力量，开始与在世的亲朋好友建立起各种新的交互关系。这些人 121
甚至可以很成功地安排自己的生活，他们与亲爱的朋友和家人一起共度时光，参加他们感兴趣的各项活动，参与各种助人项目，与此同时，他们也经常发现自己在丧偶多年之后，依然深深地想念自己的伴侣。他们会试着用乐观的态度看待这种孤独感。一位女士解释道："我在某种程度上喜欢独处，我并不觉得孤独。但最难的还是他不在身边的时候，因为我们曾那么亲密。我好想念他给我的陪伴。"为了克服持续存在的空虚感，丧偶老人必须不断地调和一生之中婚姻的亲密感与老年期身份认同之间的关联程度。一旦这些老年人不把伴侣一直看作他们生命的一部分，那么他们就感觉好像失去了自我。失去伴侣后，一定程度的孤独感似乎就成了丧偶身份的一个必要维度。

在那些丧偶后一直独身的老人中，大多数对再婚都明确表示不感兴趣。一位女士大笑着说："当我的朋友问我是否想要个丈夫时，我总是说：'当然啦！我需要三个呢——一个管理财务，一个料理家务，一个跟我做伴。'"她接着说："等你老了，每个人都可以吻你，你不会对任何人构成威胁。"她的幽默和敏锐暗示着她和丈夫之间仍然有着很强的亲密关系。虽然他已经过世，但她还是他的妻子；嫁给另外一个人就等于重婚。这位女士确实很感激其他男士的陪伴，她常常很感谢有男士带自己参加晚间活动，否则她根本不会出席。她也很可能感激一位男士帮 122
她打理财务或料理家务。尽管所有这些都是构成婚姻的日常责任，但它们只是需要共同维持的活动，而不是彼此交互的夫妻爱情。对有些女士来说，再婚可能意味着对丈夫的不忠。对另一些女士来说，这可能意味着要放弃她们不可能放弃的一部分自我。而对还有一些女士来说，她们觉得自己召集不起再婚所需要的精力——要重新面对性和亲密情感的问题。虽然这些女士中的许多人可能会希望自己有个帮手分担日常维护的责任，但大多数人似乎认为寻找一个新的婚姻伴侣是不堪设想的。

在我们的丧偶受访者中，也有一些目前再婚或经历了第二次丧偶的老人。对于在老年期如何整合多段婚姻的亲密关系，他们提供了有趣的启发。有一位男士五十出头就成了鳏夫，当时他的妻子死于癌症。现在他已经九十几岁了，他和第二任妻子结婚的时间比他和第一任妻子在一起的二十三年还要长很多。他解释说："我会对比两段婚姻，但没有经常这么做。我从不在谈话中提起我的第一任妻子。现在这位太太很细心。她爱我，我知道她爱我，我也爱她。要知道，你是可以爱上两个人的。中间有很长一段时间我都没有想起过我的第一任妻子，现在当我越来越老了，我也开始越来越多地想起她。"他相信自己死后会与第一任妻子团聚并一起永生："我知道其他人也有这样的感觉。我认识一个家伙，他真的很爱他的第二任妻子。但当他快死的时候，他喊的是第一个妻子的名字。不管时间过去多久，初恋是永恒的。"

123 有一位再婚女士对自己两次婚姻的感觉也大致相同，尽管她的具体情况完全不一样。她第一任丈夫在长期重病后去世，她说："在他去世几个月前，我内心里已经完全觉得自己是个寡妇了。"他们很早就结了婚，她把自己的生活全心全意地奉献出来，当丈夫在公司里的职位不断晋升的时候她努力做一个好妻子。在他去世时，他们已经拥有相当高的经济和社会地位。而她的第二任丈夫则来自不同的社会和经济阶层。他们刚结婚不久，他们的关系建立在相互欣赏和感情的基础上，而不是基于共同的社会或职业成就。她解释说："当我死后，我知道我会和我的第一任丈夫团聚。我们属于彼此。我亲爱的第二任丈夫将和他的第一任妻子团聚。他爱她那么深，所以绝不会跟别人一起永生。"

在那些再婚的受访者看来，年轻时的婚姻和晚年的婚姻似乎代表着两种不同的亲密感。青年时期的婚姻似乎意味着个人认同与交互性亲密的融合，这种融合是永久性的，即使死亡或再婚也无法改变。相较而言，晚年的婚姻似乎代表着对陪伴的承诺。虽然这种承诺涉及亲密、牺牲、妥协和互惠，尽管它有望持续余生，但它与早期的亲密融合仍然不同，早年的承诺是可以超越死亡和时间的。

有几位鳏寡老人承认逝去的配偶曾回来看望过自己，这似乎也证明了真正的婚姻亲密感不会被死亡所阻隔。他们说梦中也曾经有过这样的
景象，但他们所说的看望并非发生在梦里。第一位提及这种拜访的老人 124
坦白地说：“我的妻子仍回来看我。我把它记在我们过去一起写的一本天文日记里，我在旁边还记下我每晚看到的星星。”他接着解释说：“我没有睡着。所以这不是做梦。她的身体是真实的，实实在在的，当我抱着她的时候，她是真实的。当她离开的时候，并不是说我刚醒来——因为我根本没有睡着。她对我说再见，然后她离开了我的怀抱。她走过房间，慢慢地消失了。我从头到尾都醒着。那几次能见到她和抱着她对我来说简直太重要了。”这位男士回忆说，他在高中时期有一次玩旋转瓶子游戏时遇见了自己的妻子，那时与她身体接触的感觉至今清晰难忘。

其他受访者并没有自发自愿地提供这种信息，但当他们被明确问到时，有些人似乎大大松了一口气，并迫切想描述他们的经历。一位女士回忆说：“在我丈夫去世几天后，我早上醒来就会哭起来。我抬起头，看见他站在床脚，一切都那么熟悉，就像他刚忙完早晨那些家事以后经常站在那里一样。他说：‘你会没事的，妈妈。’”另一位女士解释说：“你有时会感觉到他的存在。不是幽灵出现，你知道只要你不回头，他就会在你身后。你可以感觉到他几乎就要碰到你了，那种舒适和安心，就跟以前一样。”

在那些有被拜访经历的受访者中，有些人在回答跟这些事有关的问题时，会突然泪流满面地感叹：“我希望他能这样来看我！”“我祈祷了这么久，希望他会来看我。如果其他人回来过，那么我应该也有希望。”“我希望我曾有过这样的拜访。上帝啊，我多么希望我也能有一次这样的探访！”对他们在老年期的终生亲密感而言，这些老人似乎将已逝配

125 偶的造访看作其中很有意义的一部分。无论他们自己是否有过这样的经历，他们都不会对同龄人的此类经历表示不屑或蔑视。

配偶并不是唯一可与老年人共享重要亲密感的人。虽然我们大多数受访者在成年早期都将家庭责任置于友情之上，但许多人现在指出，几十年来，他们一直能够以这样或那样的方式与朋友保持亲密的关系。对有些人来说，这些朋友是同事或早期的导师。对有些人来说，他们是社团或活动团体的成员，即使是在养儿育女的时期，他们的定期聚会也是每周日程的一部分。对另一些人来说，这些朋友可以追溯到高中或大学时期。还有些人认为，自己的兄弟姐妹现在正在成为这样的朋友。在某种程度上，亲密关系的要素之一就是以共同经历为基础的相互理解。当其他形式的亲密和陪伴出现不可避免的丧失时，上述每一种幸存下来的长期关系都可以为老年人提供一种特别珍贵的亲密感。一位女士在谈到目前她与96岁姐姐的关系时，暗示她们之间的特殊亲密性源自共同的经历："我们总是告诉对方，这是多么美好的事啊，我们可以一起嘲笑过去的时光，并且我们很清楚地知道我们在嘲笑什么。"

当然，这些长期友谊是一种特别亲密的关系，不会因为其中一方的离世而被轻易取代。就像多年的婚姻一样，长年的友谊可能与一生中的成败得失相联系，也与个人多年的发展密切相关。因此，失去一位老朋友，就如同失去配偶，可能意味着丧失了长达几十年的亲密感。例如，
126 有一位女士说："我大学时最亲密的朋友突然去世了。我们以前在一起做很多事，现在我不再做那些事了。我们过去聊天有我们特定的方式，现在我也不再那样说那些事了。我好想她。"另一位女士说："我妹妹总是让我想起母亲身上的某些品质。我对她比对任何人都好，和她在一起总是让我感觉很好。我不知道我还会不会再有那么棒的感觉。"就像丧偶后一样，失去老朋友的老年人也必须继续面对现实，即亲密感是个人晚年认同中不可或缺的一部分，而老朋友们的相继离世，则要求他们能够适应一定程度的空虚与孤独感。

对受访者当前的生活而言，陪伴是亲密感的重要成分。然而，即使

是这种看似明确的交互性渴望，也与引发孤独感的力量之间存在一种持久的张力。在这些老人的婚姻和长期友谊中，他们已经在这两个对立的需求之间找到了有效的平衡。现在，老化过程中的变化无常使得他们不得不重新考虑自己该如何适应亲密和孤独。而且，这种重新考量往往发生在与新朋友建立关系的时候，此时，他们不太了解这些新朋友，也不确定他们有什么长处、弱点和特殊的个人需求。许多人渴望与人交谈，但同时他们也意识到“并非**任何人**都是［他们］真正可以谈得来的。”对有些人来说，与其这样，还不如一个人待着。

受访者向我们描述了他们在当前生活中新建立起来的五花八门的友谊。有些人谈起来的时候带着几分对世俗的蔑视，他们选择朋友的标准和年轻时一样，看人的品格而不单纯是离得近或生存条件所致。有些人所渴望的朋友似乎是无处可寻，就像下面这位男士。他叹着气说：“要 127
是我能找到一两个可以交往、聊天和一起散步的人就好了。但他们都忙于照顾有病的老婆。”有些人会比较冷静，避免“与邻居太亲热”，他们更喜欢“找朋友一起做事，但只和家人谈心”。有些人认为，随着年龄的增长，朋友和熟人之间是有区别的；他们用稍带冷漠的语气说，他们不愿意像早些年那样快速地结交新朋友。这种不屑代表了老年人的孤独倾向。

其他老人对参与周围人和社区的活动抱有更为开放的态度，他们认为：“每个人都很有趣，每个人都有优点，如果你用心去看的话。”有些人说，他们现在会和一些在自己年轻时绝不可能去交往的人结交。另一些人则发现自己加入了一些非正式的社交圈子，而且真的把关心彼此的幸福当作自己的责任了。他们定期相互探访，保持密切的联系，付出真诚的关心，并确保彼此之间能够互相支持。上面提到的每一种友谊模式都不同程度地展示了老年期亲密感和老年期孤独感之间的平衡，帮助老人们以一种新的最佳模式克服不甚满意的环境。

随着年龄的增长，很多人发现自己与不同辈分的家庭成员之间的关系变得相当亲密。有些案例显示，这些关系的密切程度超出了多年远距

离关心的结果。对这些人来说，与兄弟姐妹、子女、孙辈和侄男甥女之
128 间各种新形式的共处和分享似乎都成了生活中的必需，因为他们过去那些爱的表达已经成为不可能了。比如，有些老人说，某个成年子女的不幸死亡反而提供了一种契机，让他们能够与在世的子女发展出新的亲密关系。当某位死者对所有人都非常重要的时候，生者之间就会形成一种新的特殊的亲密感，这种亲密感可能是不同辈分的家庭成员之间表达哀悼的一种方式，同时它也是一条新的联结纽带。

失去配偶的老人往往可以借由他们与子女、兄弟姐妹和其他亲属及同龄伙伴所形成的新的亲密关系走出丧偶之痛。一位女士回忆说，她丈夫去世时，她的孩子们非常关心她。她注意到，从那时起，“他们一直［把她］照顾得很好，过去他们从不那样做”。他们会注意她的汽车是否保持良好的行驶状态。他们会支持她推掉一些她认为自己应该承担但在那个时候对她来说过于沉重的负担。这位女士与子女的关系一向密切，一直关心他们过得好不好，并在他们人生的关键时刻提供援助。但是直到她丈夫去世，她才开始接受孩子们的关心，而这样的关心一直是她给予他们的。这位母亲和她的孩子们在她丈夫和他们的父亲去世时所经历的孤独感，以及他们对彼此的孤独感给予的同情，都给他们的亲密感带来了一种新的交互关系。

许多老人会在子女身上倾注越来越多的精力，感激他们努力减轻自己因死亡、疾病和分离所遭受的痛苦，同时也为他们提供帮助。一位女
129 士自从丈夫过世后就一直住在女儿家里。在此之前，她和丈夫一直尽量在众多子女面前保持不偏心。不过现在，她却坚称：“我现在满脑子想的都是为我女儿和她的孩子做事。他们对我来说太重要了。他们让我为他们做饭，给他们读书，给他们讲故事。他们做什么我都喜欢，他们无可挑剔。”在这位女士的丈夫还活着的时候，她最关心的是他的幸福。他是她快乐的源泉，她也想让他感到快乐。如今他不在了，她对与她一起生活的女儿和家庭也表现出了类似的感情。现在，这个家庭的每个成员都成为她释放关爱与活力的主要源泉，她对他们的感激之情无以言表，

她说她“会把整个世界都给他们，如果［她］可以拥有的话”。

第四节 认同感与认同感混乱：忠实

老年期对认同感与认同感混乱之间张力的调和，会让老年人再次经历青少年期占主导地位的心理社会过程。老年人的任务，是通过在过去的几十年、当下的生活以及不确定的未来中寻找自我的意义，以达到认同感与认同感混乱之间的平衡。在老年人回顾自己一生坚守的信念时，反思自己一生中存在的而过去自己并未意识到也未加以利用的人格特点时，他们便处在一个独特的位置，可以从时间的角度重新评估过去的经历。他们在对早年梦想和生活现实进行对比时，会在充满诸多不可控的人生因素的具体情境中艰难地接受个人能力的现实性。在对一生持久存 130
在的延续感和断裂感或混乱感进行平衡的时候，老年人也是在面对最后的机会去做出一个承诺并将之付诸行动，这个承诺最大限度反映了整体生命中的“我”，即，我们所称的存在主义的认同感（existential identity）。

老年人在代际中的认同感与自己早年在代际周期中的自我认识并不相同。或许这是他们人生中第一次认识到自己现在是家族中的终结辈成员，属于还在世的最老的一辈人。已经没有其他在世的长辈可以向他们提供人生下一阶段的指导了。终结辈的老人们必须借由理想中的英雄人物和他们自己的智慧与记忆来接受指导，因为他们要为后辈提供指导。老年期认同感不仅基于老年人对个人往事的追忆和评价，也建立在年轻一代和他们所代表的未来上面。在生命周期的最后阶段，自我的意义不仅来自一生中个人的选择和作为，还来自那些将要送走老年人并在日后追忆他们的后辈身上。

自青少年时起，个体认同感起源于对信念和态度的个人承诺，以及反映出这种信念的活动与关系的个人承诺。在成年期，个体努力在忠实于某些承诺和不可避免地要放弃其他承诺二者之间保持平衡，进而，他们正在进行的生活就代表和折射出了其背后的自我意识。老年期则不同，身体机能衰退、人际关系丧失，以及其他种种社会环境因素都在限制个人生活。那些一直以来可以展示出个人认同感的活动可能受到抑制。关系可以给老年人提供长期的人际反思并使他们不断获得自我意
131 识，但这些关系可能会丧失或变得面目全非。令人熟悉的代表物和反思内容在老年期余量日损，面对这种情况，我们的受访者不得不努力对两个“我”进行调和：一个是过去一生中长久存在的“我”，另一个是将在老年期到来的较新的、不断变化中的“我”。

有一位年轻时自认为是古典美人的女士，不得不接受镜子里的形象——可以说在消退，也可以说在加强——直到最近才放弃徒劳地追溯她曾经的容颜。一位 90 岁的老人跑着追赶公交车时把自己鼻子撞破了，当时她忘了自己“已经不再年轻”。现在，她必须想办法按捺住心中跃跃欲试的冲动，做动作要照顾到自己脆弱的身体。

有一位老人，做了一辈子家校联谊会和社团的组织者，她越来越明显地注意到，自己现在已经疲惫到连打个电话都觉得很费力，尽管如此，她还是坚持认同自己作为关系网建立者的身份，以此实现她的“老有所依”。她解释说：“只要你逼着自己坚持下去，你就会感觉你还是你自己。一旦放弃，你就完了。”她的态度表明老年期出现的典型失能恐惧和整体的无能感会严重影响老年人对认同感和认同感混乱的整合过程。我们这些逐渐衰老的受访者，在某一时刻开始就要很努力地保持原来的自己，而同时他们也必须接受一个事实，即他们不能够继续拥有过去一直以来给他们提供自我意识的外表和活动了。

很多老人都会强调终生连续性。他们提到一些凸显自我意识的人格特征，就好像在提醒自己他们是谁，他们相信什么，以及他们该如何继续看待人生。有一位女士坚定地说：“我很自豪，因为我开朗、理智，
132 总是忙个不停。我是个快乐的人。”她毕业之后就结了婚，和丈夫“一直生活得很幸福”，她说：“我能让他开心，我们总是对生活充满热情。”她是一位热情的全职太太和妈妈，也是家校联谊会的主席、教会青年团

体的负责人，还是地区童子军的主管。子女们长大成人之后，她参加了政治团体和妇女社会组织的活动。丈夫去世后不久，她心脏病发作过一次。不过，为了保持自己是“一名拼抢篮板的球员”的感觉，她很快恢复过来并开始到处旅行。她不愿意把自己当病人，除非实在动不了，她总是渴望去没去过的地方看看。她发现，自己能够成功应对丈夫的离世，很重要的一点在于继续保持对人和世界的兴趣，并不断结识新人，与他们一起放声大笑。

就在不久前，她因为骨质疏松症跌了跤，造成几处椎骨骨折。她以独有的良好感觉继续在阅读中畅游和探索。最近，她的视力又恶化了，因此读书变得很困难。现在，这位女士活跃在教会里。她参加了一个定期的祷告小组，同时她还加入了一个被她称为家的教友群。面对每一次挫折，她都有一种持续的、潜在的自我意识可以倚靠，她知道自己是一位靠着特别积极的参与方式而生活在这个世界的女性。她生命中那些重要的人和事物都在逐渐消失，但她会用新朋友、新活动予以替代，并借此证明她继续保持着与人交往的快乐和有意义的忙碌，而这正是她过去七八十年一直表现出来的个性特征。

其他人也会以各种各样的方式参与到个体对认同感和认同感混乱的整合过程中。个体自我意识发展的一个方面包括个体向其所认同的某个他人做出承诺，这个他人一定是与该个体共同信守同一套价值观的人。133
个体在一生中都会努力在他人眼中的自己和更内在的自我认知之间获取平衡。在老年期，外在的印象尤为重要，因为这代表了个体离世后人们对他的记忆方式。也就是说，这些印象所代表的个体身份在其去世之后必然是会继续存在的。有位女士声称：“我希望人们都记得我是个幽默的人。”而其实，她近些年很阴沉，她很容易让人们生气而不是开心。她丈夫是个爱开玩笑的人，过去五十多年里她一直很享受被他逗得喜笑颜开。从他们相遇的那一刻起，她就很欣赏他这种幽默感，也很珍惜自己身上被他激发出来的同样品质。她知道，若不是他，她是看不到这一部分自我的。但她肯定不会放弃这个品质。所以她挑出幽默感作为希望自己将来被记住的品质，因为她视之为自我认同的重要部分。她这种想法同时也传达出一个信息，即，她自己这种持久不变的认同感，也就是这样一种在她死后会继续活着的形象是与她丈夫和他们的婚姻交织在一起的。

有一位男士认识到并后悔自己身上存在一些持续了一生的缺点。在晚年，他这样评价自己："在别人眼里，我并没有取得很大的个人成功，不过我喜欢自己所做的事情。如果人们愿意听听我说的话，那很好，如果不愿意，我觉得那也没什么。我相信自己所做的事，我也绝对没有伤害到任何人。"这位男士从未过上舒心的日子。由于疾病和技能不足，
134 他比同龄人经历了更多次的失业。他的家庭经济状况一直不稳定，在整个中年期，他一直受困于自己曾经是并且将来可能还会是一个无能之人和失败者的形象。不过近些年，他对失败和成功的评价有了新的标准。

子女都长大成人后，他也退休了。他和妻子离开了那个他从来都没住习惯的城市，搬到塞拉山麓的一栋小木屋里。乡下的生活条件很艰苦，这对夫妇要自己解决吃饭、住宿和取暖的问题。成功不再取决于是否完成了老板布置的工作任务。相反，在这个地方，他们要面对的是自然环境发出的赤裸裸的挑战，以及如何与当地人和平相处。他和妻子在这个全新环境中反而过得风生水起。"我们跟其他人的生活方式可能不太一样，不过我们就按自己的想法做了，好像还挺好的。"他解释道。他不再纠结于外在标准强加给他的失败感，而是从跟别人的交谈中，从倾听他人和学习他人的想法中找到了一种新的满足感。特别是在他妻子过世之后，他开始思考一个问题——自己希望在百年之后以什么身份和形象留存在亲朋好友的心中。他的答案很简单："我希望他们会说'他是个愿意倾听的人'。"

对于我们有些受访者而言，作为与众不同、才华横溢的成功人士，他们的老年期认同感似乎是建立在对其他老人的傲视态度上。有一位男士长期怀有很强的个性意识，认为自己跟所有人都不一样，因为他有了不起的未开发的才能。他很为自己别出心裁的人际风格感到扬扬自得，

他用不满又怜悯的语气说："周围那些老家伙，完全没有自己的主见，他们总是模仿我做事的样子。"有位毕生从事强脑力劳动的女士总是嘲笑楼里居住的其他老年人的低级趣味，说自己绝对不会和他们交谈，因为他们谈论的任何事都提不起她的兴趣。 135

这两位受访者过去一辈子都在与同龄人做比较，并把认同感建立在自我优越感之上——无论是他们自己还是别人都是这么看的。对他们两人来说，成功就意味着比其他人更成功，聪明就意味着比其他人更聪明。他们这种比较性认同感包含着大量的鄙视，也意味着极大地否定了"其他"各种形式的认同感，而且这种态度一直延续到他们的老年。然而，到老年之后事情就没有那么简单了。由于社会环境和刻板印象的影响，若仍然按照生命早期阶段的评估标准来衡量，那么个体进入老年后能够体验到的个人能力和成就会越来越少。这两个人对一般的社会标准特别敏感，因为这一贯是他们自尊自信的根源。可是突然间，他们发现自己也遭到了他们终生信奉的标准的审判，被流放，沦落到与一群"其他人"为伍，而这些人在他们眼里一直都是不如自己的人。他们很难接受现实中这种自我认同的混乱，为了维持自己长期以来仰赖的自我认同，他们尽量与同龄人保持距离。

社会地位和经济地位对有些人一生的认同感很重要，因为这些人认为自己的显著特点就是长期享有某些特权。其中有些人继续将特权机会转化为特权行为。比如，他们保持着过去行为的一贯风格和精髓，依旧凭借自己的经济优势去旅行，或让子女和孙辈享受一些别处无法得到的体验。另一些人尽管不再从事这些特权活动，但会继续强调自己的特权 136
地位。他们的身体可能已经不再适合旅行，他们可能也没有那么多精力参与娱乐活动，但他们会通过回忆和复述他们过去用财富换来的生活经历来保持自己的自豪感。

对于有些受访者来说，地位和身份仰仗于他们多年来获取和继承的财产。例如，认定家族继承人的过程，就可以成为个人身份的一种"认证"过程。若以成就衡量一个人，可能并不是满意的人生，但这个人可以通过自己积累的丰富财产获得个人地位和他人尊重。一位女士轻蔑地评论道："过去，我要是加入和平队（Peace Corps）[①]，我一丁点儿忙也帮不上。真是太糟糕了。我没有什么创造性，不想说了。"这位女士继承了大量后来被鉴定为珍品的油画。在一家大型博物馆对这些画进行鉴定的过程中，她结识了很多馆长和收藏家。作为珍稀艺术品的拥有人和鉴赏人，她得到了他们的尊重，并与其中一位馆长成为朋友。通过这位馆长，她对英美绘画产生了浓厚的兴趣，学到了很多东西。这也许是她有生以来第一次觉得自己是一位真正的专家。

有些老人似乎从他们拥有的物品中获得了一种别样的认同感，把它们作为一些关乎终生自我意识的关键经历和人际关系的具体提醒。一位身有残疾的老人坐的是一把特殊椅子，这把椅子把他的记忆带回到几十年前自己购买它的经历。当初购买那把椅子的年轻人早已不复存在，但
137 他在回忆中复活了。这让我们这位受访者觉得，青春的活力和力量是他毕生认同感的一部分，即便在年老体衰时也是如此。

一位女士在自己的书桌上放了一筐岩石和矿石，这会让她想起自己小时候父亲曾经工作过的矿场。那段日子，一家人生活很艰难，但是他们学会了互相帮助，把关爱和支持看得比漂亮衣服和精美食物更重要。而这也是这位女士此后余生所遵奉的价值观。这些石头能提醒她它们从何而来，并提醒她它们成为自己生命的一部分有多久了。

许多老人会借由照片来唤起一种感觉，即自己的认同感离不开某些特定的人。一位男士在墙上挂满了他妻子在六十多年的婚姻中在每次度假期间拍摄的照片。他们已经不再旅行了，但他们共同度过并收藏下来的经历将永远成为他们生活的一部分。一些老人用那些传统的、正式的摄影肖像来装饰墙壁，以此表示对祖先的崇敬、对自己童年的怀想。这

---

① 和平队是美国政府为在发展中国家推行其外交政策而组建的组织，由具有专业技能的志愿者组成。1961 年根据肯尼迪总统建议和国会通过的《和平队法》而建立。基本目标是"促进世界和平和友谊"，"帮助所在国满足对专业人才的需要，促进当地人民对美国人民的了解以及美国人民对所在国人民的了解"。志愿者中有相当一批大学生。他们要接受 10～14 周的训练，特别是外语训练，然后到一个发展中国家或地区服务两年。——译者注

些老照片让他们牢记自己的根，并在他们生命行将结束之时，无疑也能使他们被列入家族世代史。许多人也会为后代庆贺，他们会把子女、孙辈和曾孙辈的快照摆放出来，表明他们的生命代代相传、薪火不熄。他们用这些照片来表明，孩子们的热情活泼和祖先的坚忍不拔，都是他们自我认同感的一部分，甚至早在开始意识到自己变老之前他们就已经这样认识了。

老年人对认同感与认同感混乱进行平衡的一个重要方面，在于他们能够说清楚这一生之中他们到底信仰什么，站在什么立场。我们的受访者会提到一些早期的理想人物并以此作为自己特定价值观的来源，说明他们把自己的认同感放在了历史的视角下来审视。有几位老人非常严肃 138
地认同自己的父母和祖父母。一位女士说：“我们有一个幸福的家，就像我的父母那样。”一位男士评价说：“我祖父是一个非常好的人，一个很好的基督徒。”这两位老人都试图在生活中效仿他们所敬佩的先辈的品质，而且，很为自己能够继承他们所敬重的先辈树立的榜样而自豪。

还有些受访者是以自己的家庭成员，比如一位叔父或一位兄长为榜样。一位女士自豪地讲述了她长兄的故事：“他是一个靠自己的努力成功的人。他工作努力，心地善良。一开始他口袋里只有五美元，后来却建成了城里最好的商店。虽然有人把他的商店烧毁了，哎，但他还是能够把生意做好，因为社区里的人都很爱他，不让其他商店把他的生意打垮。”这位女士仰慕哥哥的很多方面：他的乐观自信和勤奋精神使他可以白手起家；他与顾客打交道时表现出一贯的善良、诚实和尊严；在失去一切后他有勇气重新开始；他在社区赢得了深深的喜爱和尊重。当这位女士还是个小孩子的时候，她哥哥就总是在她遇到困难时提供安慰和鼓励。在他离开家后，她有意识地试图模仿他身上那些对她来说如此重要的品质。在整个成年期，她都会想起他如何按照他们从父母那里学到的朴素价值观来生活并取得了成功。她仍然把他当英雄看待，如今，她对他的感情在很大程度上也是她自我意识的一部分。

很自然地，我们也有些受访者一直在致力于**不要像**某些人一样把自 139

己说成是一个潜在的榜样。有位老人实事求是地回忆他如何对抗他所憎恨的父亲的作为，他说："我讨厌他的思维方式和行为模式，因此我就努力朝相反方向发展，我觉得我已经做到了。"他认为他的父亲是他所见过的"最严厉的人之一"。他的父亲意志坚定，身体粗壮，是个严厉的牧场主。他严格管教自己的孩子，残忍粗暴地对待自己的妻子。他的生活毫无乐趣。他对自己也从不放松，但是却从未从自己的成就中得到任何满足，除了令人生畏的愤怒，他把所有感情都藏在心里。

这位受访者半工半读念完高中和大学，很大程度上为的是拥有一个白领的职业生涯，在体面的办公室里工作，这里的人们穿着套装，讲着标准的英语。与许多其他受访者相比，他更主动地参与日常的家庭事务管理和年幼子女的抚养。他帮妻子做饭、打扫卫生、外出购物。他给孩子们读睡前故事，在他们生病时照顾他们，辅导他们完成家庭作业，并带他们去参加课外活动。当他回顾自己的生活时，他为自己的职业成就和对家庭的投入感到自豪。但或许，他最自豪的是他与父亲之间的差异程度。

刚才讨论的这些个案表明了老年人在努力以各种方式接受他们所经历过的生活和所持有的信仰。在思考过去的成就和满意度时，他们其实正在审视自己的认同感，评估其基本要素所产生的影响，而这也是他们
140 正在努力调和的。他们都想按照几十年来形成的信仰体系继续他们现在的生活。然而，与此同时，他们也常常在不知不觉地中修改自己的人生哲学，以符合他们的生活经历。在这个反复评估和修改的过程中，就浮现出个人的价值体系、信仰和人格，这些都体现了每位老年人的存在主义认同感，即，他们独特的存在意味着什么。

在整个生命周期中，个体会不断从自己的优势角度去回顾认同感和认同感混乱之间的张力，这一过程会最大限度促成坚定的忠实感。这种不断发展的、日趋成熟的终生认同感也会引导老年人观察到自身随时间而发生的变化。例如，一位女士指出，随着年龄增长，她变得更加富有同情心。她一向关心他人，但在早年生活中，因为生活艰难，每天为生

存而挣扎，她不得不更多地为自身考虑。她那时常常手头拮据，在她努力养家糊口时，她对别人的意见、行为和境遇的反应，首先就是快速审视一下，这些东西与自己的情况有多大关联。所以，有时她很挑剔，有时她却表示赞同或感激。但凡要考虑外人或他人观点时，她最关心的还是自己家庭的利益。从老年人的角度来说，这位女士感觉到自己越来越不需要立即做出行动了。她的家庭已经发展壮大，她自己也很有安全感，再也不用每天为明日之生计而忙忙碌碌。这是第一次，她可以自由地将一生之中的关怀感转化为同情那些与她生活条件完全不同的人。由于她的人生经历和严格意义上的个性化的关怀感，这位年迈女士能设身处地理解他人的处境，这是一种与过去不同的同情。 141

人到老年，找时间独自回顾过去对于调和人一生的心理社会压力是至关重要的。我们的一些受访者说，他们很享受这样的独处，因为这是完全属于自己的时间，他们可以用来思考自己的事，无须分心。一位男士早年就养成了一种独行侠风格，为的是能够在恶劣的社会环境中尽力而为。由于他很久以来就已经习惯了这种生活方式，他对现在的孑然一身感觉很熟悉，并能从中享受乐趣。这位男士不需要和其他老人一样去适应这种社会断裂感，他能够享受晚年的孤独，这种孤独既是环境所迫也是心理社会发展的要素。然而，我们的受访者中有很多人却并不享受他们现在不得不独自度过的时间。他们过去一直生活在人群当中，但现在身不由已地，他们发现自己四周没有人了。

个体在老年期对一生之中自我意识的回顾过程在一定程度上包括接受自己过去的错误、失败和疏漏——错过的或没有抓住的一些机会。现在，生命在不可避免地消逝，它清楚地表明，个体不再有机会退回到曾经错过的人生道路，而只可能将之以认同感的潜在部分保留下来。许多上了年纪的受访者都热切地谈到自己曾被耽误或被忽略的角色。他们将实际经历的生活和曾经期待的生活——年轻时梦想的、在几十年中一直等待下一次机会去实现的生活——进行对比时会产生一些复杂的情绪，对于这些情绪，他们在努力地整合而不是绝对地否认。

142 有一位男士感到被严重折磨，因为他从未得到过像他孩提时梦想成为的演员或政治家所能获得的那种公众赞誉。不过，即使在他为控制这种失望感而努力挣扎的时候，他也能够对自己在生活中选择的身份感到基本满意。他解释说：“我的目标是当一名店主、养家糊口、保持身体健康，而我都做到了。在现实和梦想之间寻找快乐，这就是生活的全部。你真的不需要成千上万人的奉承，好让自己的名字出现在报纸头版，或者诸如此类的事情。”尽管在整个生命周期中，我们可能会一直重新评估我们过去所做的选择，但我们在年老时这样做，很可能是在剩余时间里改变自己身份的最后机会，也是让我们接受自己现有身份的最后机会。

在谈到自己曾经的身份时，有几位受访者的表述是从生活史的视角进行的，我们认为这种视角对于老年人处理整合感与绝望感的关系而言是非常独特的。一位女士若有所思地说：“我一直想教书，最近我还老想着，要是我那时候完成了学业就好了。不过，当时我也算有所补偿。我结婚并建立了家庭。没什么比这个能让我更开心了，我认为当时的选择是对的。但如果换一种情况，我也可能会过得更好。”她继续说：“如果我完成了学业并成为一名教师，我会有一种永久的成就感。现在只有我一个人了，如果我受过足够的教育，我还能做得更多。我也可能会给孙辈提出更好的建议。至少，我现在不会感觉自己那么落后。”如今进入晚年，这位女士能够同时考虑到早期选择的长期优势和长期劣势，而在年轻时，这种思考是不可能有的。只有在生命的尽头，在做出选择之后，在选择的结果真实呈现在现实中而不仅仅是存在于想象中之后——
143 只有在这时，一个人才能确切地知道早年的选择对晚年的影响。而我们这位女士具有足够的智慧，让她能够理解这种生活史观包含的两个关键点。首先，在年轻时，她不可能以老年期才拥有的独特而准确的视角预见到未来。其次，也正是这种年老后才有的视角让她看到了整个生命周期出现的后果，这一事实也意味着她不再有时间做出完全不同的选择。接受人一生中的身份，其方式就像是真诚地打开几扇门，并同样真诚地关上几扇门，要做到这一点就需要个体能够理解其中的各个方面，同时也要求个体能够带着整合感前行，继续去打开或关闭即将遇到的门。

一些老年人曾因自己的某些人生选择而产生了压力，他们的应对方式是给自己一种新的身份，将自己视为一个新晋的祖先、后辈的先驱。我们所有的受访者都自豪地谈到了他们子女和孙辈在职业、财务和家庭方面的成就。那些对自己比较认同的人，很欣慰地看到他们的后辈走上和自己一样的职业道路。即使是那些对自己感到失望的人，也常常能够从后辈在自己未竟领域取得的成就中获得自我的认同。通过这种方式，这些对自己感到失望的老人能够在后辈和后辈所获得的成就中看到自己的影子。

在前面我们曾讨论过个人对后辈成就的认同，并视之为一生回顾的繁殖感与停滞感的一个方面。这种认同也出现在终生认同感和认同感混乱的讨论中，这一事实说明，这两个心理社会主题之间存在密切联系， 144
并且需要在老年期进行调和。尽管为了清晰起见，我们会对这些主题分别进行思考，但是我们必须强调，在老年期回顾这八个心理社会主题，并不代表这是八个各自独立的过程。与此相反，这八个主题是人生中一系列相互持久交织着的问题，是生命周期的根本性主题，它们因为彼此关联而不可分割。本书第一章我们明确指出过，在生命的每一个阶段，无论是对于平衡处于核心地位的心理社会张力，还是对于再次体验和预先体验处于非核心地位的心理社会张力，在人、物和思想等领域的积极参与都是其重要的基础。同样，老年期的心理社会主题也是相互交织在一起的，对某种特定关系或活动的参与（比如认同后辈们的成就），可能都关系到老年人不止一种心理社会张力的调和过程。

有位一辈子郁郁不得志的音乐家极其认同女儿、儿子和孙女的音乐天分和艺术才华。当我们谈到他对自己繁殖感和停滞感的重新整合时，他表现得好像自始至终都认为自己是一位才华横溢、前途无量的音乐家。然而，在他的整个成年期，由于社会和经济环境以及对自我的怀疑，他放弃了对严肃音乐的追求，改弦更张从事了其他职业。这些选择所造成的持续不断的矛盾心态，使他形成了一种终生的认同感——一个失败的音乐家。在他成年期的大部分时间里，这种失败者的自我认同使他几乎不可能为自己所取得的音乐成就感到高兴。他本可以把自己的广告词创作视为一种巧妙的谋生方式和保留音乐梦想的变通形式，但他没
145 有这样想，而是一直认为这恰恰是他没能成为严肃音乐家的一种证明。此外，尽管他总是为孩子们的艺术成就感到自豪，但他也不可避免地将他们的成就与自己的失败相提并论。然而，在进入老年成为一个大家庭的家长之后，他认为后辈的成就即标志着自己的成功。在谈论到他的家庭时，他总是立刻就讲起他的三个音乐后辈，满怀同情地描述他们的挫折，也热情洋溢地赞扬他们的成就。虽然他还不能完全摆脱自我认定的失败音乐家的身份，但他发现自己已经可以从一个新的身份中获得越来越多的快乐，这个新身份就是：他是整个家族音乐天赋的源头，并通过这个身份获得家族繁衍方面的成就。因此，到了老年期，终生的认同感开始在代际周期中占据一席之地，这使得个体对替代性认同的满意感愈显重要，而与此同时，个人的失败开始变得无足轻重。

许多老人感到，他们在过去生活中所认同和遵从的价值观，在当前社会已经不再占据主导地位。我们的许多受访者认为，他们的生活理念一向是努力工作、坚忍不拔、信仰上帝，还有对家人亲朋的忠诚。这是他们从青少年时期以来就一直忠实信守的价值观。让他们感到失望的是，如今的人们似乎更看重运气和把握时机，而不是制定目标、努力工作，直至目标实现。同样让他们感到苦恼的，还有这个社会对所有新事物的迷恋，以及对持久忠于关系、宗教或原则的麻木不仁。这些信念“可能并不华丽绚烂，但对它们的尊崇是我们生活的动力”。虽然他们不能从社会中看到自己价值观的全部反映，但让有些受访者感到欣慰的
146 是，他们从自己子女身上看到了。一位男士满意地说：“我女儿和我一样保守、细心、周密。她的房子总是很整洁，桌布也洗得干干净净，和我们家一样。”像他一样的老人们，并没有因为社会偏离他们认为正确

的方式就郁闷而不能自拔，相反，他们会集中精力去体会一种深切的满足感，这种满足感源于见证了自己的信念在子女那里得到了成功的延续。

而其他老人，由于他们的后代没有延续先辈们的价值观，他们便感到自己遭遇到新的信念体系的挑战。在这种情况下，他们要么必须进行整合，要么就不得不承担自己认同那些在今天看来已经过时无效的信念的后果。例如，一位一直热切地认同自己作为母亲和家庭妇女身份的女士，听到她的新婚侄女声称，只有在她和她丈夫有足够的收入，能够支付家庭花销且不改变他们既有生活方式的前提下，才会生孩子，她对此感到无比震惊。一方面，我们这位受访者强烈反对这种态度，认为这是自私的和目光短浅的。这显然是对她过去七十年所认同的价值体系的挑战，她对此既愤怒又有威胁感。另一方面，这位女士也一直对她所爱的人表现出强烈的、毫不动摇的忠诚，她深深地爱着这位侄女。她最为骄傲的事，就是自己一直为家人而活。不管他们在外面的世界遭遇到什么，她都会在家里让他们事事顺心。到目前为止，她一直在很大程度上影响着后辈们所持的家庭观，她一直以来都很乐于扮演一位智慧家长的角色。所有这一切都突然受到了质疑，作为一个家庭和社会的老年成员，她觉得自己不得不重新评估一下自己的价值观。147

另一位女士描述了她对这种状况的感受，她解释说："作为一个老年人，你是有经验的，但是有时候，那些经验是跟不上时代的。"这意味着，今天的老年人必须重新面对认同感和认同感混乱的问题，努力把当下在当代社会中所体验到的关怀、爱、忠实、能力、目的、意志和希望，与早年生活的价值观、信念和承诺进行整合。这最终的整合对于老年人巩固和加强终生的自我意识是必不可少的。

第五节　勤奋感与自卑感：能力

进入老年期之后，个人会继续根据自己的内部资源、外部需求和可能的机会来更新自己的能力感。在能力感这一心理社会主题占据主导地位的学龄期，儿童所面临的挑战是，在勤奋感和成就感的倾向与自卑感和无能感的倾向之间获得平衡。学龄期儿童会努力学习知识和掌握技能；在这个过程中，能力的展示和情感的体验都开始逐渐强化他们在能力上的优势力量。在一生当中，这种力量一直根植于可观察的行为表现和相对内隐的情感状态。在晚年，这种力量建立在个体一生对自己的能力感和无能感之整合的基础上。老年人在生理和感觉方面的退化，使得个体曾经依赖于体力、感觉敏锐度和精细运动协调性的长期技能慢慢衰
148 减。在这种情况下，一生中形成的效能感对个体来说是一种尤为关键的心理资源。它使得一些老年人在面对自己不再轻松自如或完美无缺的活动表现时，可以保持自我完整感。它也使得另一些老年人能够通过回顾早期的勤奋感和自卑感，也就是通过回想他们早期的工作经历和有限的求学经历，体验到晚年生活的能力感。

与工作环境的分离可能会使人产生一种自卑感，使个人不得不离开他或她有能力参与的许多领域。退休虽然剥夺了老年人习惯在工作中获得职业成就的需求和机会，但同时也提出了新的技能要求，而且也为他们获得勤奋感提供了新的机会。因此，老年退休人员面临的挑战就是如何超越不可避免的自卑根源。他们必须利用自己终生的效能感，开始一些需要长期参与的新学习和新活动，并将潜在兴趣发展为新的能力并表现出来。

科技进步、社会发展和政治环境的变化，可能会使个体在早年参与社区活动所需要的基本技能和态度显得过时和陈旧。此外，由于老年人面临日益迫近的死亡和挥之不去的严重残疾，他们自己和他们的同龄人都终将面对这样的事实：人类无力征服或掌控终极命运。不过，尽管我们不能治愈死亡或消除残疾，但如果老年人可以承认前者的急迫性并适应后者施加的种种限制，继续充满活力地生活，就足以展示出某种程度的效能感。我们研究中的受访者就在努力将很久以前获得的、目前尚且能用的能力提升到最大程度，并努力将一生中形成的技能、知识和生活

智慧用新的方式表现出来。另外，下一代的成就也开始成为他们所珍视 149
的替代性经验，可以为他们自己带来深切的满意感和自豪感。

我们受访者中的大多数人，包括男性和女性，都曾参与工作、工具和生产领域的活动。所谓世界，在很大程度上就是指我们所认识的社会，它是成年人生活的领域，在这个领域中，人们认为相比其他东西，勤奋与成功有更大的关系。然而今天，老年男性和女性在这一领域的参与却大相径庭。对于男性来说，工作一直是成年期成就的焦点。而对大多数女性来说，较之有报酬的工作，以家庭为基础所收获的回报，才是她们展示控制感的首要领域。

无论是在家庭内还是家庭外的工作，都要求成年人履行一定的职责，他们要在勤奋感与自卑感、坚持与惰性、成功与失败、完成与放弃之间努力达到平衡。通过回顾和调和这些早期的工作经验，老年人试图整合自己终生的能力感，并借此安度余生。

我们的女性受访者，在结婚之前都曾受雇于诸如家政管理、游乐场督管、时尚品营销、新闻媒体、学校教学、音乐私教，以及各种形式的文秘工作。不过除了三个人外，其他人后来都终止了这类家庭之外的勤勉劳作，终止的原因要么是结婚要么就是抚养孩子。当回忆起早期的工作经历时，这些女性的自豪程度差异很大，反映出不同的个人控制感，而这种控制感既存在于早期的工作经历中，也在于其后的岁月里得到的发展。对一些女士来说，早期的就业似乎是为了解决财务之需，因而，
她们很高兴能借着婚姻从中解脱出来。与自己的赚钱能力相比，她们更 150
为丈夫的养家能力感到自豪。其他人则非常看重工作所带来的动力、责任、报酬和能力感。在丈夫、婆家或父母的坚持下，她们很不情愿地离开了工作岗位，至今仍后悔失去了一个宝贵而富有控制感的领域。

一位曾经精力充沛的速记员在 18 岁时离开蒙大拿州西北部，然后一个人横穿美国来到华盛顿特区做战事速记工作。战后她回到西部，在婚后继续工作了几年，直到家里的汽车和家具贷款得以偿清。她辞职是因为她想多花点时间在孩子身上。她回忆说：“我是个出色的速记员。

我喜欢这份工作，很有责任感，而且我很擅长这项工作。感觉特别棒。”这位女士对自己过去表现出来的一系列胜任力非常欣慰——先是工作，然后是家庭，接着是社区政治，最后是小牧场或庭院种植。这一历程不仅让她取得一种总体上的勤奋感，还证明了她有能力掌握新的技能，并能够积极热情地适应不断变化的环境。

这位女士目前寡居，患有几种慢性疾病，所幸的是，她一直以来努力适应环境的能力让她始终保持着生活中的活力。因为意识到自己身体状况不佳，所以在丈夫去世后不久，她便卖掉位于山顶的房子，搬到附近的小镇。她住在公寓楼的一层，有单独的露台和一小块空地，这样就
151 可以继续从事一直带给她无限乐趣的园艺。尽管她的子女和孙辈住得很远，但她还是决定留在这里，因为她成年后大部分时间在这里度过，老朋友们也住在附近，她对这里的生活了如指掌。周边的商店、交通、医疗机构以及其他服务设施对她来说都很熟悉，她不像那些搬到陌生社区的老人还需要克服迷路的问题。

随着身体机能的变化，这位女士却总能为自己找到不断变化的兴趣——有些是长期未开发的，有些是从早期技能中变通而来的，还有一些似乎是到老年才第一次出现的。例如，有一段时间，她很喜欢展示自己在烹饪方面的特长，并且开发出十分满意的且符合自己饮食禁忌的食谱。后来，她觉得这种满足感不足以抵偿她在烹饪上面所耗费的大量精力，就开始努力读书，阅读一切她上学时该读的东西。长时间的阅读使她衰老的眼睛感到很疲劳，于是，最近她开始写半自传体的故事，为孙辈和各种杂志记述她过去在西部参加农耕和采矿的经历。

有几位女士在二战期间参加过某种培训或工作过，对当时的许多人来说，这一全国性的紧急情况是一个难得的好机会，可以让他们展示以前没有表现出来的勤奋感。有些人参加工作是为了在丈夫被征召入伍后自己有能力支撑家庭。另一些人工作是出于责任感，要为国家的军事服务做出贡献。她们中的大多数人在战争结束后继续工作了一段时间，这显然给她们带来了家庭领域以外的成就感和满足感。有位女士从来没有

想过为了钱而工作，可她一旦开始工作，就惊讶地发现自己要下决心 152
投入足够的时间来赚取养老金。另一位女士发现，她很享受自己最初在红十字会做志愿者时的人际交往和所受到的激励。由于她良好的社交技巧和管理能力，她后来被招入该组织的专职队伍，她回忆说："这给了我极大的信心，我觉得我在做有价值的事情，而且做得很棒。"虽然这位女士已经退休很久了，但她仍在参与一些她认为有意义的活动。比如，她在做"上门送餐"服务，并且还在附近的一家养老院做志愿者。

在我们的研究中，有三位女士整个成年期的大部分时间在从事家庭之外的全职工作。就像许多男士一样，对这三位女士来说，工作中的勤奋和能力感一直是她们生活中最主要的心理社会支柱。她们努力实现工作成绩的最大化，而不是家庭事务效率的最大化。她们把努力工作、完成任务和不屈不挠的毅力看得比其他品质更为重要，并努力向她们的孩子灌输同样的价值观。在某种程度上，她们似乎利用与工作有关的自豪感和成就感来弥补自己在家庭生活中的失望和不足。下面两个故事讲述了与这种非典型心态相关的两种截然不同的动机。

第一位终生从业者是我们访谈的女士中最年轻的但接受的正式教育最少的人之一。从孩提时代起，她就勤恳顾家，并外出挣钱。她坚称"母亲对我们有很高的要求"，她承认自己就是那个负责帮助母亲抚养其
他孩子的孩子。她很早就结了婚，婚后和丈夫一起在他们购置的商业牧 153
场工作，这也是他们唯一的收入来源。孩子们长大成人之前，她要抚养孩子、做家务，同时也要在牧场里劳动。她一直认为工作是生活中令人愉快的部分，"尤其是户外的工作"。在牧场里，她一直同丈夫一起工作。她负责记账。她也从不知疲倦，每周七天不停歇地干，看到任何有需要的体力活她都会上去帮一把。

这位女士在工作中展现出来的能力和勤奋感一直是她的主要优势所在。她工作从不马虎，从不推卸责任，她确信自己也已经尝试向子女们传授了同样的价值观。她所有的孩子都加入了家庭牧场的经营，最近，

牧场的管理权也都交给了他们。这位女士刚刚 70 岁，她目前仍把自己看作一名劳动者，因为她还在继续帮助子女经营牧场，也因为她极佳的身体状况能够支撑她继续付出，还因为她为子女们的能力表现而感到欣慰和骄傲。

第二位终生从业者是两位教师的女儿，她很早就学会了要努力做一名好员工。童年时，她被自己那位反复无常、脾气暴躁的父亲搞得既困惑又害怕。她在学校里努力学习，渴望通过优异的成绩来战胜自己在家里遭受的羞辱和自卑。娶她的男士跟她父亲有极相似的性格，却不具备她父亲的谋生能力。因此，在他们婚姻生活的大部分时间里，是她辛勤工作支撑着家庭。她相当成功地担任了几个负有一定职责的半行政性质
154 的记账职位，她满意地说："我从来没有做过一份我不喜欢的工作，我在过去的职业生涯中是非常幸运的。"

她对自己的工作经历非常满意。特别引以为豪的是，她一直以来都充分履行了上司交予她的职责，没有辜负领导的信任。在正式退休近二十年后，她找到了一份新工作。直到最近，在她快 90 岁的时候，她才完全辞去了有薪水的工作。这位女士把勤奋感作为自己的首要优势发展到了极致，超过了她在亲密感和关怀感方面的能力。她的婚姻并不美满，她的孩子抚养起来颇为费力；她在婚姻、家务和养育孩子方面感受到巨大的欠缺和失望。工作上的能力感弥补了她在其他生活领域的严重自卑。她现在已经不再工作了，但在很大程度上还离不开自己在过去七八十年中培养出来的能力。她在撰写一份家庭史，并制订了出版计划。她把子女们也邀请进来，让他们对自己的手稿提出修改意见和建议。虽然在成年初期，她把工作责任置于亲密关系之上，但到了老年，她似乎能够把自己的勤奋作为一个媒介，拉近自己和孩子的关系，对孩子们表达出比年轻时更多的亲密和关心。

如前所述，刚刚讲到的这两位女性，在面对其他成年期主题的挑战所带来的挫折和失望时，能够最大限度地发挥和运用能力感的心理社会优势。到了老年，在回顾早期的心理社会张力，并试图将晚年生活的各

种主题整合在一起时，她们两人都能通过这种毕生获得的控制感取得依
靠。相比之下，其他女性在家庭生活中也感到沮丧，却不能像她们一样 155
找到或利用机会，最大限度地发挥自身的其他优势。因此，这些人的心理社会优势的储备相对薄弱很多，而这些储备决定了老年期的整合感和绝望感之间的调和过程。

就有这样一位女士，在她做文书工作时遇到了她的丈夫。在他们最终离婚之前，他们的关系似乎一直很紧张，持续争吵很多年。她觉得，从他们的婚姻遇到问题开始，她的丈夫就试图让孩子们和她对着干。她丈夫本来就一直对她很不满，当她外出参加一些娱乐活动或提出想要去找工作时，他的愤怒就变本加厉了。她绝对不想重新去做文书类的工作，她喜欢能让她真正感到兴奋的职业，与装饰、设计和舞蹈有关，但她在这些领域缺乏基本的技能训练。现在她 80 多岁，很悲惨的是她没有亲人。她跟子女关系很疏远，她坚称他们只会占她的便宜。她不知道应该是自己还是她丈夫对子女的这种冷漠态度负有责任。她会盲目地羡慕别人的成就，转而就开始谴责是自己一生中遭受的环境压力而不是自己的自卑感造成了自己现在的贫困和孤独，她的能力感似乎就建立在她能在多大程度上进行这种有力的指责。她哀怨地说："我最亲密的朋友不会认为我什么都不是。她们都那么能干。她们都玩得很开心。她们可以解决所有的问题。我却不是那样的人。"她还会羡慕一些"从无到有，成就了自己"的电影明星。

在我们访谈的男性中，老年人的能力感似乎与他们早先在工作场所
展现出的控制感密切相关。这些人在各种各样的领域工作，获取了不同 156
程度的专业资质和经济成就。对他们中的许多人来说，评价工作经验的丰富和不足，似乎更多地取决于他们获得的各种回报，而不是他们觉得自己的工作做得有多好。这就好像是说，任何特定的工作及其特定的任务和要求，都应该服从于最重要的目标，即谋生和"名列前茅"，即在一个公司或一个领域内处于领先地位，并获得相称的收入。下面这位男士就是这种立场的代表。

他过去是一名旅行推销员和广告撰稿人，工作一直很努力，还通过购买、重新粉刷、改造和出售老房子来赚取利润，以贴补他的工资收入。尽管他喜欢写广告，喜欢改造房子，也知道自己做得很好，但他从来没有享受过自己的工作，也从不引以为豪。他觉得自己长期处于薪酬过低、存在财务风险和业务不够精通的状态。退休前十年，现实的入不敷出使他转换了领域，“顽强努力做另一种产品（推销）以赚取养老金”。他极不喜欢自己的新工作，觉得自己不够诚实也不算尽职。不过销售工作还是让他在成年后第一次实现了财务目标。他从过去十年的工作中获得了财务安全感并为此感到骄傲，这使他形成一种新的但仍显脆弱的成就感。基于近期取得的显著成功，他产生了一种真实的控制感，而这样的控制感至少在一定程度上可以平衡他自童年以来就备受其扰的自卑感。

有四位男士说他们自童年起就不得不为了养活自己而赚钱。他们四
157 个人工作都很努力，在事业上投入了大量的时间和精力，也获得了比父母高得多的经济收入。他们中有三位非常自豪和满意地谈到自己过去几十年所努力创造的成果——一家制造厂，一个成功的牧场，一份高收益的投资组合。对这些人来说，勤奋感就是他们的动力，这动力源于勤奋感本身，也源于前期的多次成功经历。这三位都持有相同的理念，即认真、努力、有抱负、有事业心、自律、坚定。他们就是照这样的理念生活的，这给他们带来了极大的满足感和成就感。

第四位很早就开始工作的男士对自己的职业成就不是太满意。他小时候就成了孤儿，还受过重伤。他的第一份工作是药店送货员。他在全国各地工作，接受了药房的专业培训，在给不同的老板打工很多年之后，终于有了一家属于自己的药店，经济上也从此得到了保障。在职业发展中，这位男士的进取心、努力程度和业务能力与前三位相比并不逊色。不过他的收入要少得多，尽管他现在有了一定的经济保障，但他还是感到失望，这种失望感甚至严重削弱了他在近七十年的辛勤工作之后本应获得的自豪感。

他若有所思地谈到自己曾经在同行和社区里获得的尊重。他过去是一名很好的药剂师，在那个年代，药剂师往往要担任辅助医生的角色。他是社区中的重要一分子，他的顾客也总会让他意识到这一点。或许，他是希望自己可以从受到的尊重和为他人做出的贡献中获取足够的满足感，如此便有理由抵消掉他嫌弃自己没赚够钱过上好日子的感受。即便他一直受到尊重，但对他来说，勤奋从来没有经济回报重要，他一直认 158
为他的收入是不够的。

这位药剂师的专业能力感在职业生涯中期遭受重创，因为药剂师这个职业从那个时候开始变得不再那么重要了。他解释说："我可以制作药丸、栓剂、药片、洗剂、酊剂和丹药，可是市场突然就不需要这一切了，药物都来自大规模的生产线，我所要做的就只是数药片。我怀念自己配药的日子，因为我很在行。我很喜欢处方秤、药片研磨器和栓剂机。"药剂师成了柜台营业员，这种新角色不能再让这位男士像在之前的工作中那样获得社区的尊重。这样一来，药品领域的突然变化让药剂师这个职业不再需要特殊的专业知识，也让这位男士失去了技能感和他在社区中备受尊重的特别地位——而这也是他能力感的两个主要来源。尤其让这位老人感到辛酸的不是他失去了体现控制感的主要舞台，而是他失去这舞台的时候自己的技术正处于巅峰时期，离他进入老年和退休还有很长一段时间。

在他们从有薪酬的工作中退休之后，大多数老年人失去了他们可以展现和体验自己主要能力的领域，或者至少经历了该领域的重大变化。此外，他们还丧失了往往与固定薪水相伴的成就感。一位在 78 岁时退休的杂货店店主说："我在工作时更快乐。如果不是因为实在干不动了，我根本就不会退休。"一位会计师解释说："在大萧条时期和战争期间，我挽救了很多企业。我知道我所做的一切都是值得的。我对我现在所做的事情就完全没有那种感觉。"另一位退休的老人回忆道："我知道如何 159
去做单位里其他任何人都做不到的事情。我是不可或缺的，我很怀念这一点。"

有一位老人的退休理由代表了一些男士对退休的看法，他说：“我觉得我应该停下来放松一下。抓住机会享清闲。”不过，对于那些享受退休生活的人来说，最大的满足感似乎不是来自无限制的放松和没人管的懒散，而是来自他们的技能和毅力找到了新的表现方式——如今他们在家里有了充足的时间，有机会去这样做。有几个人在努力追求新的兴趣或者把原有的爱好做个转型，于是，他们已有的技能和一生中的勤奋感便得以在新的方向继续发挥出来。一些人利用他们的退休时间，建造和改建他们的住宅、度假屋和出租房。另一些人则开始种植奇花异草，并为自己，也为家人、社区和邻居做园艺和景观设计。还有一位老人修好了一辆旧汽车。

有些老人在他们退休的领域发展出新的参与方式。一位房地产经纪人试着在房地产和其他领域进行个人金融投资。这项尝试让他获得了比他一生中任何时候都更强有力的经济保障。上文提到的那位牧场主在有需要的时候仍然在果园里帮忙，此外，他也开始进行小规模的探索性农业研究，这是他以前一直没有时间做的事。

所有退休者在老年迟早都会面临许多新的、往往不受欢迎的任务。在一生的陪伴之后，照顾一个病重的配偶可能是令人恐惧的事情，也
160 是个相当沉重的负担。尤其是男士，这可能是他们有生以来第一次不得不提供始终如一的陪护，并维持一个家庭的正常运转。学习这些新的、特殊的技能很可能会让人产生自卑感。一位男士渐渐克服了刚开始的不熟练，现在他对能够照顾病情逐渐恶化的妻子深感欣慰，由于他的照顾，妻子便可以继续住在家里了。与最初他不熟悉购物和清扫的后果相比，更重要的是，他不熟悉如何驾驭这样的场景，也不能理性地将失败归咎于自己。在职业生涯中，他要么是成功的，要么就是去努力弄明白怎样做才能成功。相比之下，他对年迈妻子的日渐衰弱却是无计可施。她几乎不能走路，也不能自己穿脱衣服。止痛药让她一直昏昏欲睡、反应麻木。他眼看着她在自己面前枯萎凋零，却什么也做不了，甚至无法延缓这一过程。虽然他也很高兴由于自己的照顾，

妻子不用去养老院，但由此得到的满足感比起他知道她快要死了，而
他自己只有眼睁睁看着，根本无能为力这件事，常常显得微不足道。

所有这些退休后的参与都有一个共同点，即至少在某种程度上，它
们都是出于个体的内部动机，由自律推动，并基于内在体验的满足感进
行评价。退休让大多数人从谋生的压力中解脱出来，其中有几个人第一
次能够认真考虑他们在个人主动选择的活动中可以怎样很好地发挥自己
的特长。与工作相关的成就感主要来自外部奖励，与之相比，这些人现
在可以从活动本身带来的能力体验中获得满足感。晚年生活的心理社会 161
需求及其与青年期和中年期的差异，让一些老人享受到另一种勤奋感，
而这在他们早年的生活中绝不会被视作有意义的事。

还有些男士则既不能在工作中继续追求毕生的兴趣，也无法找到新
的活动。对这些人来说，他们的老年期缺乏有意义的成就感。那么，对
他们而言，在目前阶段去体验勤奋感、熟练性和毅力，很可能就是一种
风险，会威胁到他们一生中获得的能力感。有位男士对自己早期从商的
成功经历念念不忘，但故事却讲得越来越不连贯。自退休以来，他几乎
没做别的，成天待在自己的豪宅里，坐在轮椅上回忆昔日如何建造和管
理一家利润丰厚的制造厂的辉煌。家里雇了用人，他完全不用费力照顾
自己或自己的家。他只对自己的工厂有兴趣，自从离开那里，他还没能
找到一个新的领域来展示自己的能力。不管访谈者提出的问题是什么，
他的回答都绕不开自己脑海中的那些事。他满脑子想的就是他退休前在
工作中积累起来的无数成就，他一再讲起这些事情，努力想要增强他日
渐式微的控制感。

另一个人则开始贬低自己早期的成就，因为他意识到自己现在的能
力不足。他已经快 90 岁了，不能再为他的妻子和自己提供收入。他不
再强壮也不再敏捷，不能完成家里的小修小补。他现在连下一盘国际象
棋的耐力都没有了。目前他体验到的自卑感，甚至超过了他在过去几十
年成功的职业生涯中获取的勤奋感。虽然生活史资料表明他在自己的工 162
作领域是很能干的，但如今他不仅嘲笑自己当下的无能，甚至还讽刺自

已过去也一直都是能力不足的。他似乎并没有从年轻时代的成就中汲取到力量，反倒以自己晚年的能力匮乏证明自己的过去，据此他便否认了自己一生中获得的能力感。

女性退休后在个人能力的改变方面，与男性的经历大不相同。已婚女士在丈夫退休的同时也开启了自己的退休人生。一些人终止了长期的全职工作。另一些人则减少了诸如撰写书评、政治工作、筹款募捐等志愿活动，以及社交团体、体育和运动联盟、系列讲座等娱乐活动。男性把谋生视为终生的任务，因此谋生的能力对他们而言是最重要的。与之类似，这些女士认为家务料理是她们在一生中运用技能和专门知识的主要领域。对她们来说，当家务料理变得比较轻松的时候，例如子女长大成人离开家以后，她们就有足够的时间去从事志愿工作和参加娱乐活动。不过，尽管退休能让男性从毕生辛劳的领域解脱出来，但已婚女性在退休后对这些领域的关注则会发生变化，通常是变得更强了。也就是说，丈夫退休之后回归家庭，给妻子几十年如一日做惯了的家务带来本质的改变，也促使妻子必须重新分配自己的时间和精力。

有几位女士说，她们很愿意花时间和丈夫一起活动。她们似乎把提
163 供陪伴和完成家务看作自己晚年具备生活能力的证明，她们对自己放弃那些原本具有掌控力的领域并不觉得可惜。一位女士解释说："我丈夫退休后我也就退休了，我不再去参加很多讲座、会议和其他事情。我的确想念那些一起工作的人，但我更想和他在一起。这么多年来，他一直忙于工作，如今两人能在一起是很开心的事，我自己也很开心，因为我把我们的生活安排得愉快又舒适。"

然而，这样的退休安排会让一些女性不舒服，她们会觉得懒散并产生停滞感。对她们来说，家庭之外的活动已经成为体现勤奋感的重要领域，也是她们获取满足感的珍贵来源。更多地操持家务和陪伴丈夫，似乎并不能弥补这些外在满足感的丧失。一位女士说："我丈夫说退休就像患了麻疹一样，你对此无能为力。"这位女士在丈夫和家人的坚持下放弃了自己早年的职业抱负，多年来，她好像已经接受了自己作为家中

依赖性较强、成就感较差的另一半的角色。参加家庭以外的活动对她来说越来越重要，因为她可以在其中展示自己的能力。对她来说，家很可能是一个她从未真正感受到自己能力的地方。如果是这样，回归全职家庭生活可能就意味着那些早先体验到的、不快乐的失能感又回来了。

对于所有独立生活的老人来说，维持家庭运转仍然保留着某种与勤奋感相联系的感觉。特别是独居的男士，他们需要打理自己的衣食住行、让家里井然有序、管理家庭开支，这可能会促进一套全新技能的发展。一些寡居女士则一如既往地把家庭视为体现自己的能力的主要场 164
所。她们继续从自己的烹饪、清洁和娱乐活动中感受自尊和骄傲。她们可以重新装修房间、美化庭院，或者为孩子或邻居打理花园。当她们搬迁时，她们会花费很大功夫去整理自己的新公寓，并为她们的努力感到非常自豪。这些女士如果因暂时患病、受伤或长期残疾而不能继续有效地承担这些事务，很可能会产生极度的无能感。

对一位女士来说，老年居家对能力的要求尤其是一个全新的挑战。这位女士大学期间退了学，一方面是因为她患有身体疾病，另一方面也是因为她对自己按期完成学业缺乏信心。根据早期的资料，她婚后在家里的状态好像一直都不是很好。这并不是说她不怎么在家里待着。并非如此！只不过她总是过分干预丈夫和孩子的生活，以至于严重损害了她有效参与家庭活动的程度。她目前热衷于重新装修她的家，这是她对勤奋感和自卑感之间张力进行的一次关键性的重新整合，而她对自己早年在二者间的平衡状态感到很不满意。正如我们之前提到的，不同的人生发展阶段，对个体提出的心理社会任务也是不同的。在年轻时的求学阶段和成年早期抚养家庭的时期，这位女士没能完成应该完成的任务，那么这就使她无法用控制感去调和过度的无能感。如今，在晚年寡居、人际关系比较简单的情况下，她发现自己能够展示出勤奋，并体验到一定程度的成就感。她这样做，是利用了老年期为许多老年人提供的宝贵机 165
会，即可以重新有一次机会把事情做好。

很多男性把退休视为一种解放，意味着他们不再需要承担谋生的义务，所以同样地，在有些女性看来，到了晚年，她们就可以从家务与女性身份之间的长期联系中解脱出来了。有些人带着满意的语气解释说，她们一向不喜欢打扫屋子，有限的精力让她们必须仔细挑选要参与的活动，显然，其他事情比保持一个整洁有序的家更为重要。她们并不会因为没有能力把家务保持在以前的水准而感到遗憾，相反，这些女士似乎完全放松下来，并有理由去发展新的不同的兴趣。正如前面提到的，有一位女士在非常努力地自学："我读了所有我从来没有时间读的经典作品。"有一位女士花了很大的力气写一些短篇小说，并将它们出版。有一位女士要在图书公司出版自己的长篇自传。还有一位女士对民族舞颇为狂热，每天都练上几个小时，观看专业舞者的表演，并在湾区附近演出。对所有这些女士来说，从曾经展示其勤奋感的家庭事务中自我解放出来，为她们提供了一个机会，让她们可以对一个新的、未知的领域进行充分探索。

老年人不可避免地会将自己晚年的能力感与早年的进行对比。由于我们的受访者都存在不同程度的身体衰退和体力下降，所有人都必须接受自己的精力不再那么充沛、动作不再那么熟练、执行各项身体和认知技能都不如他们年轻时那么高效的事实。有些老人会通过调整他们的成就评价标准来应对这种衰退。比如说，他们不再指望自己可以在院子里
166 一口气干上十六个钟头，而是会找出一些具体的任务，这些任务的完成可以给自己提供一份控制感。一位男士说："现在，只要我完成了我开始计划要做的事，我就觉得很满足。比如，把后院的树叶耙出去。我不用要求自己把前院和后院的落叶都清理干净，也不用要求自己完成修剪和打虫工作。当我只打算耙扫后院并且已经做成的时候，我就很满意了。"

有几位老人对自己毕生的爱好做了调整，以勤奋感和独创性应对随衰老而至的种种限制。例如，一位老画家不再有足够的空间、耐心或体力来抻拉画布，调和油彩，或使用调色板。最近几年，她开始从事漫画创作，她可以使用铅笔或钢笔和墨水来完成；她现在花了相当多的时间

来画漫画，幽默讽刺退了休的老人。

有些人则试图否认自己业已衰减、所剩不多的能力。例如，有位女士在访谈中说自己正在为她唯一的儿子看家，她解释说，她的儿子在一次车祸中受了伤并造成了永久性残疾。这位受访者看上去纤瘦又虚弱，她打开一个小客厅的门，客厅的窗户似乎不能获取足够的光线，屋子里一直都很黑。她费了很大劲儿才坐下来，颤抖的双手好不容易把茶杯举到嘴边，她皱巴巴的丝绸连衣裙却已经被茶水打湿了。在访谈过程中，被她称作自己儿子的一位年轻男子急匆匆地从前门进来，两只胳膊各夹着几袋食品杂货。她问他晚饭打算做什么，大概什么时候能做好。他回答了她的问题，给我们倒了茶，然后消失在厨房里。隔着关闭的门，可以听到他打开一个破旧的橱柜，把买来的东西塞进去，又砰的一声关上 167
了。接下来的访谈就伴随着洗衣机和烘干机发出的嘎吱作响的声音。

当掌握了一辈子的技能出现下降时，这对老年人的控制感是一个重大挑战。除非能像上面提到的那些人一样，找到某种方式来迎接这个挑战，否则个体就有可能会被自卑感和绝望感所打倒。在本节的前面，我们提到，有效地参与工作、工具和生产领域的活动，是个人在成年期的公共领域广泛参与社会的一种方式，这种参与仍然是终生能力感的一个持续来源。当老年人因身体疾病和受限的社会机会难以保持实际效能时，所产生的最根本的伤害正是他们对成年世界的参与感。一位沮丧的、严重残疾的、坐轮椅的女士悲伤地说："我什么都做不了。我不能打扫。我不能做饭。而自从我不再是个小女孩以后，做饭和打扫卫生就是我的生活。当你老了，你就什么都没有了。"

除了特定领域内个人能力的丧失，在我们受访者的漫长一生中发生的社会、政治和科技变化，也在很大程度上改变了他们的日常活动参与方式，而这些是他们的生活满意感的来源。公共交通的不便利或不安全可能使他们无法参加群体聚会。某些手动工具和炊具从市场上消失，可能使他们难以在这些领域继续保持勤勉。一位女士感叹道："这套新公寓配有电灶和新式微波炉。我太老了，学不会用这种东西做饭。所以我根本就不做饭。”

168 若这些变化与前面提到的社会价值观有关，则尤其令人感到辛酸，因为它们与老年期认同感有紧密联系。我们的许多受访者都希望，他们能够因积累一生的智慧和经验在家庭里受到尊重。但事实可能恰恰相反，有些人发现，他们在日常生活方面的价值观与他们的子女和孙辈如此迥异，以至于保持沉默是避免激烈争论的唯一方式。他们根本没有被视为智者或专家，而是感觉自己在后辈眼里是老古董和无关紧要的存在。一对夫妇叹了口气：“我们的孙子刚刚结婚。他们两个人都有精致的品味和绚丽的人生计划，他们想拥有一切。当我们问到孩子的时候，他说，在他们请得起一个全职保姆之前，他们根本不会考虑要孩子的事。想想吧，他们计划生孩子，却不想自己抚养孩子！孩子到底是谁的？为什么会要孩子？我们太爱他了，不想伤害他，所以我们就不再说什么了。只要我们保持安静，他就觉得我们是亲切可爱的——其实，也就是傻乎乎的。”

与之形成鲜明对比的是，其他人并没有感受到价值观的差异所带来的挑战，他们的能力感依然很强。实际上，这些差异及其背后的历史和社会变革可以成为智慧的源泉。这些幸运的老人能够借由长期的乃至一生经历的社会和政治变革，对晚辈给予同情并给他们提供建议和忠告。一位女士解释说：“我从来也给不了什么具体的建议。他们比我更了解当今的世界。但我经历了很多，我知道什么是对的，什么是错的。我可以用我的人生经验来帮助他们理解那些价值观，但无论如何，他们都要自己做决定。”

169 无一例外，我们研究中的所有老人都为他们的子女和孙辈的成就感到高兴。如此，他们便能够体验到一种重要的替代性的老年能力感。有几个人特别指出了一些在孩子们身上看到的属于自己的品质和专长。一位男士很骄傲地说起他的儿子：“他像我一样动力十足，他总是很有干劲。”令一对夫妇感到自豪的是，他们所有的子女一起接管了家族企业，他们很努力、很高效，经济上也很成功。对一些人来说，后辈的成功会增强他们对自己成就的满意感。对其他人来说，子孙后代的成就，可以部分地抵消他们因自己现在和过去的失败所产生的失望感。尤其是那些未完成大学学业的老人，他们总是为子女和孙辈所获得的学位感到特别自豪。看来，他们承认自己对后辈们的坚定意志力和严格自律性负有一定的代际责任，而这显而易见的代际传承上的成功也提升了他们自己的终生成就感和能力感。

第六节　主动感与内疚感：目的

个体在度过游戏期后的很长一段时间内，还需要继续通过与人合作和关心他人来调整自己的利己主义和扩张欲望，也就是要继续保持自律。这些要求体现出主动感与内疚感之间的张力，它充斥在生活的各个领域。不过，这种张力在童年时期呈上升倾向，而那时游戏是一种占主导地位的行为模式，因此我们认为，个体在工作、娱乐和创造力中所展现出来的游戏心态，与一生中主动感和内疚感的再平衡具有特殊的关联。经由社会化，儿童的直观感知与表达会发生转化，成为更加线性的 170
认知过程。而在此之前，这一主题是占主导地位的。因此，我们也将一生中的感官活动，如审美鉴赏和物料的操作，视为主动感与内疚感重新整合的一种重要体现。

精力衰减和感官敏锐度的降低，使老年人对周围世界的参与度受到限制。社会习俗会妨碍个体公开表达自己的游戏心态。有限的设施和交通也会限制他们参加多种原本很容易参与的活动。面对由于年龄和社会因素造成的种种障碍，个体必须依靠一种主动感，在自我约束能力的调和下，将最初在童年时期形成的目的之优势力量进行更新。在努力通过活动表现其主动性的同时，老年人也必须学会适应在这一活动中感受到的新限制，而不是屈服于对失能的内疚感或活力的过度丧失。老年人当前对各项活动的参与，既是为了调和老年期的主动感和内疚感，也是为了整合一种目的性，这种目的性在整个生命周期中既可以向前也可以向后延伸。

实际上，我们所有的受访者都提到，进入老年期之后，他们很容易
放弃早年生活所特有的活动和目的性。一位女士解释说：“当然，你仍
然对所有的事都感兴趣。但你不会期望自己还会像以前那样**做**每件事。
有些事情你就得放手。”我们前面已经提到过，许多人认为，正是这些
活动和这种目的性构成了他们终生认同感和勤奋感的核心。对他们而
言，在晚年，对主动感与内疚感和自我限制的努力调和与在整个生命周
171 期中对认同感和勤奋感的努力整合是紧密联系的。正因如此，我们对老
年人主动感与内疚感的讨论，将与前面提到的认同感与认同感混乱、勤
奋感与自卑感的问题存在内容交叠。

我们的受访者对活跃（activity）与休止（inactivation）之间的努力协调体现在水平不等的各种活动中。处于活跃性谱系最积极一端的那些人会非常自豪地断言：“你要用活动来延缓衰老。”这些人总是用忙碌来避开他们所认为的衰老对身体和情感的摧残。一位 79 岁的老妇人夸耀地说：“我侄女想知道我们怎么会有这么多精力。我们总是忙个不停，做这做那。嗯，我说我们无非因为太忙了，所以才不能闲坐下来。”对这位女士来说，衰老的过程似乎意味着一种固有的退缩，即不再积极参与周边的事务，会越来越强烈地关注自身疼痛和痛苦。她认为这个过程是自我维护的过程，她觉得如果允许身体的退化成为不活动的理由，那么退化很快就会成为生活的主宰。她解释说：“只要你让自己不停有事做，你就……让你的头脑保持着充实，这样你就没时间考虑自己或为自己担忧了。一旦你放弃，你就败了。”像许多刻意努力地保持忙碌的人一样，这位女士也认为，成功变老就等于尽其可能去抵抗活动能力的丧失，尽管休止状态最终将不可避免地赫然出现，但在目前是不能被容忍的。

我们研究中的老年人，在当下能够把热情和智谋与疲于应付整合起
来，其采用的方式与童年早期以来他们协调主动感与内疚感的方式有必
172 然联系。一些现在刻意保持忙碌的人，说自己像孩子一样富有想象力和

好奇心，也会像孩子一样投入自信的感官嬉戏中。从很小的时候起，他们就被鼓励去多动手——绘画、手工制作、演奏、园艺和修理。这些人说他们通过感官去探索世界，而且他们讲述的场景依然无比生动：在花草繁茂的家族种植园里骑马；在儿童花园里呼吸鲜花和果实的气味；在洛杉矶的每条街道上下滑行，探索这座城市；在波光粼粼的俄罗斯河里游泳；在树林中找一个隐秘的空地，把扁平的石头排列成半圆，把青草和野花当观众，对着它们背诵诗歌、发表独白。

上面提到的那位意志坚定、性格活跃的女士，在她整个生命周期形成了强烈的主动感。在她最早的记忆中，祖父拿着一张普通的纸，简单折剪之后就变成了一长串跳舞的小人。在她还是个孩子的时候，她喜欢拿一些简单的东西，好比纸张和颜料盒，去创造一些美丽的物件，比如一张照片或一件悬挂饰物。她还想起一次特别的事故，小时候她对火柴的好奇给家里厨房的油毡地板带来一场小火灾。值得注意的是，她那危险的、肆无忌惮的好奇心为此受到了惩罚，并因此受到限制，但并未阻挡游戏主动性给她带去快乐。成年之后，这位女士虽然只在一家单位上班，但岗位却不停发生变动，随着她的兴趣和技能从一个任务转向另一个任务，她就自然而然地换了新岗位。她鼓励她的孩子们去做同样的事情，让他们充分展示她自己所珍视的好奇心和热情。他们的家庭活动主要集中在户外，在那里，孩子们可以感受大自然的美妙，获得令人振奋的灵感。

这位女士有一个孩子患有先天性心脏畸形。这种畸形如今在婴儿时 173
期就可以获得矫正。然而，在近五十年前，医生对这种病是束手无策的，病人只能无助地接受这种命运，最后沦为残疾而丧失活动能力。我们这位受访者一向尊崇努力探索的价值，坚信一切事情都应该自力更生，这使她摒弃了传统的医学观念，找到一位极富同情心的儿科医生，允许她的孩子过“正常”的生活，也就是她认为“唯一值得过的生活”。她说：“我们让她在可行范围内做任何她想做的事情。”她回忆说，学校工作人员总是不断地打电话给她，在电话里歇斯底里地指责她，说她这样会杀了她的孩子，以此来唤起她的罪责感。孩子的健康存活让这对父母有了持久的不断更新的目的性。作为一名年长的女性，她比我们任何其他受访者都更明显表现出活跃的参与感，以至于我们虽然察觉到了她脸上的皱纹，但也很难相信她已经79岁了。她以各种方式继续宣扬她毕生的哲学，即世界上有趣的事情太多，不能浪费时间“无所事事”。

靠近活跃性的连续谱系另一端的是这样一些老人，他们试图把自己和那些懒散的、受他们批评的同龄人区分开——尽管他们自己的活动水平可能与那些人一样低，但他们并不承认这一点。他们显然无法接受自己无所作为的状态，于是就试图通过嫌弃这些人“整日坐在那里太无聊了”来否认自己这一点。我们这些受访者尤其鄙视一些被动的“老年人郊游，因为他们不过是把你们一群人塞进大巴，然后拉着你们去塔霍湖”。

174 其他的受访者坦承自己变得越来越懒散了，他们沉迷于电视节目，以此作为打发时间的一种方式。他们退出了长期参加的俱乐部，因为不再有足够的兴趣去参加聚会。同样，由于兴趣减退，他们与老朋友和距离较远的亲朋也失去了联络。这种趋势让他们中的一些人感到不舒服，也许还有一点愧疚，他们会用一种防御性的语气来讲述这些事，就像一位老人所说的：“有一种倾向就是放手……晚上就坐在这儿看电视，因为这是最容易做的事。等你活过80岁，你就明白了。”

在这些人中，有人把自己描述为像孩子似的过于恐惧或温顺。一位男士回忆说：“我从来没有因为好奇心惹过麻烦，因为我总是害怕。我总是表现得很讨人喜欢。”在人生的某个时期，如果社会体系并不要求个体表现出太强的主动性，就像这位男士，那么他们就会发现自己陷入了带有内疚感的被动状态。这并不是说他们选择了被动，而是说，他们毕生的主动感是为了满足权威力量的要求才发展起来的。他们在孩提时可能已经学会了安静地玩耍，甚至能在一套明确的规则中表现出色。他们也可能已经学会了在工作中执行命令，还可能在特定场景中，条件许可的范围内取得创造性的成功。然而，在缺乏外部力量和要求的情况下，他们似乎没有能力自主开展任何令人满意的活动。

我们研究中的一些老年人似乎很难接受精力日渐衰退的现实。与访谈者对他们的叙事和行为观察的记录相比，他们有一些人的自我评价似乎更为上进和更有目的性。有位女士自称是一个狂热的阅读者，但在她 175
家里看不到书籍、杂志或报纸，她也不能记起自己最近读过的任何内容的具体标题或主题。有人说自己是活跃的音乐人、摄影师和社会艺人，但他们不能说出他们最近演奏或听过的作品、拍摄过的主题，或是招待过的客人。也许，正是他们终生的认同感才使得他们继续认为自己还在参与那些实际上已经不能从事的活动。也许，他们这种对主动感和内疚感的整合，本质上并不能适应老年期所带来的种种变化和限制。不过，也正是因为他们无法认识到新的局限性，所以也就不能发展出新的令人满意的活动水平，或者不能形成新的内在的自我认知。

与刚刚讨论的那些人相比，我们研究中的大多数老年人能够对近期受挫的进取心和参与度进行更充分的整合。他们表现出各种各样的适应风格，我们可以看到他们对日渐受限的晚年生活的认可和应对。例如，两位 85 岁左右的女士宣告她们不再参与曾让退休早期的生活十分充实的一些活动。其中一位带着发自内心的知足的口气说："我们已经拥有了大部分的生活经历，现在我们可以回归本位，守着回忆并安静地度过余生。"认识到现在精力不足的状况之后，这位女士和她的丈夫便开始很积极地回忆和重温往事，这样的状态一直持续，直到最近两三年前才结束。

另一位女士的适应方式则完全不同。她很缓慢地解释说："我老了，我不会在这里待太久了。我不能再做什么了，但我可以把我的东西交给那些懂得欣赏的人。"她把家具送给她正在装修第一套公寓的孙辈。她 176
把自己最喜欢的画和珠宝送给一直与她保持联系的亲朋好友。在手臂骨折和患上关节炎之前，她喜欢用彩色玻璃片来绘画和制作壁挂。最近，她把自己所有的材料和完成的作品都捐给了一个车库售卖活动，这是她的一个孙女为筹集下一年的大学学费而举办的。这位女士通过自己的物品与周围的人保持联结，在某种程度上突破了自己目前所受到的局限。她保持着一种积极主动的未来感，因为她把特定的物品分发给一些人，在她过世很久之后他们依然会欣赏她的这些物品。

我们大多数的受访者试图与老年期日益衰退的进取心做斗争，因为他们忧虑地认为这是一种懒惰。进入老年期之后，在有目的的活跃性和必要的休止状态之间达到令人满意的平衡，与早年生活所达到的平衡相比，此时期的平衡可能在性质上有着根本的差异。为了应对这种差异，一些受访者会保持他们很看重的参与，不过，他们会用新的方式取代当前来说过于繁重的活动。例如，一位 80 岁的老人近来发现自己无法胜任当地一家艺术博物馆的导游工作了。多年来，这位女士一直是博物馆里向贫困的小学儿童介绍美术作品的主力人员。她记得她过去常说，是孩子们使她保持年轻。现在她笑着说，是他们把她累坏了，让她过早地退休了。不过，尽管她不再有精力和孩子们一起工作，但她仍然热爱艺术，仍然对她工作多年的博物馆有着很浓厚的感情和兴趣。现在，她将
177 自己的那份忠诚转变为研究小组的成员身份，为博物馆可能收购的作品收集背景资料。

另一名女士长期参与各项政治活动。当她和丈夫作为新晋父母搬进他们现在住的房子时，她加入了女性选民联盟（League of Women Voters）。多年来，她挨家挨户散发了成千上万的传单，并在当地购物中心的桌前登记了数百位选民的信息。不过，她最终对联盟的中立态度感到失望，于是便将她的努力转向党派政治。由于感到这个时代是如此不安定，她认为每个当选的官员都必须有所作为并应该接受问责，所以她在每次选举中都会至少积极参加一次助选活动。此外，她还会大力支持她所信奉的事业所发起的各种募捐活动。她会烤制精美的蛋糕以备蛋糕售卖活动之用，为慈善晚餐准备一份份炖菜，还为售卖抽奖活动缝制床罩。这位女士深受风湿性关节炎的折磨，因此，她参加所有的活动都会付出疼痛的代价。但她仍然属于政治上的行动主义者，只不过现在她提供的是经济而非实物的捐助。她承认：“当我第一次买了一张午餐券，

而不是贡献出我特制的一道菜的时候，哎，我感觉自己已经是个局外人了。买餐券和花费几个小时做意式千层面是不一样的，因为我做的面会让人每当想到核冻结就流口水。[①] 但现在我想，如果买餐券是我唯一能表示支持的方式，那也总比我坐在家里闷闷不乐地怀念过去的好时光要强。”

曾在红十字会、社区福利基金会等机构做志愿者的几位女士，现在已经将她们的精力放在帮助一些有需要的老年人身上，为他们提供“上门送餐”的服务，她们还到养老院探访老人，为疗养院的居民编织毛衣。一位70多岁的女士说：“我还能开车，为什么我不能做这些事呢？接触的人可能多少会让你有些沮丧，但是他们中的一些人——他们只是想和你聊一聊。他们大多只能待在屋子里。我真的为他们感到很难过，而且我一直很擅长和各种人聊天。不过，社会真的应该让所有的老人都动起来。这样他们可能就不会沉浸在自己的烦恼当中了。”其中一位90多岁的老人说：“我不想待在家里无所事事。我可能没力气把房子装饰得很美，我可能会走到某个地方却忘了自己在哪儿，但我还能编织。我告诉他们，我会用尽他们给我的每一寸纱线，为那些贫困的人编织漂亮而温暖的衣物。”对这两位女士来说，他们这种老年期的主动感与其“宏观繁殖感”的表现密切相关。他们并非简单维持自己的终生参与性，他们这样做还体现出对他人的真诚而有效的关心。 178

晚年对主动感与内疚感的调和可能会使得老年人——就像上面最后提到的那位女士一样——继续追求毕生的业余爱好，继续参与制作。在我们研究的这些受访者中，有喜欢园艺和种植奇花异草的人，有在家里的工作室做木工活的人，有改造旧汽车的人，有写故事和编写自传的人，有画画的人，有在小型室内乐团演奏乐器的人，还有从事编结、钩织、绣花、珠饰、装饰性缝纫等手工艺的人。对于所有这些人来说，要

① 人们参加“核冻结”的政治活动时，吃到过她做的意大利千层面。由于她手艺非常好，吃过的人印象十分深刻。所以这位女士如此说，意思是自夸做面的手艺好。——译者注

维持长期的业余爱好往往就意味着在斗争。他们的活动参与和正常情况相比，时间更不稳定，有时还会采取更间接的方式。然而他们却一致认
179 为，他们可以继续“制作一些特殊的、美丽的东西，比如用毛线之类的普通材料织成毛衣”，从中可以得到真正的满足。

其他人则可以在晚年找机会发展一种新的动手和创造的方法。正如前面所讨论的，一名女士正在重新建造和重新装修她的家。虽然她没有亲自动手去刷油漆或做木工，但她会计划并指挥工人们的每一个步骤。她表现出相当高的执行能力和评估能力。她给人的印象是，她并没有因为这些零碎的没完没了的小事而头疼，反倒是乐在其中。这位女士从来没有干过木工或油漆工，她到现在也还没有开始做这些事，然而在决定要进行房屋改造时，尽管是借助间接的方式，她却已经开始成功地参与了这一长期以来令她既向往又畏惧的项目。

对于我们的一些受访者来说，手工的劳动就是他们的主要职业。这些人是为数不多的能够有目的地继续从事自己最初职业的人，即使在他们退休和年老之后依然如此。他们能够体会到伴随娱乐目的感而来的毕生力量和作为工作不可分割的部分之能力感之间存在的紧密联系。其中一位老人就是我们在本书前面章节提到过的居住在塞拉山麓的牧场主，他现在已经把牧场交给了他的子女。虽然他放弃了经营牧场的正式职责，但他仍然生活在这片土地上，并在田野和果园里工作，因为他喜爱做这些——就像他一直以来那么喜爱。他笑着说，他现在很难把工作和娱乐分开。对他来说，有目的的、与工作相关的活动已经成为他晚年生活的快乐之源。

在我们的受访者中，也有一些人一直在积极地运用感官进行审美和
180 鉴赏活动。他们热衷于到话剧院和歌剧院去看演出，去博物馆参观或在里面做志愿者。他们还会鼓励那些画画的朋友，富有热情地欣赏他们的作品。然而，到了老年，他们所能从事的审美活动的种类受到了限制。其中有一位老人再也不能自己开车去歌剧院了。另一位老人的妻子再也不能安静地坐着看完一整场戏剧演出。还有一位老人在博物馆参观的时

候再也无法一口气看完一间陈列室，其间他必须要停下来歇很久。基于他们从小就养成的主动性和目的性，面对那些现在无法亲身参与的户外活动，他们当中很多人会巧妙地利用居家为主的设施复制那些户外活动。他们在电视里观看歌剧和戏剧，在图书馆的书籍中欣赏艺术作品。有些人甚至想出别出心裁的对策去克服种种限制。例如，一位女士只能站立片刻，久站就会很疲劳，她就开始借助轮椅出行，而不是放弃参观博物馆的乐趣。

在表现进取心和运用各种机会的同时，有几位老人似乎是到了老年才发现一直以来隐而未现的自己。一位女士长期以来自认为是一个失败的艺术家，她最近开始创作漫画。这位女士一直非常珍视艺术才华和艺术成就。她早期的作品在当时并没有得到赞扬，所以她也就没有机会将自己的才华发展到极致。她没有去攻读美术专业的研究生学历，也没有去做画家，而是接受了父母的训诫，即，绘画不如结婚重要。于是，她结了婚，把自己的中年生活奉献给五个孩子，打理一个经济拮据的家，为丈夫提供情感支持。她通过布置家居陈设、制作枕头和挂毯、为孩子
们粉刷房间，以及为其他家庭成员缝制衣物表现自己的艺术家天分。现 181
在，因为年龄的限制，她生活在退休社区里，开始为社区里的老年人画漫画。在她看来，漫画是变换了形式的人生经历，它生动而充满想象力。这是一种巧妙的方式，可以让她将不可避免的无助和衰老转换为富有创造性和愉悦感的作品，同时，这也可能因此获得同龄人的赞誉。

在讨论退休问题时，我们注意到，个体在离开工作环境之后，在很大程度上失去了展示自身能力和主动性的机会。因此，退休可能会使老年人失去表现熟练技能和创造性的基本动力和习惯。然而，下面这位受访者的生活却表明，对于那些从他们认为枯燥无聊和令人窒息的工作中退休的人来说，这种模式并不适用。这位丧偶男士独自生活在一间小屋里，这间小屋位于人口稀少的农村地区。在他的整个职业生涯中，他从事过各种各样的低薪工作，回想起来，这些工作既不需要也不允许真正的行业规则或企业精神。他不是特别喜欢他的工作，而且也从来没有人

认为他特别成功地完成了这些工作。对他来说，退休似乎并不意味着失去有价值的工作，而是从一系列严格的、重复的要求中解脱出来，这些要求本身也无法体现出任何创造性，丝毫不能激发人的工作热情。退休为他提供了一个新的机会，让他可以再次体验主动性，即他回忆中提到的保持到十几岁的那种主动性。

这位男士一直喜欢音乐。他喜欢听收音机和播放唱片。当他还是个青少年的时候，他经常试着修补各种无线电设备，直到晶体管和集成电
182 路出现。多年来他累计收集了两千到三千个 78 转/分的唱片。意识到塑料唱片盘可能会容易变形或断裂，他最近开始复制盒式磁带。他从柜子里取出他的磁带机和大喇叭，把它们固定在一个推车上，在上面搭起合适的架子。每天，当他去老年中心吃午饭时，他会把他的移动娱乐中心推到他的皮卡车上，把他最喜欢的歌曲带给他的朋友们。他也开始自己做电视晚餐（TV dinners），用的是送餐服务提供的固定分量的托盘。他烹煮大量的肉和蔬菜，将它们冷冻在这些托盘中，以方便取用。其实，他的作品都很不专业。他的娱乐中心看起来相当粗糙，他的冷冻食品在重新加热后也并不总是能保持原来的味道或质地。让人印象深刻的是，他在做这些事情时满怀热情、喜悦和骄傲，因为这一切都是他自己设计和制作的。每次发现一个问题，他都会动用自己所有的聪明才智和手头可用的资源，想出一个能满足自己需要的解决方案，创造出一些有用的东西，这让他感到十分快乐，也是他的自豪感的真正来源。

其他受访者在面对由老年人自身身体局限所引发的内疚和焦虑时似乎无法成功地维持一种目的感。虽然他们可能会说，他们在整个成年期都喜欢艺术和音乐，但在步入老年并经历各种身心衰退之后，他们发现自己很难抓住现有的欣赏美的机会。比如说，一位女士伤心地抱怨自己错过了交响乐的演出。她一个人住，晚上不能开车。而且，背部的疼痛也使她很难在座位上坚持二三十分钟。她的儿子就给她送去一些以前她
183 常去听的交响音乐会的唱片。虽然她被儿子的关心所感动，但不知何故，她一张唱片都没有动过。或许，这位女士对交响乐的享受，其重点

在于，她能在交响音乐厅里和一群音乐爱好者激情四射地共度一晚，而就音乐本身而言，它其实毫无生命可言。在她看来，在家里播放唱片会让她强烈地意识到年龄带来的缺陷；而不播放唱片的话，她反而可以尽力不让自己面对这些缺陷。

一些受访者对自己放弃原来热爱的绘画、唱歌、演奏音乐、摄影等活动深表遗憾。在某种程度上，我们感到困惑的是，这些个体似乎不能解释为什么他们从一开始就放弃了有意义的部分参与，或者为什么他们找不到新的、更令人满意的参与形式作为替代。他们似乎想让自己相信，他们之所以放弃了长期喜爱的活动，是因为客观条件迫使他们这样做，同样的原因也让他们无法找到替代。但是，他们提到的那些客观条件似乎并不能完全令人信服。一位日常生活相对自由的女士哀叹，她不再弹钢琴，因为她根本找不到时间。一位摄影师解释说，他不再拍照了，因为他没有足够的精力邀请朋友来看照片的投影。这些人很难平衡习以为常的热情和日益增长的倦怠，他们似乎在制造一种冲突，一方面他们感受到自己创造性活动的水平在逐渐降低，但另一方面他们又为自己找不到合理的外部理由就轻易放弃而感到不安和内疚。由于不能理解或接受他们目前的做法，他们只好尽量将其归咎于外部原因。

在我们的研究中，有几位老年人投入了相当多的时间和精力与他们 184
认识的距离较远的朋友和亲戚保持联络，他们和某些人的联系已经保持了六十多年。许多人认为拜访这些人是一种最愉快的消磨时光的方式。这些人过去并不总是写信，但他们没有预料到自己会在晚年享受这项活动。因为现在，他们发现自己已经无法继续维持其他有意义的交往形式了。他们不能长途开车。他们的身体条件和经济条件都不允许坐飞机长途旅行。所以，他们学会了通过信件来交流。他们彼此交换照片、剪报和诗歌。他们的信件可能只是短篇笔记，也可能是洋洋洒洒的、深思熟虑的、漫无目的的长信。所有这些通信交流的内容都说明，他们已经适应了晚年日渐缩减的活动范围，但同时并没有放弃生活中最重要的活动。

对访谈中的一些老年人而言，是祖父母的身份让他们能够做出一些主动性的表现，若非如此，他们无法克服既有的冷漠或迟疑。当这些人讲起他们对孙辈的探访和与孙辈一起度过的郊游时光时，他们变得神采奕奕。一位男士急切地说："我不为自己买东西花钱，也不为看电影或别的事花钱，我却宁愿花自己的钱带孙子孙女到这里玩一玩。"这样的热情在那些对当前生活的其他方面不感兴趣的老人身上尤为突出。

一位满脸皱纹、满头银发的女士微笑着说："我和孙辈一起做了一些若没有他们我永远不会做的事情。都是一些小傻事，但让人感觉好极了！"这位女士承认，自己偶尔会感到一种诱惑，想和朋友通宵嬉笑，或者纯粹为了享受户外和湿漉漉的感觉而在雨中散步。但根据社会习
185 俗，这样做的老年人可能会被质疑其行为是否符合他们的年龄。和我们的许多受访者一样，这位女士对社会评价很敏锐，她说："我真的不在乎他们怎么想，但我已经不像以前那样对他们嗤之以鼻了。等你到了我这个年纪，你不会去得罪你要仰仗的人的。"对社会适宜性的顾虑，是刚进入童年期的个体在平衡两种张力时所必需的，一种张力是扩展的游戏感和主动感，另一种张力则是有限的内疚感。在整个生命周期中，这种顾虑会持续影响主动感和内疚感之间的整合，而且，在个体掌握的社会权力最弱和个人自信心最低的时期，它会发挥最大的作用。可以说，老年就是这样一个时期。老年人会因为预见到某些行为的不适宜而产生内疚感，这便导致他们会在一定程度上抑制自己的游戏心态和好奇心。不过与孙辈共享这类行为则可以另当别论，这是更容易被接受的事情。因此，许多老年人与孙辈在一起的时候，可以最自由最热情地释放自己的天性，虽然这些做法在许多其他场合，与日常生活中的其他老人在一起时可能会被认为是不适当的。

我们的受访者对这个世界的好奇心和参与方式各有不同。有些人说他们看电视是为了了解世界上发生的事情。许多人订阅报纸和杂志，以便随时了解时事。其他人则以一种更自律的方式来阅读，选择自己感兴趣的主题，并积极寻找有关这些主题的书籍。一位女士对世界宗教及其

文化渊源相当了解。另一位老人对早期美国的纺织品和白银有非常丰富的知识储备。一位退休的化学工程师经常与该校化学系的一组同人会面，讨论那些在他的职业生涯中尚未来得及探寻的更偏应用领域的理论 186
和研究观点。

对许多老年人来说，旅行似乎是一种载体，可以让他们自由发挥好奇心和探索欲，还可以让他们在陌生环境中测试个人的极限。我们的一些受访者利用退休这个机会，开始去游览那些以前只存在于梦想中的地方。有些人去过世界各地。其他人则频繁地乘车短途旅行。对所有这些人来说，旅行体验里渗透着冒险精神，而在整个生命周期里，这种冒险精神都是主动性所固有的部分。在我们的受访者中，那些仍在不断旅行的人，那些期待去拜访远亲或外出闲游的人，会比那些把旅行完全丢进回忆的人，总体上对日常生活有着更强的参与感。

有很多受访者发现自己很难适应新的伴侣或新的住处。这种适应可能会激发创造性，也可能会增加厌倦感。这种适应是他们再次体验过去的催化剂；也就是说，它为原本会迟一些到来的必要的再评估提供了契机。在新的亲密关系中，不管是否经过法律确认，老年人都会发现自己承担了新的伴侣责任，并发展出新的日常习惯、新的生活方式、新的活动和新的机会——如果要做出令人满意的适应，所有这些都需要探索和创造性的适应。和以前的亲密关系一样，老年人发现他们会以伴侣的限度和愿望为参照，测试自己的目的性到底有多强。一位再婚的女士对自己遇到的新挫折十分纠结，她说："在我的第一次婚姻中，家里的事都 187
是我在做。他完全不承担任何家务，我都不知道如果他自己过的话，他会不会铺床或洗餐盘。我不想再这么做了，我下定决心要让这段婚姻有所不同。我的新丈夫在他的第一个妻子死后独自生活，所以我想他知道如何做家务事。但我猜他还是认为家务活应该由妻子做。有时我下定决心不屈服。而有时我真是没力气反驳他。"

那些在进入老年之后搬到新家的人也需要类似的探索和想象。他们会陷入挣扎，一方面想要保持自己习以为常的生活环境和日常生活方式，另一方面又很不情愿地面对全盘重来的疲惫。这种挣扎会出现在新的物理环境中，新环境一般既有自己的规范也有本身的限制。

在我们的研究中，当老年人回顾一生中令人满意的活跃性和自我受限的休止状态时，他们中的一些人对自己错过或失败的主动性会反复琢磨，并且他们对一些特定的**没**显示出主动感的事件有着异常强烈的内疚感。有一位男士在选择婚姻的关键时刻没有采取行动，七十年来他总是被脑子里的一幅景象折磨着，他看到自己在一辆火车上，但自己始终没有勇气下车。另一位男士从来没有从事过写作，尽管在他本人和他家人的眼中，他的文学才华很早就使他脱颖而出，尽管他从记事起就一直打算成为一名作家。到了老年，这两个人一直无法超越曾经的自以为的关键性失败和被动感，也就无法认识到自己实际已经表现出来的目的性。仿佛是为了弥补曾经失去的机会，其中有一位梦到自己
188 “中了大奖”。两人都发现自己花了很多时间不停后悔自己错失的主动感，还忍不住要蔑视在同龄人身上看到的无聊和无精打采，却不愿在自己身上看到这些。但是，他们对过往的内疚感如此深重，以至于他们很难在当下的生活中表现出主动感，尽管这对获得令人满意的毕生目的感至关重要。

在人生的任何阶段，人们都无法改变自己过去已经采取或没有采取的行动。然而，他们可以有一个合理的期望，即承认自己过去所经历的主动感与内疚感，然后在当下，积极参与有目的的活动。如此，才能促进两种倾向在一生中的整合。这样的机会在老年期是依然存在的。一位女士解释说：“我不会沉溺于我过去做错的事情。做错的事太多了。在过去的生活中，我是尽力了的，现在我依然尽力而为。而这也是我此时此刻所能做的一切。”

第七节　自主感与羞愧/怀疑感：意志

自主感与羞愧/怀疑感之间的张力，关系到个体幼年如何控制自己

的身体和行为，以及在更广泛意义上，关系到如何控制自己的生活。还在蹒跚学步时期，个体就已经掌握了对括约肌和骨骼肌的基本控制，而在整个一生之中，他们都努力在运用意志力和识别自我约束力二者之间寻求平衡——既保持独立和忠于自己，同时也顾及人身安全和行为规范。在整个生命周期中，个体自主能力会随着身体力量的扩张与收缩而出现相应的增强与减弱。与实际行为能力的发展相一致，个体的自我决定意识和无助感也与身体状态相联系，而且这种联系会重新出现在一生 189
中的某些时期，例如，因生病或受伤导致身体受到损伤的时候，青春期生理出现变化的时候，还有晚年身体机能逐渐退化的时候。

随着生理机能的衰退，即使是最健康的老人，其个人自主性也不可避免地会受到限制。老年人很清楚自己在身体方面的自立可以达到的最大限度，也很清楚自己的意志力可以在多大程度上掌控自己的生活。进入老年期之后，他们遭遇到来自内部和外部的各种限制，这些限制与实际的身体机能有关，也与社会的刻板印象和期望有关。面对种种新的限制，老年人必须努力争取最大限度地保持意志力和独立性。这种努力，就像到目前为止讨论过的在其他心理社会主题上的努力一样，既表现为可观察到的行为，也体现为更为隐秘的情绪感受。我们研究中的这些老年人，尽管身体的不适越来越严重，但他们还是在努力保持行动的能力。尽管越来越需要各种帮助和支持，但他们仍然想办法保持一定的独立性。在固执与妥协之间寻求平衡的过程中，他们努力符合社会对老年人的期望从而获得内心的安宁，同时又不希望放弃自我决定意识，因为它决定了整个生命周期中的自主感。

几乎所有的受访者都患有这样那样的多种与老年相关的生理和心理疾病。作为一个整体，老年人群的疾病范围包括从身体机能的初步削弱到日常功能的严重受损。无论机能受损的**程度**如何，每种疾病都会给老年人的机能带来质的影响，即，影响个体在自主感与羞愧/怀疑感两种对立倾向之间的平衡。即便是那些认为自己的身体仍然非常健康，不存 190
在身体限制的老人，也比以前更容易感到疲劳，而且根本没有足够的精力去做他们过去做过的所有事情。他们大多数人提到自己的视力或听力已经受损，常常需要借助眼镜和助听器进行矫正。这些常见的损伤也离不开持续不断的矫治疗程和设备。

在城里开车两个小时就需要小憩一下的一位女士，在完成一上午杂七杂八的事情后，很难再有精力马上去拜访朋友吃个午饭。如果她把时间安排得紧凑一些，如果交通状况良好，她也许可以在同一个上午除了办事再享受一顿社交午餐。但是她必须事先做好计划，即使那样，有时候可能也行不通。虽然这种能力和其他类似能力的下降并不一定会严重影响行动能力，但它们会使老年人的日常生活和人际交往都变得比较复杂，导致他们不能再像成年中期那样对日常活动拥有近乎绝对的、自由的控制。

由于关节炎和急性疾病的影响，或者因为在瘀伤、骨折或手术后没有完全康复，我们的许多受访者都可能存在行动困难的问题；其中有两位甚至根本离不开轮椅。一些老人提到自己患有心脏病、高血压和原因不明的咳嗽等慢性疾病——通常伴有长期吸烟史——尽管这些疾病很少会危及生命或导致完全失能。有几位老人提到自己有消化系统方面的疾病，如溃疡和瘘管、吞咽困难和呕吐反射失控。还有几位老人主诉或者表现出某些认知困难，严重程度从恼人的记忆减退到广泛性的认知障碍
191 不等。尽管各种各样的障碍会限制人的活动范围，但其限制程度却受到个人一生中感受到的自我决定能力的影响。有几位身体状况相当不容乐观的老人承认疾病给自己造成的现实障碍，但同时，他们也仍在参与可能的活动，并形成适当的、新的、自主的参与方式。除非迫不得已，这些老年人绝不允许身体的恶化完全限制他们的生活范围。凭借在整个生命周期发展起来的意志力，他们在老年时恢复了一种有力的意志感。

下面这两位将近 90 岁的女士，就是凭借终生强烈的自主感对疾病问题采取了坚定态度的典型例子。第一位女士，患有严重关节炎，同时还痛苦地忍受着整个消化道因为手术和化疗导致的大面积溃疡。在她丈

夫去世一年后，她从乡下的家搬了出来，因为她自己再也无法料理两英亩[①]的果蔬园。她接受了这一现实，并在一个小城区的代际建筑群（an intergenerational complex）里租了一套公寓。安顿新家的过程中，她开始和新邻居交朋友，布置了一处庭内花园，并熟悉了当地的商业区，这样她就可以把必要的购物和步行结合起来，这也是她决心每天都要做的事。这位女士对做家务从来都没有太大的兴趣，她承认："如果我的身体状况更好，我可能会把房子打扫得更干净，但也可能不会。"对于那些她不能（也不打算）参加的身体活动，她代之以阅读更多有关历史文化和世界宗教的书籍，为期刊撰写短篇小说和小故事，并为她的孙辈写一本自传。身体状况使这位女士的日常生活发生了重大变化。但她仍然继续坚持自己的独立性，在可能范围内选择那些对个人有意义的活动。 192

第二位女士患有许多严重的致残疾病。她是个老烟民，还患有糖尿病。她的一条腿被截肢，只能坐在轮椅上。她患有慢性心脏病，肾和膀胱都有问题。血液循环的恶化意味着，她很快就会因为手术而失去第二条腿。不久之前，她刚刚接受了胆囊、直肠和静脉曲张的大手术。此外，在法定意义上，她还是个盲人，听力也在持续恶化。

这位女士和她的小女儿一家生活在一起，这个女儿是她六个亲生子女和四个收养子女中最小的孩子。她完全清楚自己的身体状态，不能独自生活，不能完成与自己整个成年期的认同感密切关联的诸多家务，不能完全自己照顾自己或者满足自己在女儿家里生活的需要。她非常想念她曾经喜欢的活动，特别是读书和做饭。她并不喜欢自己这样无法避免地依赖女儿、女婿和外孙们。这种现实行为方面的无助感往往容易诱发人对自己无能的羞愧感。然而，这位女士继续表现出自主性，她一方面参与社会交往，另一方面也进行独立的、自主的活动。例如，由于她是法定盲人，人们会以为她在交谈中以应答为主，但她却可以利用她能够感知到的视觉线索，尽可能与同伴进行充分的互动。听到访谈者的恭

① 1英亩约合0.004平方千米。——译者注

维，她微笑着解释说：“我不能在镜子里看到自己，看不出我的口红有没有涂好。我不知道你的眼睛是什么颜色，但我能看到你的体形和你是
193 如何移动的。我能看出你的头发很长，是向后梳的，我也可以很确定地说，你很年轻很漂亮。这就让我知道该怎么跟你说话了。”

当眼睛无法看清之后，这位资深的读者现在开始熟练地使用有声读物。她总是随身带着录音机，有时她喜欢“一些不入流的书——一些会让［她］这代人瞠目结舌的书”。尽管她不能负责打扫卫生或准备晚饭，但她有时候会毫不犹豫地行动起来。她说：“如果我想在白天烤一块蛋糕，我就这么做。坐着轮椅往台子上拿东西会很累，但如果我慢慢来，专心去做，我就能做得到。”为了抵消因坐轮椅和严重感官障碍所导致的孤独感和疏离感，这位女士随时随身携带一台便携式收音机。“我甚至带着收音机去睡觉，”她说，“里面什么新闻都有，我努力与世界保持同步。我想尽我所能从生活中获得更多。”

刚刚谈到的这两位女士都已经适应了现实生活中的种种障碍，同时继续采取那些仍有可能实现的自力更生的方式。虽然她们都暗示自己对日益增长的依赖性感到羞愧，不过她们其实都做到了，在老年依靠其坚强的、终生养成的意志力进行坚忍不拔的努力，继续保持着基本的自主感。两位女士都在努力控制身体损伤所导致的“失能”程度，即不能正常活动的程度，或“障碍”程度，即不能履行角色职能的程度。[1] 对这
194 两位女士而言，她们在自主感与羞愧/怀疑感之间的动态的、灵活的平衡，使得身体上的疾病并未导致常见的老年性失能和障碍。她们的例子证明，尽管老年人不可避免地会出现身体的缺陷和某种程度的失能，但这并不一定就导致功能性障碍，并进而对其心理社会的健康产生必然的消极影响。

---

① S. J. Brody, “Is Rehabilitation a Legitimate Intervention for the Elderly? Goals and Expectations,” in C. M. Gaitz, G. Niederehe, and N. L. Wilson, eds., *Aging 2000: Our Health Care Destiny*, vol. 2, *Psychological and Policy Issues* (New York: Springer Verlag, 1985), 237-247.

与此形成鲜明对比的是，我们研究中的其他老人，对自己的能力和对他人如何看待自己，都屈服于一种不确定感。他们的终生意志力在自我坚定方面更为薄弱或脆弱一些，现在，这意志力显然被躯体的缺陷完全打垮了。他们任由疾病和失能对自己的活动性和独立性施加普遍的限制，而这其实并不必然是生理条件本身导致的。

其中一位刚过 90 岁的女士患有弥漫性关节炎，她承认，尽管她能走路，但她非常害怕摔倒，以至于她能不动就不动。她解释说："我其实并不是那么害怕受伤。但如果一个成年女性像两岁大的孩子一样摔倒，那成何体统啊!"对于这位女士来说，举止得体一直是自主感与羞愧/怀疑感互相均衡过程的重要组成部分。她有非常清晰的自我意象，认为自己是一位仪态端庄、教养良好的女士，因此，她总是选择那些有助于提升自我形象的活动。她曾经是"东方之星"（Eastern Star）和社区花园俱乐部的忠实成员，常常带着特别的自豪感出席晚宴和下午茶，为了参加这些活动，她会穿上长礼服和飘逸的连衣裙，尽显自己的女性气质。她会给年幼的女儿们穿上带有褶皱和花边的衣服，现在，她非常骄傲地看到女儿们也把她们的孩子们打扮得漂漂亮亮。她的关节炎使她不可能优雅地或自信地走动。尽管她可能仍然参加她一直喜欢的活动， 195
但她觉得自己现在无法保持优雅，而她认为这优雅对于保持自我形象是必要的。即使是在她自己的家里，走路不稳可能也会让她感觉很尴尬。她的行动决定不是考虑最大限度地发挥身体的功能，而是为了尽量减少这种尴尬，因为它威胁到她的自主感。

在我们的受访者中，最严重地影响老年人对自主感与羞愧/怀疑感进行整合的因素似乎并不是某种特别的身体能力或失能本身，而是失能体验对个人的**意义**，而这种意义是因人而异的。视力和反应能力减弱对驾驶能力的直接影响就是一个很好的例子。对一些人来说，"驾驶是世界上最难放弃的自由"。这些人会尽可能地保持这种自由，他们似乎认为被迫放弃驾驶是一种让人感到羞耻的个人丧失。对另一些人来说，视力下降和反应迟缓，哪怕仍然属于可接受的法定界限内，都导致他们认为驾驶变成了一种可怕的活动或令人尴尬的失能体验。有一个持这种观点的人，因此就把自己的车给了女儿，相比于驾驶，这种赠送行为可以让他继续感受到自主的快乐与自豪。这样他就摆脱了由于不良驾驶而带来的危险和羞辱经历，进而可以增强自己晚年生活的独立感，同时，这也是一种繁殖性关心在女儿身上的表达。独立感的增强可以平衡掉一些让他倍觉痛苦的尴尬与无助。

对于那些选择放弃亲自驾驶而把车交给某位年轻亲友的老人来说，
196 这份赠予往往伴随着这样的期望：他们将得到必要的交通方面的支持，他们的出行将不再依赖于自己日益不可靠的能力。对这些人来说，较之他们自己不可靠的出行能力，由他人提供的可靠的出行方式似乎可以赋予他们更大的自主性。这些人已经接受了对自己驾驶能力的怀疑，并转而在赠送礼物和接受帮助方面继续表现出自主性，这可以增加他们参与自我选择的活动的范围。他们采用新的方法获得了自主感，并能够有尊严地接受某些帮助，而这在早些时候则可能意味着不可容忍的无助感。

影响老年人重新调整独立感和自尊感的，不仅是特定的能力或残疾对于个人的意义，社会层面也与能力的意义密切相关。能力的社会意义可以对个人自信、自立和尴尬等情绪感受产生深远的影响。我们仍然以驾驶为例，在当代美国人的生活中，自驾既是便利、高效的出行方式，也是个人独立性的重要表现。作为我们走向成年的一种文化仪式，驾驶似乎也显示出个体已经具备进入成人社会的资格。在许多州，无数的金融交易和职业手续都需要有效的驾驶执照作为个人身份证明。在所有这类交易手续中，单单因为缺乏驾照就很可能妨碍老年人行使成年人的一些权利，如用支票购物、兑现支票或维持金融信用等。从这种意义上讲，老年性失能造成的无法继续驾驶的情况，要求老年人不仅放弃便利性和自主活动性，而且还要放弃一些经济的独立性和部分成年的社会生
197 活。也就是说，个体出于现实因素自愿地放弃某种形式的自主性，将会导致另一种形式的自主性也被放弃，而后者并不是出于自愿，也不是必要的。

而意志的表现和体验不仅与老年人对特定能力的态度有关，也与他们对自己身体健康的总体认知有关。我们的许多受访者认为——有些人很自豪，有些人更实际——就自己的年龄而言，他们是强壮和健康的。这些描述往往是基于他们自身的心理和生理实际状况，像前面提到的那位坐轮椅的女士，她也是自认为“我比一般人更健康”的人们当中的一员。她解释说：“我很健康，只是我的腿很糟糕。”

对他们中的许多人来说，如果他们认定自身的健康状况好于平均水平，他们就能产生一种自主幸福感，而这样的诊断全凭他们自己，有没有专业的证据并不重要。有些人在没有被明确问到时根本就不会提及自己目前所患的疾病——即使这些疾病是慢性病，可能需要反复住院治疗。相反，他们会谈到独立的重要性，并强调他们目前身体状况良好、社会功能独立，是可以维持生活和自力更生的。例如，在我们的第一次访谈中，一位女士坦承自己的决心说，“不管遇到什么困难”，她都要继续生活在社区里，在这里她能很好地照顾自己，因为：“我熟悉这里所有的商店、街道和邻居。我对这间小公寓了如指掌。我照顾自己的吃穿，过得很快乐——对于像我这样的老女孩来说，这样是很好的。当然，这是因为我的身体一直都还很健壮。”只是到了第二次访谈，在她几次都没接到我们的电话，也没有回复访谈员的信件之后，当我们很费力地约到她参加访谈的时候，她才提到了她在两次访谈之间其实一直都 198
在住院。这是近来她接受的第三次手术，她说这次是因为慢性肠道出血。

我们的一些受访者主动地否认自己已经全面失能，似乎，他们如英雄般宣称自己的意志力，就可以实现通常意义上的自立。为此，他们甚至不惜拒绝对他们未来有好处的医疗支持。一位 80 多岁的女士，差点因全身弥漫性关节炎而致残，她就是一个很好的例子。她一直以来都特别有决心，她坚持不用轮椅，一定要靠自己的腿还有拐杖去任何她想去的地方。但是，因为单靠拐杖，她还是无法行走，所以她的活动范围没离开过床、浴室和早餐台。她似乎把自己不能走路这件事看作一种无法忍受的耻辱，虽然她不会承认这一点。她无法接受轮椅，显然因为她认为这是失能的**象征**。不过矛盾的是，她似乎已经被真正的无助压垮了。这位女士愿意承认自己的身体状况不佳；她所否认的是由此产生的失能。而她的逞强反而给她的生活造成了不必要的麻烦。

在回顾整个生命周期的身体健康状况时，我们研究中不少受访者都会否认自己从早年就开始患有某种慢性疾病，但追踪资料对此都有记录。保持终生健康的自我形象对这些人在老年时的自主感是如此重要，以至于他们不承认自己过去所患的疾病。例如，一位男士谈到自己目前所患的各种骨科疾病时，他说两年前他在远东的农村地区感染了一种几乎致命的病毒，这种病毒加剧了疾病的恶化。这位男士现在已经 80 多
199 岁了，他一再强调自己克服疾病的努力，声称自己绝对不会让它们干扰他的活动："我一直都很健康，我不习惯受到约束。我一直是个非常活跃的人，不管是在工作中，在运动时，还是在各种家庭娱乐活动中。直到我的关节遇到了这种事。"他谈到自己很想骑自行车、滑冰、滑雪、和开车，但他的髋部和脚踝都不允许他再从事这些活动。令人吃惊的是，他一直没有承认自己还患有严重的低血压及并发的心律失常，而据生活史资料，早在四五十年前，他就因为这些问题被迫停止了上述许多活动。就像前面提到的那些人，他们当前的自主感要求他们把自己视为特别健康的人，这位男士对自己的过去做出身体健康良好的追溯式诊断，而其动因似乎在于要保持目前的心理健康。

并不是所有的受访者都会否认特定的残疾或可预见的衰老。大多数人会满怀惆怅地承认："老年人怀念自己有力量的时候。你想做，但你知道你需要帮助。"不同的是他们每个人接受这些现实的方式，即他们可以在多大程度上将羞愧和放弃感与社会和个人更愿意认可的自主感整合在一起。有些人会说起朋友和配偶的感受，说他们会因看到自己的失败而感受到耻辱。而有些人会直言不讳地用**我们**这个全称代词来讨论这些问题。还有少数人会勉为其难地直接谈论自己。无论是否用了第一人称代词，我们研究中的大多数人对自己失去的能力和新增的弱势，表达

了可以理解的遗憾。还有一些人表示愤怒："你眼睁睁地看着自己一点点衰老，这会让人疯掉。老年是残酷的。"几乎所有人都表达了自己想要在"灯枯油尽"之前死去的愿望。

到目前为止，我们已经指出，我们的受访者都能对现实的身体退化进行不同水平的整合。相较之下，他们对自己的心智衰退却公然表现出 200
几乎一致的恐惧。一位冠心病患者说："我很幸运，我的大脑还清楚。"一位参与上门送餐服务项目的志愿者说："我有些忘事儿，这确实吓到了我。"很多人都害怕自己可能会丧失思考能力这件事，提到这一点时都是一带而过，唯恐一语成谶。大多数人宣称："我不想苟延残喘，不要去养老院，也不要去疗养院。如果我丧失了心智，我就一分钟都不想再活了。"对所有这些人来说，生理上的残疾显然可以通过自主的意志力进行弥补或否认。但心智的丧失是既无法弥补也无法否认的。那么，从最深刻的意义上讲，心智残疾似乎是一种令人羞耻的无助状态，无论是外在的行为还是内在的感受，都看不到自主感的迹象。

尽管我们研究中的许多老年人都强调有一个健康的身体是多么重要，但相对而言，只有很少人提到他们能积极地、有意识地通过锻炼和饮食来维持最佳的身体状况。其中有一对努力工作的夫妇，他们非常认可体力劳动对健康的重要价值。虽然已经正式退休，但他们还是早早起床，听从自己内心的想法，继续在他们忙碌了一辈子的生意中努力工作，以此保持自己的精力。当说起那些只是坐在那里等着被照顾的同龄人时，他们一方面表示关心，但另一方面也反对他们的做法。一些人则漫不经心地提到，他们会坚持一些有规律的锻炼，比如散步、打高尔夫球，或者一些常规运动。

一位女士说，她总是严格地控制自己的饮食，以便保持良好的健康状态，这样她就可以去跳她热爱的民族舞了。在她看来，烹调的时候做 201
到自我约束有助于她保持良好的身体状况，而这是她继续跳舞所必不可少的。也就是说，一种自主的行为能够让这位女士保持参与另一种活动，而参与这种活动被她视作其整体生活独立性的绝对必要条件。她充满热情地解释道："如果你真的想，你就可以战胜它（衰老）。"其实，她努力维持的身体活动也有助于她的健康，而健康对她的自主感也是不可或缺的。

对我们的受访者来说，独立生活似乎是他们展现自主性的一个非常重要的象征，他们中的大多数人也自认为生活在独立的环境中。尽管许多人已经不可能长期地维持居所环境和日常生活，但他们似乎还是可以通过一些方法保持一种自由和自力更生的状态。他们可以和一个自己完全能接受的、更独立的"室友"住在一起，也可以独自生活在具备外部辅助条件的环境里，比如有保障的退休社区或配有半自助护理设施的个人住宅等。自力更生的能力和体验自主性的能力，往往不仅与独立生活息息相关，也与生活在熟悉的环境中做业已习惯的例行事务密切相关。在这种支持性的环境中，老年人就能有信心面对逐渐侵入的失能和对其自主性的怀疑。若缺乏熟悉的支持环境，他们可能无法抵挡那些潜在的失能、限制和羞辱所带来的打击。

然而，对于我们研究中的一些受访者来说，保持这种自我决定意识往往与获得他们和家人认为日益必要的援助相冲突。如果老年人的长期住所与我们的受访者所依靠的亲属相距很远，那么冲突会更加突出。例
202 如，有位女士在一次相对短暂的住院治疗后回到家中。她一直为自己意志坚强的独立性而自豪，但也不无忧虑："我知道要是我住得更近点，他们（我的家人）会方便很多，但是我还没有准备好搬过来。我不想成为他们的负担，但我想有时候我是个负担。我真的很喜欢自己的独立。"用一句话来阐释她和其他许多人的想法，那就是："在**这里**，我懂得如何生活。若离开，我**真的**会陷入无助。"

在前几节里，我们讨论过代际的互相建议和彼此支持，我们指出，这种交流体现了受访者在老年期对繁殖性关怀感与停滞的自我中心感之间的张力进行的重新整合。这种交流的方方面面，也关乎他们在努力取得独立和自立与依赖和羞愧之间的平衡。从人们常说的"没有人是一座孤岛"，我们可以明白，每个人在自己的人生道路上都需要来自他人的

各种形式的建议和帮助。进入老年后，我们的受访者发现，与早期生活不同的是，他们需要帮助才能完成很多年以前不需要考虑太多就可以轻松完成的任务。一位70多岁的男士再也不能在自己的菜园里独自耕种劳作，也不能在冬天自己劈完所有的木柴。如果没有人来帮忙，他既不能维护一个大菜园，让他和他的邻居们吃上新鲜的食材，也不能让他的壁炉整个冬天都不熄灭。一位90多岁的女士够不到高处，她不得不寻求帮助，重新布置厨房，以便在够得着的地方存放必要的碗碟和炊具。这两位老人都认为，除了自身的努力之外，适当的援助在生活中也是极
为必要的。对他们来说，在现实的无助和尴尬与长期的意志和自信之间 203
取得平衡，需要将援助视为促进整体自主感而非威胁或取代个人独立感的手段。对这位男士来说，种植自己的蔬菜和住在自己的小木屋里是自主性的重要体现。对这位女士来说，在自己的公寓里为自己做饭才是自身独立性的彰显。他们两人都可以接受援助，将其作为维持自主性和独立性的必要成分。

相比之下，其他老年人则表现出一种更为僵化的自立感，在他们看来，寻求任何形式的援助都是一种危及自主性的让人感到羞愧的失败。完成具体的、无人协助的活动本身已成为一种目的，而不是作为实现目标的一种手段。例如，一名80多岁的女士因为膝盖骨折暂时离不开轮椅。她的家有一个可爱的下沉式入口，从街道到前门有四个花边台阶，从前厅和卧室到客厅，还有两个台阶。她每次想出门或进客厅时，她和她丈夫都需要两个壮汉帮忙抬轮椅。回顾他们这段日子的生活，她说：“我们一直为自己的独立性感到自豪。每次我离开家回来，都要找人帮忙，这真是太可怕了，所以除了去看医生，我根本就不出门。我们在外面做的任何事情都不重要，不值得让人感到如此无助。团体聚会、看电影或者跟朋友共进晚餐，乃至去客厅里弹钢琴等，为这些事不值得感到无助。所以我几乎整天都待在卧室里看电视，这是我可以自己做的事。”

有些受访者生活在互助型的社区里，人们可以在个人层面，也可以 204
在社区组织的层面彼此帮助。例如，在一个农村地区，一位男士开车送

他所有的朋友去老年中心和他们想去的最近的商店，不过后来他发现，随着乘客越来越多，他的卡车显得太小了。于是，这群老人组织起来共同购买和维护一辆属于他们自己的面包车，司机就由他们当中还能开车的人轮流来做。

一些受访者会雇人来为自己和失能的家庭成员提供园艺、清洁、家务管理以及个人护理等服务。对于那些能负担得起的人来说，独立地雇用一个工人来帮忙，似乎代表了一种自我主导的方式，可以确保自己获得必要的帮助，同时也并未放弃自己的自主感。相较之下，依靠亲属的帮助则可能意味着令人尴尬的依赖和无助。一位女士解释说："我永远不会失去我的独立性。无论我无法为自己做什么，我都不会依赖任何人的善意，因为我可以花钱解决我可能需要的一切。"

一些受访者会向其他人提供帮助，并视之为自我主导性和独立感的重要成分，也是对其认识到的依赖感的重要制衡。正如我们在前面章节所讨论的，这个过程通常也是繁殖性关怀感的一个成分。几位老年人目前正在照顾严重失能的配偶或兄弟姐妹，或者他们曾经这样照顾过。一位极其自立的 70 多岁的女士提到，她的两个兄弟姐妹最近搬到她家附近，这样她就可以密切关注他们了。虽然她有些不满他们对她的依赖，但她向他们提供帮助的能力，无疑证实了她一直以来对自己的评价，即，她认为自己是一个值得信赖的、充满活力的、独立自主的人。

205 对于我们的大多数受访者来说，求人帮忙是一种令人不安的缺陷，而向他人提供帮助相对来说则表明了一种能力。然而，即使是这种能力感也不是在任何情况下都能令人安心的。回想一下我们在前面讨论老年期的亲密感和孤独感时提到过的那位男士，他在家中照顾他几乎完全丧失生活能力的妻子。虽然他自己的相对优势和健全身体在某些方面增强了他的个人自主感，但整天与一个恐慌的病人待在一起，严重限制了他的自由，而自由也是晚年独立性的一个重要方面。此外，这位男士很清楚，在他经历和哀悼自己的衰老退化时，他无法依靠他的终身伴侣。他现在有能力让妻子生活在家里而不是护理机构，但这一点并不能保证在

他自己进入高龄以后，有人会为他做同样的事情，而这恰恰是他极度渴望的。

我们的许多受访者都依赖于子女们善意给他们提供的必要帮助。总的来说，他们知道自己的孩子不会让他们依赖于非常官僚、机构化的服务，了解到这一点可以让他们获得一种自主感。即使是那些花钱请人帮忙做家务的老人，也乐于依赖其子女提供临时住处和仓储、精神支持以及建议等。这种代际依赖往往能够强化代际周期的意识。它似乎还为我们的受访者营造了一种安全感，而这正是个体获得总体自主感的关键。这种动力关系让人想起儿童成长中的一个过程，一个两岁的孩子会依靠父母的支持和鼓励及其产生的安全感来培养他或她的自主感。正因为一个两岁的孩子知道父母总是在那里，他或她才可以开始冒险试着离开 206
他们。

正因为相信一个有爱心的、成年的子女会在必要时前来救助，我们研究中有几位老人才继续从事他们多年来一直珍视的活动，并长时间维持着原本不能独立居住的生活。有些人还仰仗子女的帮助避免那种可预见的忧虑，而正是这样的忧虑导致许多同龄人的活动受到限制。一位鳏夫这样形容自己目前的生活：“我可以一直住在林子里，因为我知道如果我真的需要帮助，我儿子会在三个小时之内赶到这里。现在，我得找儿子来修理水管，如果不是我儿子就在附近，我根本不会尝试这么做的。过去，我可不需要他。”

当他们的成年子女不能提供必要的帮助时，我们的受访者也几乎没有人会开口抱怨。这种忽略可能与个体在晚年对繁殖感和停滞感的调和有关，关于这一点我们在前面的章节中已经讨论过。尽管所有的受访者都称赞子女**已经**提供的援助，但几乎没有人会哀叹子女没给自己的帮助。有些人为他们的子女找借口说：“她太忙了，没时间为我预约医生的事情操心。”有些人说自己会到其他地方寻求帮助，例如：“对于日常事务，我不会考虑让我的儿子们大老远跑到这里来。我可以向其他人求助。”

在某种程度上，一些老人似乎觉得，只有当子女在场的时候，他们才能保持一种坚定的独立感，因为子女可以提供一种关键的保护措施，不会让他们遭受行为衰退带来的后果。这些人显然根本无法承认子女辜负了自己，如果有必要，他们会竭尽心力回避这一点，也避免因此产生
207 无助感。有一位女士，她的子女们对她和在他们自己的生活中，一直都不够体贴，也不可靠，但她在别人面前却矢口否认这一点。她说："我女儿对我很好。她对我就像对待女王，对待贵重的瓷器。她是我力量的源泉。"在随后的访谈中，她悲伤地谈到一个可怜的邻居，说这个邻居一直遭受她邪恶的、不负责任的子孙的伤害。其实，她说的就是她自己。

一方面他们怀有自给自足的愿望，另一方面又认识到他们可能会在某些地方需要帮助，这让我们的受访者在回应子女们的建议时，既体验到安全，也体验到固执。这种矛盾心态与上文讨论的对子女帮助的感激之情形成了鲜明对比。我们的受访者对老年人的固执表达了各种不同的看法。男性往往持有夸大自立的立场，这是他们一生的特点。一位男士坚称："我不想从任何人那里得到任何建议。"他又补充道："我也不想责怪任何人。我只是想自己做决定。"另一位男士承认："当你老了，你会变得很顽固。即使你需要建议，你也还没有准备好去接受年轻人的建议。"在男性中，年轻时狂热的个人主义和中年时骄傲的自给自足会发展为老年时的固执己见，因为依赖感和独立感这一心理社会主题会在整个生命周期中重复出现。

在女性中，这一心理社会主题似乎表现出完全不同的形式。正如我们在前面各章节中所指出的那样，女性受访者会表现出终生的顺应，她们中的大多数依赖自己的丈夫，她们总是将其他家庭成员的梦想看得比自己的更重要，尽管如此，她们仍然试图去保持一种自我决定意识。进入垂暮之年后，当她们寻求利用新的机会展示自主行为的时候，这些女
208 性发现自己可以在已有的顺应基础上进行自主性的建构。尽管她们也感受到独立的愿望和必须接受他人支持的无奈之间的张力，但她们往往能

够比男性受访者更灵活地平衡这种张力。也就是说，她们似乎远比男性更能够轻松自如地整合固执己见和圆滑的默许。

例如，一位80多岁的寡妇谈到她女儿总想要阻止她吃医生禁止她吃的食物。这位女士以自己独立自主的能力为荣，特别是在她丈夫去世后，她依然可以依靠自己的愿望、兴趣和能力独立生活。与此同时，她为女儿们感到非常自豪，她们在事业和婚姻上都取得了成功，这在很大程度上要归功于这位女士的聪明才智和奉献精神，在那些年里，收入是如此微薄，维持家庭温饱一直是她需要努力完成的首要职责。她敏锐地意识到，她的一生违背了自己的一些最直接的愿望，不过，这些违背换来的结果还是让她感到极其满足的。“当孩子们离开的时候，”她说，“我们可以随心所欲地做我们想做的事，而不是首先考虑什么对她们来说是最好的。自从我丈夫死后，我就专心享受自由和照顾好自己。现在我女儿脑子转过弯儿来了，开始对我说我该吃什么不该吃什么。岂有此理，我才不会在这个时候又开始听别人指挥呢！气死我了！不过，只有她不在这里的时候我才这么做。没必要挑起一场本可以避免的争吵。有些事情你必须得让一让。”

蹒跚学步的孩子一心一意地发展自己的意志力，这是一种被适度的自我怀疑加以调整后的意志力。与之相似，顽固和顺从也会主导晚年的 209
心理社会体验。有一位受访者说：“老年人的固执其实是自我防御。我们很清楚我们需要听从。”这种需要显然让他们感到很受伤。毕竟，许多人从孩提时代起就不再**需要**听从别人了——那时的听从既包含权威性又包含必要性。对他们来说，晚年需要听从别人的警告或指示，可能代表着被迫放弃自己的成年人身份，如同我们之前讨论过的放弃自驾所带来的感受一样。有些人将这种顺从倾向与保持自主感进行了调和，采取的办法是选择性听从，他们会顺从特定领域专家的指导。例如，一位男士从他在意大利参加战争的时候起就热爱葡萄酒，他后来就找到一位允许他喝酒的医生，他遵守该医生所提出的一切饮食和行为方面的限制。而对于其他人来说，老年的自主感与近期遭遇到的行为限制之间根本无法互相融合。这些人提出异议的方式可能会很温和，但他们仍然是决不妥协的。一位圆滑而固执的女士解释说："所有人都特别好，因为他们是为我着想。但如果我想按我自己的方式做某事，我会坚持到底，不过，我会保持一个友好的态度。"

老年期的婚姻关系可能会引发双方的固执，特别是当一方对照顾失能的配偶负有主要责任时。前面在讨论与失能和照顾有关的亲密感和孤独感的问题时，我们曾讲到一对老夫妻，现在让我们重新思考一下他们的经历。我们应该还记得，由于这位失能的妻子提出的照顾要求令丈夫感到力不从心，所以最近他们搬到了一个配有丰富的医疗服务设施的公
210 寓楼里。妻子病情的恶化在很多方面都威胁到丈夫的自主性。为了满足她的需要，他不得不从一个他喜欢的大房子搬到一个小公寓，而这个楼里住满了"在餐桌上擤鼻涕，只谈论天气的老人"。他总是给她很多忠告、指导和约束，而她也总是很固执，都当耳旁风。他对我们哀叹说，因为不敢把她一个人丢在家，所以只有理疗师来家的那一个小时，他才能出去散散步。但她十分憎恨他用哄骗的方法使自己能抽身离开她，因而她越来越拒绝接受除他以外任何人的照顾或帮助。这两个人常常发现他们似乎陷入了一场莫名的意志力较量，而且竞争双方谁都不能获得自主感或取得胜利。

在其他老年受访者中，当他们努力体验一种恣意的控制感时，这可能会对他们的交往对象造成操纵和侵扰。一些这样行事的人，可能是通过限制其他人的自主感来应对自己的自主感丧失的。例如，刚才描述的这对夫妇中的妻子，显然是在用她自己的无助控制着她的丈夫。在我们的访谈对象中，操纵性行为通常是无意识的，它经常伴随着一个关于衰老的最常见的说法："我不想给任何人带来不便；我不想成为一个负担，但是……"

对其他人来说，控制或操纵性的行为似乎是一种与生俱来的自主性风格，而不是对晚年生活环境和心理动机的一种新的反应。我们的生活史资料显示，有位女士一直以来都过度参与和控制她的孩子们的生活，

她可以被视作一个毕生一贯之风格尽显于晚年的样例。在我们的访谈中，她用长篇大论和不遗巨细的故事毫不留情地控制访谈的每一个环 211
节，而她讲的每一个故事都与访谈者的提问无关。而且，事实还证明这些故事也都是无法被打断的，因为每当访谈员插入一个新问题时，受访者都还是从容不迫地接着被打断的地方继续讲述她自己的故事。

许多老年人都厌恶听从指挥，但仍然愿意遵守。例如，前面提到的那位坐轮椅的女士，现在和她的女儿住在一起。她抱怨说，当她住在另一个女儿家里时，他们根本不让她打扫卫生或做饭，她就觉得自己变得特别无助："我本来也做不了太多，不过也就是稍微搭把手，不然我只能像个木头人一样坐着，可她就是不让我做。"其他人，比如下面这位现在住在养老院的女士，她总是悄悄地拒绝遵守那里的规定。"他们甚至想告诉我该把内衣放在哪个抽屉里，"她说，"所以，我只是按照自己的方式去做适合自己的事情。"还有一些人，像下面包括我们的一位受访者在内的一群农村老人，则把限制完全抛到脑后。在最近的一次暴风雨中，一棵大树被吹倒了，砸毁了他们的老年中心。在会见了形形色色的政府机构代表之后，这些人决定为自己建立一个新的中心，除了最基本的限制和规定，他们完全按自己的想法干。一位退休建筑师为此设计了一座简约式建筑。小组中有不少退休的木匠，他们就按自己的步调工作，同时还指导着其他老人一起做。必要时，他们会雇用外部劳动力来完成特殊的活儿。他们还不用在工期内停止聚会，因为他们已经安排好可以在中午使用当地的一座教堂。虽然他们的新中心距离竣工还有一段时间，但它将完全是属于他们自己的，他们为此感到无比自豪。

在前面几节，我们讨论过个体关注自身外貌和身体形象的种种方 212
式，并提到这种关注可能与老年人的终生认同感和认同感混乱的整合有关。这种关注还关系到老年期的一种斗争，以平衡力量感和自立感，以及与之对立的羞愧的衰退感和随之出现的行为失能。在他们努力应对不可逆转的衰老的过程中，许多受访者都会把注意力集中在外表的某个方面。有些人谈到自己学会接受笨拙而难看的手杖、助听器、双焦点和三焦点眼镜，还有轮椅，这些现在已经完全成为他们身体的一部分了。另一些人经过痛苦的挣扎才接受了可以依靠比自己更年轻、更强壮的人。一位女士解释说："我很难自己站起来走路，不得不借助于别人的搀扶，过去这让我感到羞愧。但我现在不这么想了。我现在很感激。"接受身体失能的信号而不至于感到羞愧，如此，他们才能继续表现出一种良好的自主性。

相比之下，其他老年人则无法接受那些他们认为笨拙的、不优雅的设备，因此他们坚决拒绝使用。这些人似乎是因形象受损而感到羞愧，这使得他们经历了本无必要的自主性丧失。前面提到的那两位患有严重关节炎的女士就表明了这种情形。第一位一想到要笨手笨脚地移动，就感到羞愧，她长期以来都一直保持着优雅的形象——因此，她尽可能地少动。第二位从小就顽强地自力更生，她绝对不能容忍使用轮椅带来的无助感。她拒绝使用任何比拐杖更结实的器械，结果她一次走不了几步，所以只能困在她的小公寓里。

我们的一些受访者，尤其是女性，每天都在镜子里仔细察看自己的
213 脸，看到了自己还算年轻的容颜就很满足，而看到了不可避免的衰老特征就感到无助。其中有一位抱怨着她的皱纹、皮肤问题和其他衰老的迹象，不过，她以略带苦涩的骄傲指出，至少她的头发一直是自然卷曲的，还没有变白。有些人说到她们因为一贯拥有年轻的外貌而形成了终生的自信和自尊。其中一位表示，希望自己成为一个金发碧眼的 90 岁老妇人；另一些人则因陌生人不相信她们的年龄而感到开心。

我们相信，在生命周期的各个阶段，人们都可能将个人的外表和装扮作为一个特殊的领域，在其中人们展现出个人意志力和社会遵从之间的冲突。尤其是我们研究中的一位女士，似乎正在经历这一过程。作为一个热衷于阅读好莱坞新闻的读者，她长期以来一直认为，只要有一个公平的机会，她就可以像她所崇拜的电影明星一样，摆脱一直以来限制着她的环境条件。她总是打扮得像洋娃娃，藐视周围环境的沉寂，也看不起公寓大楼里其他租户身上的暗淡色彩。她接受下午的访谈时，穿着

锦缎的连衣裙，佩戴着华丽的珠宝，脸上擦着厚重的粉，涂着鲜艳的胭脂和口红，就像一位舞台表演者。

有几位受访者在外表方面则远远脱离了习俗，要么过于符合要么完全不符合一般的着装规范。一位女士在打高尔夫时穿着丝绸睡衣，戴着飘逸的雪纺围巾，这让她看起来有种她一直喜欢的特权女性的气质。另一位女士穿着她丈夫从高高的衣橱里取出来的颜色鲜艳的衬衫，但偶尔她会把它们反过来穿。还有一位女士的穿着打扮则看起来越来越古板 214
了，尽管她宣称自己一辈子都十分关注女性杂志和报纸时尚版所展示的时髦形象。所有这些女士都对她们晚年所经历的束缚和缺乏自由表示沮丧。每个人似乎都在通过自己的穿着公开宣称，她是一个有想法的人，她不愿意被遗忘。

与之相比，其他女性受访者则以个人装扮作为对社会习俗的极端默认，或者说是过度服从。其中一位女士长期以来的生活内容主要是参与社区组织、社会团体和朋友聚会等活动。她年轻时曾是一名游泳运动员，到了中年，她又恢复了这项活动，因为它兼具锻炼和休闲的价值。当她和丈夫搬进退休社区时，她也开始打高尔夫和草地保龄球。但最近几年，她放弃了所有这些锻炼，她解释说："我不想被人看到头发湿漉漉的，而且游泳太累了。因为我有疝气，我身体的中间部位看起来不太漂亮，就是这儿。穿着连衣裙还不明显，但穿着高尔夫球服或保龄球服就……这些小老太太看起来很傻，穿得像年轻人一样，到处跑来跑去，我可不想成为那样的人。"以前，无论这位女士想加入什么团体，她都很受欢迎，而就在最近，她开始担心人们会怎么想，而不是想当然地认为他们会认可并接受她。当她考虑到社会性蒙羞的可能性时——这种可能性与缩小的环境有关，而缩小的环境必然会增加其中每个成分的重要性——她的选择是，不参加她认为可能会削弱她社会认可度的所有活动。

虽然上面提到的老年人认为，他们要努力通过精心打扮来表现自己 215
的意志力，但我们受访者中的其他老人对自主感的宣告，却表现为对衣着和外表的全然不在意。尽管他们中的大多数人衣着干净、整齐，尽管许多人都有钱、经常旅行，家里也到处摆放着可爱的物品，但他们的穿着和打扮却显示出他们并没有积极关注自己的外表。他们好像不愿意在他们觉得无法完全自我控制的形象上浪费时间——似乎，他们认为，对于掌控身体的衰老这件事，只要他们没有尝试过，就不会存在失败感，那么，他们就能在一定程度上以这种方式回避因掌控失败而带来的羞愧感。

在当代社会里，人身安全是与受访者的生活控制感有关的另一个问题。许多人都对自己的安全感到担忧，他们会因此故意限制自己的行动。有些人晚上不会外出，虽然他们可能会因此感到孤独和无聊。有些人根本不会开门，除非来访者提前跟他们约好。许多人如果想在晚上继续从事一些户外活动的话，就会精心安排并只选择结伴出行，但即使这样他们也经常发现自己十分担惊受怕，所以遇到下一次机会时，他们宁愿选择待在家里。

一些老年人几乎在晚饭过后就立即上床睡觉，以此来应对他们感知到的危险。许多人实际看电视的时间超过他们自认为有益的限度，这是他们打发晚间时光的一种方式，但其实他们更想出去走走。一些人已经搬到退休社区或某种类型的住宅设施里，主要就是为了得到周全的安保措施的保护。他们所有人几乎都表达了一种别无选择的无助感。他们可
216 能觉得自己成了夜晚的囚徒；他们会感到自己被切断了与朋友、活动和休闲娱乐的联系；他们会因为必须生活在老年人聚集的社区而感到遗憾。但他们也相信，生存要求他们放弃其他选择。我们的受访者中只有少数人敢于从事他们选择的任何活动，拒绝受到他们认为根本不应该存在的危险的限制。其实，这几个人也承认，他们的行为是有风险的，而且随时都可能变得更危险，比如出现新闻报道中的拦路抢劫、妨碍快步走的僵硬背部，或其他不可控的事件。

另外，经济条件也会对个人控制自己的生活以及生活方式的选择产生影响。对于老年人来说，如果他们只有一些固定的收入，没有其他的

补贴，那么经济条件会成为一个尤其突出的限制。整体的身体健康对于老年人的自立是十分关键的，而适宜的住房条件和营养补给是整体健康的重要条件，但它们往往也是非常昂贵的。我们有几个受访者说，他们不得不依靠外部的支持来满足这些基本需求。如果要保持目前的健康水平和居家的独立性，那些不能开车的人就必须找人购买食品和日用品。那些不会做饭的人要经常依靠社区的送餐服务才能每天都吃到热乎乎的、营养均衡的饭菜，而这对身体的整体健康是非常重要的。

如果老年人在面对不可避免的躯体退化时要保持行为上的自主性，他们就离不开充足的医疗保健，但其费用却超过了公共医疗保险所能提供的额度。如果不能得到正确的诊断和及时的治疗，原本可逆转的病情就可能导致严重的、不可逆的失能或死亡。如果老年人要在罹患致残疾病或事故后恢复最佳的独立生活能力，昂贵的康复护理和代偿性服务也
是不可或缺的。比如说，一位女士独自生活，如果她在跌倒后慢慢恢 217
复，这期间她雇不起清洁工，她就必须想办法自己做最基本的清洁工作，否则她就只能住在一个日益肮脏、不宜居住的房子里。

在我们的研究中，很少有人会公开或具体地谈论自己当前的经济状况。有两位显然很富有的受访者承认："在你老的时候，经济宽裕真的是一份极好的祝福。我可以做我喜欢的事。我可以雇人帮我做一切所需的事。我永远不会去疗养院。"许多经济状况不太稳定的人提到了日常生活中与金钱有关的一些事情，例如省下出租车钱、等到周末才跟孩子们通电话或打对方付费电话，以及依靠子女的经济援助来更换一辆悉心保养的旧车，因为这辆车在停车场被人毁坏了。对我们的大多数受访者来说，有能力利用手里的钱保持独立的生活，是老年期独立感的一个重要体现。他们既努力在现有的经济基础上**显示**其自主性，也努力在家庭代际里存在的相互依存的经济系统中**体验**其自主感。

我们的受访者在一个崇尚个体性、自立性和独立性的社会中生活了一辈子。在整个生命周期中，再次体验自主感和羞愧/怀疑感这一主题具有特殊的社会意义，同时也具有不可或缺的心理社会重要性。在晚年

生活中，调和这一主题中的和谐与异常成分，很可能还会引发个人去思考他们对整个社会的参与程度，以及他们与整个社会的关系。我们研究中的老年人为他们意志坚强、自力更生的生活状态而感到自豪，他们一
218 直就是这样被教导的。当自我决定和依赖之间的平衡随着老年期能力的改变而发生变化时，他们会很勇敢地奋力保持这种自豪感。一位女士若有所思地说："这是最糟糕的事情。我们想继续做下去，我们知道我们需要帮助。但我们一直在学习自己做每一件事。"

第八节　信任感与不信任感：希望

信任感与不信任感之间的张力可以追溯到生命的最初阶段，那时外界环境的可靠支持和及时响应会不断增强个体的信任感，而健康的婴儿就由此萌发出希望。这种基本优势的成熟伴随着个体在一生之中对两种力量的努力整合。一种力量是对世界的信心，并相信其存在可以预见的规律；另一种力量是对这世界的谨慎，并疑惑其在现实中的不可预测和不可信赖。在一生中，这一张力既关系到个体对既定信仰的承诺，也关系到个体随着年龄的增长而产生的准宗教性和哲学性的思考。在早期，个体对日常世界的可预见性和直接体验的感受，能够逐渐扩展为他们对无限宇宙的思考，因为所有个人的、实用性的知识都存在于其中。在理想状态下，发端于婴儿最初的感官意识的希望之力量，后来逐渐发展为个体终身学习各种间接经验的基础。这一基本的初始力量支撑着其后的所有心理社会力量的健康发展。在老年期，希望与个体再次体验早期的每一个心理社会主题都密不可分。在生命的最后阶段，我们会看到，一些希望的花苞已然绽放，变成一种与智慧有关的成熟信念。

219 我们的受访者正在竭力解决当前的宗教信仰问题，并对一生的宗教实践进行再次评估，在这个过程中，他们试图调和两种对立相反的心理倾向：一方面是信任和有把握；另一方面是谨慎和不确定。他们当中的大部分人从小在属于某个正规基督教派的家庭里长大。许多人至今仍然

信奉同样的教派，背诵同样的祷文，按照他们儿时学到的教义抚养自己的孩子。对他们来说，宗教活动是一种连续性的源泉，因为它贯穿自己的一生，并且也世代传承。而连续性本身也已经逐渐成为信仰的目标，也就是说，这是他们认为可以指望的东西，可以放心相信的东西。

一位女士沉思道："我小时候学过儿歌版的'十诫'，我从来没有忘记过。如果你静下来想一想，里面仍然有一些美好的东西。"这位女士从童年开始就是按照这些戒律规定的价值观去生活的，虽然她自己并不一定意识到。她努力使自己的行为符合其中的教导，并根据其中的格言来理解和应对家庭生活中的意外事件。"十诫"持续不断地给她提供一种信心的基础。现在，当她要努力寻找自己生活的意义，并努力将个人生活原则与某种更伟大的事物联系起来的时候，这些她从小就掌握的犹太-基督教教义，就成为她的信仰体系的基本组成部分。

对我们研究中的一些老年人来说，晚年宗教信仰的调和必须包括年轻时他们对儿时所接受的宗教训练的摒弃，而代之以积极的个人寻求，
为的是找到自己更喜欢的宗教学说。一位女士讲述了自己在一个虔诚的 220
路德宗家庭中长大的经历。她的父亲是家里的宗教首领，他对《圣经》及其戒律的严格解释，就是整个家庭必须遵循的宗教教义。我们的受访者回忆说："我的父亲很有爱心，我们都尊重他，但他的上帝很刻薄。我想找到一个有爱心的上帝。"矛盾的是，她从父亲的行为中学习到的潜在信仰，似乎与他在讲道时所宣称的宗教原则并不一致。她的父亲在自己的整个职业生涯中都很有原则性。在与个体打交道时，他总是无视群体的意见。作为一个商人，他会把东西卖给所有令他尊重的诚实客户，而不理会他们在城里的声誉如何。他总是鼓励子女不要在意同学们的嘲弄，不在乎自己的衣服是否过时、发带是否褪色，而是从自己的内在价值观中汲取力量。然而，在宗教问题上，他表现出一种顽固的零容忍态度，这似乎与他女儿从他那里学到的如何经营日常生活完全矛盾。当有一天父亲要求她坚定信仰时，她恭敬地拒绝了。

她在回忆的时候，表情先是严肃，然后闪着泪光，她说："这几乎

让他心碎。这是我们当中第一次有人公开拒绝对他来说很重要的一些东西。但我觉得我其实同时接受了他所坚持的一切。他说我伤透了他的心……他挺过来了。”从少年时拒绝她难以接受的宗教教义开始，这位女士花了一生的时间来探索各种各样的宗教，最终接纳了她所说的“一种只教导爱的小宗教”。她的信仰并不局限于她所选择的教会的教义。
221 她只是把这些教义当作一个脚手架，围绕它构建了一个复杂的、个人化的信仰体系。对她来说，选择一个特定的教派就必须关乎一种意识形态，一种对上帝和宇宙的看法，这与她持续发展着的内在信念是相吻合的，而该内在信念形成于她对生活、导师和研究的深入思考。在晚年，要调和她的信任感和怀疑感，就要继续她一生都在做的深入思考、勤奋学习和对基本原则的承诺。

我们的大多数受访者在某种程度上积极地试着去了解人类在宇宙中的位置。他们中的一些人现在比过去那些年更有规律地出席教会活动。由于他们自己的思考集中在信仰上，他们发现自己的生活也都以教会的服务和活动为中心。他们参加的多半是小型的、中间教派的集会，至少在表面上，这与早些年他们遵守的宗派仪式无关。虽然精妙的神学承诺对于在中年时期去教会的他们是非常重要的，但到了晚年则无须再那么严格区分了，他们参加教会活动仅仅是为了参与宗教本身和做出最起码的信仰承诺。

其他受访者没有亲自参加教会活动，但似乎也能以其他形式满足同样的需求。有些人通过看电视或听收音机里的教会活动仪式来获得自己的宗教信仰体验。一位女士解释说：“恐怕我做不到像该做的那样经常去教堂。但我每个星期天早上都听收音机。有三四个不同的教会都在收音机里做节目。我在这里和在其他任何地方一样都离上帝很近。”其他人则没有参加任何正规的宗教仪式，他们通过独自祷告重新建立一种忠
222 实感。一位女士解释说：“祷告就是与神同在。善是一切的基础，而灾祸会随着断交、冲突、不睦而来。”对这位女士和其他像她一样的人来说，在晚年，通过宗教信仰对信任和不信任进行重新整合的核心，是个

人的祷告而不是正式的神学或正规的团体敬拜。

许多老年人对有组织的宗教与人类生活之间的关系感到困惑，他们的观点是，既然“宗教的全部意义就是为了塑造更好的人……创造更好的世界，那么基本的道德价值观”实际上就是宗教的本质。这些人努力想要阐明，当他们说他们信仰一个属于个人的神、一个更高的存在或一个伟大的计划时，他们到底在说什么。他们阐述的个体化意义千差万别，这些意义来自他们每个人独特的人生经历。不过，每一种高度个性化的意义都根植于每一位老人超越自我的斗争。这就是说，他们每个人都在努力寻求一生中的安全感与不安全感之间的平衡，即，他们在努力将自己的生命置于一个比他们已经看见的世界更大的背景之中，这个更大的世界在他们出生以前就已经存在，而且在他们死后还会继续存在。

一位男士宣称他相信一种内在的正义感，这是一种信念，他相信当一切尘埃落定之后，那些以牺牲他人利益作为自己生活代价的人将会得到他们应得的下场。这位男士就是我们在前面提到过的撰写广告词和宣传标语的那位，长期以来他一直觉得生活对自己是不公平的。尽管他精通自己的领域，但杰出的成就总是错过他而青睐他的竞争对手，可是这些对手并不像他那样严格对待剽窃和潜规则等问题。多年来，他一直抱怨自己内在的良心迫使他在一个竞技场上践行人类的正直，而残酷的机会主义才是在这里取得最高成就的必要条件。他到晚年还纠结于这些问 223
题，试图将自认为的事业失败与感受到的道德成功调和起来，这样他才不会迫使自己得出这样的结论，即这个世界本来就是不公平的，或者他对金科玉律的信仰是错误的。他对内在正义的信仰，似乎就是一种自我和解。

我们最年长的受访者中有一位，他认为自己的长寿是上帝宏伟的、神秘计划的一部分。他长在一个虔诚的天主教徒家庭，很早就成了孤儿，失去了接受长期教育的机会，并在中年前几次严重受伤。他试图从每一次挫折中恢复过来，走上稳定的人生道路，为此不停地变换居所，也因此离开了教会。他从不否认宗教在日常生活中的重要性，但他自己的生活环境一直十分恶劣，导致他抛弃了自己孩提时的信仰，即跪下祷告并祈求上帝保佑他一切顺利。他说："我用这双膝盖祈求了很多次，但我还是不断地受伤。"他以苦涩的调侃来接受自己在童年期对上帝的失望。"我没有那么自负，从不认为上帝就是［按照］**我们的**形象［造出来的］。人们认为上帝就像我们一样，这让我觉得特别可笑。"如今他90多岁了，寿命已经超过了他的妻子和朋友，职业领域早已废弃，体力和热情也都难以为继。尤其是在他感到疲惫厌倦的最近几年，他努力用信仰去调和经验上的幻灭感，尝试通过自己对上帝神秘宏伟计划的信仰最终解决这一毕生的张力。"你活这么久一定是有原因的，"他断言，"要不然你就不会还活着了。我真的相信这一点……你来到这个世界上，
224 你度过了一生。与这个世界和其中的一切事物相比，这其实并不是很长的时间。我们几乎就是一个小点，我们为什么会在这里，我真的不知道。我一直认为生命是一个谜……它是上帝为世界制订的宏伟计划的一部分。但我们每个人并不能知晓其中的奥秘。"

这些个体化的信仰体系，显示了个体对自我以外的某一实体或秩序所具有的信心和安全感。然而，这些不同的表达方式表明，每一个信仰都真的是努力的结果，即，面对不信任时努力去信任，面对不可理喻的情况时努力去接受。这些受访者拒绝依附于任何一种有组织的宗教，这一点表明他们在试着整合一种深思熟虑的不信任感。他们不遗余力地批评教会，但同时也没有放弃根本的信仰。一位受访者这样挖苦说："教会并没有按照天父的圣洁教导去生活。"这位女士认为，相比于成为一个败坏组织的一员，她更有可能按照自己的方式有效地践行这些"圣洁教导"。他们当中的一些人会直截了当地批评或质疑他们的上帝，因为上帝看着无辜的人受苦。他们对是否继续相信这样一个可疑的神产生了动摇，不过，他们为自己找到了一个满意的解决办法，即坚称，信仰的力量一定比人类的理性更强大。如同上面提到的那位90多岁的老人，有几位受访者也用"我们不知道上帝的方式"和"我们本来就不应该知道"这样的想法来宽慰自己。

一位女士的逻辑是："一定有上帝。否则，怎么会有这些东西——人、树和花？如果我认为没有上帝，我就不得不亲自对所有的坏人做点什么。"生活史资料显示，这位女士长期抱怨社会与经济方面的不公平待遇带给她家庭的恶劣影响。不过，虽然她对社区和全社会都表示不 225
满，但她总是几乎把所有的时间和精力都放在家里。虽然她对社会组织颇有微词，但她从未采取过什么行动，比如参加社区讨论、给当选的官员或报纸的编辑写信等。这位女士对自己和自己在这个世界上应负的责任的信任，与她对上帝的信任交织在一起。如果她能相信上帝，她就可以自由地质疑这个世界的运行方式，而把重要的行动交托给上帝。她似乎觉得，如果没有上帝，她将别无选择，只能靠自己采取行动，而不仅仅是反思或谈论那些她认为正确的事。

而对另外几位受访者来说，把安全感和怀疑感结合起来的努力，让他们对大自然产生了坚定的信念。其中一位沉思道："当我在户外仰望天空或星星时，我有一种与星星无比亲近的感觉。"另一位问道："你有没有在山顶眺望远方？整个世界都在你眼前，你觉得，'哎呀，这真是一个美妙绝伦的世界'。这比其他任何东西都能让我更快地恢复自己的信心。"还有一位受访者认为："大自然的所有宁静对我来说都是不朽的象征。"这些人在老年期出现的信仰，显然受到长期从事与自然环境相关的活动的影响，这种影响对生活在田野的人们意义深远。第一位受访者小时候在中西部的森林里避难，成年后成为一名种植者，在加利福尼亚州肥沃的中央山谷里耕作。第二位受访者是在一个山村小镇长大的，至今仍是一个忠实的徒步旅行者和背包客。第三位受访者直到最近还住在一个大庄园里，那里有正规的花园和葡萄园，还有未开发的荒野，周 226
边的社区打算在那里建立一个野生动植物保护区。不管他们各自具体的宗教信仰是什么，这些人都表现出一种深刻的信念，即他们和他们的生活只是这个世界的一部分，这个世界包含了我们所承认的一切生命，只要生命不息，这一切都将继续下去。

我们大多数受访者似乎确信，他们的子女和孙辈去教会也是很重要的——这样可以“获得价值观”“和睦相处”“有可依赖的东西”，或者仅仅因为“这很重要”。如果后辈不参加教会活动，他们会表示失望、不满并进行批评。只有一位女士认为这种与自己的信仰体系相违背的行为是可以被接受的，她解释说：“也许孙辈们还没有到特别需要上帝的年龄。”如果说年龄本身就是一个需要上帝的标准，那么我们的受访者已经够老了。也许这就是为什么他们如此努力地描述一个他们可以相信的上帝，尽管他们同时也抱着非常现实的怀疑和批判态度。

有趣的是，我们的许多受访者表达了他们希望晚辈们参加宗教仪式的愿望，但这与他们自己是否参加并没有太大关系。正如我们前面所讨论的，这些老年人表现出了不同形式的各种各样的宗教行为，他们有高度个性化的理由来解释自己当前信仰的性质，或远离正式宗教的原因。然而，即使是许多好些年都没有参加过宗教仪式的人也说，后辈们现在的参与很重要。他们自己无法对此做出解释，我们也只能猜测他们到底是什么想法。或许，我们的受访者似乎把定期参加教会活动看作一种理想的方式——一种健全的、有益的方式，他们希望自己也能用这种方式表达对信仰的虔诚。从这些方面来看，他们会把自己与宗教的相对分离
227 视为一生中努力与信仰问题达成妥协的结果。即使这个结果与理想的状态背道而驰，老年人为了保持完整感的缘故也必须要尊重它。但他们认为子女和孙辈们的情况不是如此。

也许他们认为年轻的后辈没有足够的时间进行充分的灵魂探索，这可以成为他们这么早就放弃理想的托词。也许他们认为，参加教会活动可以让个体免于遭受痛苦的不确定性和不信任感，他们希望后辈们在这方面受到保护。也许，从老年人的角度来看，他们认为，只有在生命早期和中期比较坚定地参加正式宗教活动，个体的信仰情感才能深深扎根，才能经受住将在晚年出现的新的严肃的质疑。也许，他们自己的个性化的信仰体系也包括一种无法言喻的，甚至是未被承认的“去教堂”的信念，以及这句话所代表的复杂的价值观和承诺，“去教堂”可能会以某种方式为他们的后代提供一种保护，使他们避免遭受当今世界上存

在的非常现实的身体和情感上的危害。作为祖父母，他们承认自己不知道如何提供这种他们迫切希望后代可以得到的保护。也许，接受自己的不信任感反倒让他们相信，通过与正式宗教之间的互惠契约，上帝将以他们自己无法做到的方式保护他们的后代。

我们的许多受访者说到自己因为所爱的人——配偶、子女或兄弟姐妹的死亡而恢复了宗教活动。他们不能给出自己“浪子回头”的理由，只是说“我觉得我需要这么做”。不管每个人的动机是什么，这种在失
去亲人时个人宗教信仰重新觉醒的范例都表明，老年人努力通过相信一 228
些可以超越此时此刻的东西，在某种程度上应对生活中感受到的最深刻而强烈的不可预见性。也就是说，他们努力去相信某种可以承诺安全感的东西，以忍受令人深感不安的疑惑和不可预见性。

不少受访者谈到恢复信仰的原因时说，世界末日即将到来，而这正是《圣经》所做的预言。其中一位解释道：“现在我认为世界末日即将来临。《圣经》上说，所有的国家都会互相打仗，而我们现在离此很近了，不是吗?”另一位则断言：“世界到了末日了。［《圣经》上说］所有这样的事情都会在末日发生。”由于这些人对可能到来的毁灭之巨大无法想象而感到害怕，他们就将之重新定义为一个可信赖的宏伟计划中已经存在的预言，如此，他们就可以容忍自己的恐惧了。

正如渐成论所解释的那样，早期发展的希望感，是个体随后在整个生命周期中将自主感与羞愧/怀疑感、主动感与内疚感、勤奋感与自卑感等心理社会主题整合在一起的基础。因此，面对现实的不信任，信任的能力仍然与所有其他心理社会主题紧密地交织在一起。到了晚年，它在个体再次体验毕生心理社会张力的过程中发挥着重要作用。例如，对环境的信心和对自己身体的依赖，是个体晚年为获得独立感而做出的各种努力中不可或缺的一部分，而独立感又是之前讨论过的个体在自主感和羞愧/怀疑感之间的张力中获取平衡的关键。

在前面一节中我们谈到，生活在一个长期熟悉的家庭或社区里，既
能支持老年人坚定自信的内部感受，又能支持他们现实独立的外部行 229

为。除了对老年自主感的作用之外，在同一栋房子或同一个社区住上三十多年，似乎给我们的许多受访者提供了稳定和可预见的感觉，这与整个生命周期中的信任感也密切相关。居住的连续性是让人产生心理稳定性的根源，但在我们这个充满地域流动性的时代，它似乎成了一个新问题。在过去的年代，人们可能在同一个小村庄里出生、生活和死去，这种稳定性是可以指望的。而今天，这种连续感非常难以确定，注意，这里指的是连续性在哪里还有，而不是在哪里没有。我们这批老年受访者在这方面的生活经历可能有些特殊，因为我们的访谈对象是从我们的潜在被试中特别挑选出来的，他们都住在距伯克利不超过四小时车程的地方——他们五十五年前就住在那里了。实际上，他们中的一些人现在仍然住在他们已经住了五十多年的房子里。从定义上说，我们的许多被试都在最大限度地提高这方面的稳定性和可预见性。

金钱是另一个与自主感有关的问题，老年人必须将他们对未来的安全感与对适度接受支持的顾虑和怀疑整合起来。金钱和基本安全感之间的联系是终生存在的。虽然受访者当前的回忆与我们有关家庭经济状况的历史记录没什么关联，但有几位受访者报告说有长达几十年的焦虑，他们曾长期担心自己的钱能否撑到月底，担心自己能否应对可能出现的紧急状况，也担心退休后能否养得起自己——简言之，他们担忧的是自己的钱是否足够确保未来的生活。这些人总是回想起早年的幸福生活，
230 那时候家里有经济保障，生活条件也宽裕。对他们来说，经济拮据或宽裕持久地决定了他们对未来的希望，种种不确定性总是会动摇这种希望。那位靠写广告词和宣传标语谋生的男士就是如此。当他谈到他的收入状况良好的时候，他对自己的长期目标和他为子女预期的未来成功都很乐观。然而，当他描述他的收入降低的时候，他对未来的规划就从长期转向短期了，语调也从乐观转向了怀疑和悲观。当他谈起早年的生活时，当他说起自己在退休前十年赚到的钱时，他明显放松了下来——这笔钱可以保障他和妻子的晚年生活。但这并不是说他对这十年的工作全然持肯定态度，也不是说他对自己和妻子今天所过的生活完全满意。其

实，在有经济保障的晚年，他所感受到的不满意似乎并不具有那种根深蒂固的、极其令人不安的不信任感，这种不信任感会表现在不友好的环境中，他对财务风险时期所表达的不满就是一个典型。

对比另一类受访者的看法，我们会发现，经济保障对上述个体的心理重要性显然更为突出。这类人一生的经济状况也很糟糕，但他们回忆起过去的时候，讲得更多的是那些令人感到温暖的慷慨和支持，而不是那些令人恐惧的不确定性。例如，一位女士在描述大萧条时期的生活时说，虽然她很穷，但“大家的生活都一样，人们彼此都很友好”。她没有特别强调失业和令人恐慌的经济困窘对自己家庭的影响，而是更多地讲起亲友们的热情帮助；她画了一张生动逼真的支票图像，正是因为亲 231
友送来的这张支票，她和丈夫才为两个年幼的孩子过了一个圣诞节。令人印象深刻的是，这类老年人在考虑现在和未来的时候，更多的是从要做的事情和所爱的人的角度，而不是从经济财力的角度去想。

在我们的受访者中，只有两位对自己当前的财务状况弥漫着不安全感，他们在经济上的不安全感与对未来的强烈怀疑和忧惧有关。我们的大部分受访者，不仅自身有一定程度的经济保障，还对下一代存在经济上的依赖性，这样他们就比较有信心在晚年能够得到很好的照料。相比之下，这两位受访者在我们的研究中是最贫穷的，他们的子女要么同样缺乏经济保障，要么就是不愿意承担照顾父母的责任。他们在交谈中经常会提到钱的问题。在问到有关教育、婚姻、工作和养育子女等不同生活领域的问题时，他们总是会说起自己在金钱方面的一些负面经历，比如被剥夺和欺骗，或者被公然诈骗和误导，等等。当讨论自己喜欢的书、朋友和娱乐活动时，他们也会把话题引到开销昂贵的问题上。

在谈到最近的将来，比如明天或下个星期时，他们两位总会提到一些不确定的因素作为限制条件，比如：“我不知道会发生什么，不过……”“如果我的朋友还想那么做，我们可能会……”在早年生活中，这两位受访者似乎都严重缺乏无条件的支持和接纳，而这正是那些最受关爱、最健康的婴儿的典型经历。在中年时期，他们在财务状况和人际

232 关系方面似乎也是极不稳定。进入晚年之后，他们对朋友、家人或金钱好像也没有什么真实的信任感。他们不断提及自己在金钱方面的忧惧、匮乏和变化莫测，这代表他们只会用这些词语说出自己对未来的极度怀疑，未来就像纸牌游戏，其中充满不可预测性，他们不知道自己手里的牌将会是什么。

身体的健康与否也代表一些与自主感有关的问题，我们的受访者努力控制与健康有关的焦虑，因为健康焦虑威胁到他们在这个世界最基本的确定性和安全感。他们知道自己的身体机能正在不断退化，不能指望它能像以前那样发挥作用。尽管如此，这些老年人不得不接受挑战去整合两种对立的倾向：一方面是对自身力量和对诸如行走这样的基本机能的适当不信任；另一方面是对自己的生存能力的坚定信心。一位女士说自己是年轻母亲的时候差点死去，她激动地谈到救了她的那位医生，他不仅救了她的性命，还没有收取她支付不起的那部分医疗费。她的自信心一直都比较高，我们因此也毫不奇怪地看到，她不管是谈到目前的身体退化还是早年的疾病，都表现出对这个世界的根本的信心，她相信这世界会支撑她坚持下去的愿望。

另一位 80 多岁的女士，她小时候经历过几次病危，但最后还是活了下来，所以直到今天，她对所有的医生都还保持着蔑视和怀疑的态度。她像斗士一样警觉，对自己身体很有信心。不管这个不友好、不值得信任的世界可能会发生什么，她都相信自己能够在任何逆境中生存下来。值得注意的是，在我们的研究中，即便有也只有很少的老年人，与我们谈论他们的健康状况时，会直接表明他们对自己的能力缺乏信任。
233 相反，他们会倾向于将不信任和怀疑的矛头指向他们的医生、律师、神职人员和其他一些他们不得不依赖的权威人士。

身体精力的衰减和感官敏锐度的降低，以及由此产生的对身体可靠性的怀疑，也可能会波及晚年主动感和内疚感之间的张力。在整个一生之中，感官都是我们与世界进行互动的首要基础。从最早的时候开始，婴儿就必须意识到，信任自己的感官是获得环境信息的基础。在童年期，感知觉成为游戏和探索的基础，而游戏和探索能引发毕生的目的性活动。我们之前讨论过，身体机能的衰退会对老年人的独创性和活动热情提出挑战，但这并非全部。除此之外，这种衰退还通过感官威胁到老年人对一个可预测的、可认知的世界的感觉，而对世界的感觉是在活动中体验到的。以前面提到的一位女士为例，她抱怨自己错过了交响乐的演出，但又拒绝听儿子送来的唱片。身体的失能使她无法像之前一直以来所享受的那样去听现场音乐会。此外，我们可以推想，可能正是这种失能的状况，以及轻微的听力损伤，削弱了她对音乐本身的欣赏。如果是这样，这位终生的音乐爱好者可能会突然发现，自己不能再把音乐作为自己主要的快乐之源。不能参与活动会引发她在晚年出现心理社会力量的失衡，与此同时，她还会面临突然的不可预见性，不知是否还能继续以自己特有的模式与世界交往，而这是她曾深信的世界，信任之深无法言表。

有几位受访者还表达了一种基本的、持续一生的信心，这种信心关乎勤奋、自律和富有成效的工作所具备的美德和力量品质。有的人提到工作指的是事业，而另一些人指的是谋生。此外，还有一些受访者似乎认为，把自己的价值观传递给后代，就是他们最重要的工作。不管他们 234
关注的重点是什么，所有这些人似乎都对勤奋感和能力有着近乎宗教般的信仰。前面一节中提到的果园种植者就是这一信念的例证。几乎就像其他人坚持相信上帝和按照“十诫”生活是世界上所有个体得以幸福的基础一样，这些人一直确信努力工作才是唯一可靠的力量来源。他们回顾了自己遭遇家庭危机的艰苦时代，指出正是他们富有成效的工作让他们得以继续生活下去。到了老年，尽管他们已经把管理职责交给了子女，他们仍然继续在果园里工作。作为晚年的一种休闲方式，老两口中的丈夫现在开始花一些时间从事与种植水果和坚果有关的理论研究，为此他把过去多年的职业经验投入进来。对他们来说，他们晚年努力在进取心和事业心与懒散和漫不经心之间进行整合，并不仅仅是为了延续能力感。对他们而言，这种整合还与一种信念的延续紧密交织在一起，那就是，他们相信每个人在世界上都应该有一个最基本的稳定角色。

认同感和认同感混乱之间的张力与一种持久不变的信任感存在密切的联系，其紧密程度超过该张力与老年期其他心理社会主题之间的关联。如前所述，个体对存在主义认同感的关注，以及重申对最能反映生命整体性的“我”的承诺，都与本节开头所讨论的参与一种信仰体系的努力是不可分割的，这个信仰体系阐明了个体在无限永恒宇宙中的位置。老年人重新整合“我”和非“我”的意识时，宗教可能代表着“终
235 极他者”。当活着的个人英雄随死亡而消失的时候，老年人意识到自己开始仰望宗教里的不朽英雄，以及他们所代表的永恒的、值得无限信赖的品质。在老年，重新建立认同感和认同感混乱之间的平衡，要求个体努力去适应独特而复杂的信念和承诺，而个体所忠实信守的信念和承诺就是其终生自我意识的基本组成。那些构成认同感的持久信念，就成为跨时间的稳定性和可预测性的重要成分。此外，它们还存在于每位老人对自我信任感的毕生追求中，而这个过程本身也是不可理解的世界的一部分。

在我们的许多受访者看来，亲密关系的各个方面都有助于形成老年期的信任感。一些人认为，教堂不仅是自己表达宗教信仰的场所，也许更重要的是，教堂还是他们社会生活的中心。对有些人来说，这种重要性正是源自早年生活中参与的那些活动。一位男士在他年轻时协助建造了一座新的社区教堂。一位女士回忆起自己为当地教会筹集建设资金的努力，她希望自己的孩子在教会长大。在老年，有些人会帮助教会做一些园艺和其他轻度的维护工作，他们就用这种方式继续成为社区里活跃有益的成员，就像几十年来他们诚心诚意的参与那样。这些老年人和其他像他们一样的人在教会成员中找到了自己的朋友，他们的所有日常活动也都与教会有关。他们一直把教会视为宗教信仰和人际安全的重要来源。时至今日，教会依然在这两个领域为他们提供可靠的保障。高度个
236 性化的风格使得教会继续成为他们精神信仰的基础。不过，在受访者的日常生活中，我们却更显著地看到，教会继续成为老年人保持社会联系

的基础。过去，他们是出门到社区里去参加活动。而现在，只有接听到来自关心他们的教会成员的定期电话，他们才有安全感。这些教会成员打电话过来，一是确认老人们每天都好好的，二是让老人们知道他们的社区参与依然很受重视。

对于其他人来说，教会和它所支持的希望感与亲密感有着很强的联结。他们可以在教会及其神职人员和会众那里得到最基本的理解，在这个意义上，信仰可以说是他们体验到无条件的爱和接纳的基础。有一位爱发脾气的男士每个星期天都会参加唯一神教派（Unitarian）的团契，就像他从孩提时代起所做的那样。尽管他很难过地发现自己在社会政策和政治运动等问题上，经常与邻居和家人的看法不同，但令他感到欣慰的是，教会里的其他成员懂他，知道他信奉的是什么。他解释说："唯一神论者有强烈的社会良知和人文关怀精神。我相信他们的观点，他们也尊重我的原则。所以，我们不会怒气冲冲地走开，也不会蔑视对方。"有一位最近丧偶的女士，在中断了五十多年后重新恢复了自己的天主教信仰。对童年信仰的重新认可当然是她回归的原因之一。不过对她来说还有一点很重要，她的终身伴侣曾经一直是她的精神寄托，如今他已经不能再陪在她身边，她需要一种新的亲密关系来关心和接纳自己。她沉思道："我正在寻找一位神父，他能像我丈夫以前做的那样倾听我的心声，理解我的生活，接纳我的一切。"

当把希望与繁殖感联系起来的时候，许多受访者都表达了一种对家庭和代际周期的终极信仰。总的说来，这些人一生都致力于经营家庭关 237
系，并从中获得了相当大的满足感和自我存在感。在他们作为年轻父母的时期，有些人让孩子参与到自己的职业和业余活动中，另一些人则将孩子或年迈父母的最大利益视为自己的生活重心。其中一些人在一生之中都对父母和/或祖父母抱有绝对的信任感，说他们是可靠的照顾者，也是生活中默默存在的值得信赖的榜样，即令人尊敬的长者。大多数受访者声称，自己如今对子女有一种毋庸置疑的信任。尽管他们可能不赞同子女的所有选择或行为，但这种不一致，并不会影响他们对子女——

作为这个世界的管理者——所持的根本的、无限的信任。一位男士总结道：“后辈肩负着这个世界的希望。”这些老年人对家庭抱有一种令人欣慰的、绝对的信心，这种信任就是动荡不安的世界里的锚。他们能感受到“家给人的一种安全感”：“你完全不用担心。你就知道，那是你的家，家人会永远在你身边。”

我们也有一些受访者，他们在言谈间还会流露出极端的信任感和极端的不信任感。极端信任的例子是这样的人，他们用毋庸置疑的口气断言，无论发生什么情况，他们都能得到良好的照顾，哪怕有实例表明，照料者并未按照他们预期的那样满足他们的新需要。正如前面讨论过的信仰上帝体现在很多方面，同样，这些老年人需要信任他人的责任感，同时，这种信任也要求他们忽略可能导致一些怀疑感的现实原因。极端不信任的例子是这样的人，他们感受和体验世界的首要模式就是责备、
238 不信任与批评他人和所处的环境。对这些人来说，任何活动似乎都是他们展示忧虑的机会，任何遭遇都可能成为他们记起过去的侮辱和不公的时机。成熟信念的表现介于这两个极端之间。信念的演化来自一生所体验的充满希望的信心和谨慎的怀疑主义，对于坚定稳固的信念来说，其自身本无须质疑。正如一位女士所说：“信仰就是这样一个事物。你根本无须费力深究什么，信就是信。”

第三章 239
一部生活史：重访与再次参与

第一节　电影剧本

选择一个银屏人物作为具有真实意义的人生模型是需要理由的。其实，这部电影曾作为惯例安排在哈佛大学本科课程“人的生命周期”临近结束时播放，因为它用完全令人信服的方式向观众展现了一位老人怎样通过记忆、幻想和梦境审视自己作为一个孩子、一个男人和一个医生的发展阶段以及生活过的地方。从那以后，我们便更青睐这部影片而不是我们所掌握的其他生活史或个案史，因为它在描述全部内容的同时还极其巧妙地证实了一个假设，即一些重要的参与对普遍存在的具体阶段而言是其典型的特征。英格玛·伯格曼似乎对这些了如指掌。[①] 我们很
清楚，在对他的作品——当然是需要观看和聆听的——进行简短介绍 240
时，我们赋予了读者双重契机：回顾电影故事的同时感受它所提供的“虚构”生活。然而，我们要说，学生们在用更“科学的”手段，例如个案史或者统计结果，来展现任何生命故事的时候，对报告内容的选择都会遭遇自由和受限的问题。我们当然也说过，在努力证明“数据”选

① 见埃里克·埃里克森先前对《野草莓》的介绍，载于 Erik H. Erikson, ed., *Adulthood*（New York：W. W. Norton，1978），1－24。

择的方法是合乎逻辑的和可信的同时，必须保护被试的隐私。[①] 把这些因素都照顾到的话，那就有可能对事实造成更多的扭曲而不是澄清。那么，试想一下本书所报告的这项研究，其中的大部分生活资料来自加利福尼亚州伯克利的一组父母样本中的健在者，他们出于对学术研究者的信任而接受了访谈，毋庸置疑，我们必须特别谨慎地对待我们的出版物，尤其是要十分小心地描述那些带有高度隐私的内容——若我们有充分理由认为其恰好构成了生活体验中最重要的或者最生动的细节。不过，我们也有更直接的理由来选择该作品以实现我们的目标。我们自己的理念要求我们从一开始就一直思考一个问题，即到底什么决定了人整个一生的连贯性，也就是“格式塔”（gestalt）。在本研究中，我们非常重视这样一个重要的事实，即伟大的艺术作品有办法以令人信服的形式展现生活的全部真相，而这基本不会出现在别的关乎人类生活的报告或摘要中，因此这样的作品可以称其为一部真正的发生在代际过程中的生活史。

241 这里我们还要指出的是，我们伟大的导师西格蒙德·弗洛伊德将他在日常的临床工作中观察到的一个最显著的现象称为俄狄浦斯情结（Oedipus complex），它描述的原本也是经典戏剧中的一个儿子的命运。[这是一个颠覆性的观点，即使在今天，我们当中有些人也很难接受这位父亲——拉伊奥斯（Laius），他如此轻易地开脱自己的行为却把罪责完全归咎于他年幼的儿子，就因为儿子身上具有神谕的威胁意图。]

总而言之，我们认为，我们可以借用伯格曼的戏剧，对生命阶段相互交织的动力学进行最为形象的描述，这些动力学的高潮是在老年期，伯格曼用提炼的场景和主题揭示了一位老人如何探寻生命的超越性意义；同时，我们也想借此申明，所有的老年人都会参与这样的探寻，不论他们——或者说我们——是否对此有所意识。

---

① 我们最近见到一份签名档案，这些签名者参与了一份精神分析出版物的工作，在这份出版物中他们按期望做出承诺（无疑，是有充分法律依据的），对所有的案例资料都做了充分的掩饰以至连患者自己也无法辨认。

对我们的目标而言，很重要也很有用的一点是，伊萨克·伯格医生的故事是在他生命的某个点开始的，似乎有什么事触动了他，让他开始对生命的主题产生强烈的好奇。所以，我们开头便看到 76 岁的他正在瑞典郊外的公寓里，坐在（极其整洁的）写字台旁，开始记录生活中刚刚过去的一系列事情。第一件“事情”，就是在一个特殊日子的头天晚上做了一个可怕的梦，而在这个特殊的日子里，他计划前往隆德的大学城，在那里举行的“禧年庆典”仪式上，他将接受瑞典颁发给医生的最高奖：一个荣誉学位和一顶著名的黑圆筒帽，以奖励他从医五十年。旅行回来后，他才冷静下来，现在重组一幕又一幕思绪：首先是从那个可怕的梦中醒来；然后是他动身去隆德，一路上经历了诸般惊人的事件和梦境；接着是那场隆重的典礼本身。最后，我们将发现，那天“打动” 242
他让他产生如此奇特的自我觉察意识的，仅仅是他期盼一份显耀荣誉在前面等着他，并以纯粹形式化的符号承认其高度的职业认同，还是有某人或某物促使他认识到自己的内心存在某种关键性的匮乏，即缺少老年期的积极参与。

我们第一次见到的伯格医生，表明自己的身份是瑞典的一个退休医生，当然，也是一位路德宗信徒：**坚固的堡垒**（mighty fortress）的瑞典语是 *vaeldig borg*[1]。他是十个兄弟姐妹中唯一还在世的，也是一位稀有的健在者，因为他是那个时代的高龄老人的代表，是一位社会地位很高的“长者”，而不是今天的无数普通老人中的一员。因为我们把和谐的整合感与异常的绝望感作为生命最后一个阶段的（心理社会的）主导性张力，所以他的头一句话就让我们置身于本书所要解决的术语困惑中。他的第一句话就是：“活到 76 岁，我觉得我都老得无法对自己撒谎了。”[2] 接着就是一个**不过**——“不过，我当然对此又不太肯定”——

① 这是宗教赞美诗常用的词语，用以赞美上帝。伯格医生的姓 Borg 与这个宗教词语中的 borg 一样，暗示他的固执。——译者注

② 此处以及下文的原文引自 *Four Screenplays of Ingmar Bergman*，trans. Lars Malmstrom and David Kusher（New York：Simon and Schuster，1960）。

以及对他的自我孤立或（用我们的术语）解离十分小心的合理化。他对生活的全部希望就是“随其自然，然后还能有点机会把［他］自己投身到不多的［他］继续感兴趣的事情中”。此处他提到了高尔夫、侦探小说以及他“热爱的”科学领域细菌学所发生的新进展。这是唯一一处他用到**热爱的**一词。

关于他的家庭，他有一个儿子住在隆德，也是医生，还没有孩子。他的母亲已经 96 岁，他们很少见面。他的兄弟姐妹们（都已去世）有
243 一些子女和孙辈，但是他和他们“几乎没有往来”。他的妻子已经过世：这段婚姻“很不顺心”。目前陪伴他的是一位老妇人，他只当她是自己的“好管家”。最后，他称自己是一个“老学究”，讨厌情绪的爆发、女人的眼泪和孩子们的哭声。随着我们继续展开讨论，所有这些简单信息将变得重要起来。他，在这时候，讲述了一个发生自己身上的梦——一个噩梦，而实际上，这显然只是近几年发生的噩梦系列中的一个。

伯格医生的梦，当然，我们“肯定会看到”。但是还必须要看到的是所有发生的事件。我们只能分析其中一些，这些内容直指这位老人内心深层的、不一定全部浮现于意识水平的老年期的绝望感。

噩梦

一个夏日的清晨（瑞典时间大约是凌晨两点的样子），伯格医生梦见他正和往常一样在街上散步，而对于一个工作日来说，这街道显得异常空荡。即使是在阳光照射的一侧，也感觉很冷，他的脚步声在一种死寂中回荡。钟表眼镜店门口上方的大钟没有指针，当他抬起手把自己的手表贴到耳边的时候，他听到的是自己的心跳声。返回家的路上，他“高兴地”看到一个人，但是看清楚后发现这个人“没有脸”（其实是一张眼睛和嘴巴紧闭的脸），就在那时，这个人塌陷并消失在街上放着的一堆衣服里。

这时梦里的人发现自己位于城市里一个奇怪的地方。一辆正在靠近的灵车开始摇晃颠簸起来，就像一个婴儿摇篮——然后，真的听到一个

声音，不禁让人想起婴儿的哭声。最终，一具棺材被甩落在街上，而当他带着惊恐的好奇去窥视的时候，他看到里面躺着一具尸体，而这具看起来就像是他自己的尸体（带着“轻蔑的笑容”）伸出手抓住了他的胳膊：他被惊醒了。剩下的是一个富有深意的关于生与死的象征——正是 244
他自己的尸体在诱惑他走向他的宿命，而快要靠近时，出现了最微妙的、一个新生婴儿的啼哭声。

决定

从这“毫无意义的恐惧”中醒来之后，伯格医生做出了一个决定，这个决定立刻遭到艾达（Agda）的反对，艾达是他唯一的管家（干了四十年），比他稍微年轻一点。我们是在他与艾达面对面的场景中知道他的决定的，他们的一席谈话表明了我们研究中提到的老年期的“鄙视”（再明显不过）与“自我鄙视”现象。在急匆匆走进她的房间的时候，他显然晨袍都还没完全穿好，她坐起来问道：“您生病了吗，教授？”当得知他的决定是开车去隆德而不是最开始精心计划的乘飞机之后，她抱怨他毁了自己一生中“最隆重的一天”。在接下来的交流中，他最终说“我们可没结婚”，而她对此做出的回应则是“每个夜晚我都感谢上帝我们没有结婚”——几十年的争吵就这样浓缩在几分钟里。

伯格曼天才地将伯格医生在老年的日常环境进行了刻画，一切都被一种孤独感包裹着，这孤独即将因他驱车前往隆德的授封典礼而被辉煌地中断（但或许，也只能因此而中断）。然而，下面出现了一个新的人物。正当艾达转身背对着伯格医生和他的咖啡时，一扇门开了，出现了一个美丽的年轻女子（穿着睡衣，抽着雪茄）：她是玛丽安（Marianne），伯格医生的儿子埃弗德（Evald）的妻子。（她显然已经跟医生和艾达一起住了几个星期了，但并未对自己离开家的原因做任何充分的 245
解释。）她一定是隔着墙听见了他要开车去隆德的计划：“我可以和您一起去吗？……我想回家。”“家？”伊萨克尖锐地问，“埃弗德的家？”不过，他同意了。然后她又退回屋里，去做准备。

我们不禁要问自己：玛丽安代表了哪个生命阶段？到目前为止，我们对她的所有了解就是没有孩子。然而，她的年龄表明了她和埃弗德的生命处于繁殖感对停滞感的阶段，该阶段为一种强烈的关怀愿望提供了心理动力。

出发

而现在，我们有幸可以看着这对同伴开车穿过瑞典夏日清晨的郊外驶向乡村。然后我们见证了伯格曼的大师手法如何让汽车成为一个移动的舞台，展现出人类的际遇。

在沿途风景营造的美感中，开始出现一种很浓的鄙视情绪的残余，这很难从这对有着成熟面容的漂亮同伴身上捕捉到，他们并排坐在前排座位，“交谈”的时候不能直视对方。但是，显然交谈的双方都感觉到一种坦诚的需要。

最开始的谈话是从她能否抽一根烟这个可爱的问题开始的，这让他开始轻蔑地谈论女性吸烟者。她试图将话题转移到天气上；对此，他倒是同意，确实**即将**有一场暴风雨。她问到他的“实际年龄”；他说他知道她在想什么，就是埃弗德欠他父亲一些钱。他认为埃弗德知道自己欠他钱，因为他和他儿子都持有相同的原则。这时，她告诉他：这没错，
246 但是，埃弗德也很恨他。这让伊萨克惊愕了片刻。不过，她现在坦白地说，她曾在一个月前向他求助过，而他却用一些实在令人不堪的词语做了回答，例如“灵魂的折磨”“精神的自慰”“江湖医生和牧师”。最后，他们都带着些许的放松大笑起来。然后，不可思议的是，他说想告诉她一个梦，无疑，就是刚刚介绍过的那个梦。但是，她说她对梦不感兴趣。这些谈话，似乎折射出老年人与中年人感受到的一些典型的倾向，可以检测出来那些或多或少有益处的鄙视和排斥，谈话还显露出他们都希望对方成为一个父亲般或母亲般的朋友。但为什么是现在，以及为什么是在这趟旅行中？对此，我们还无从知晓。与此同时，我们唯一能够得出的结论是：玛丽安似乎很渴望让他面对他自己的那些僵化的参与以

及失去活力的参与。（但是，对她自己而言，真正的深层参与又是什么呢?）

草莓地

伊萨克突然（或因此他说）决定转到一条通向海边的小路。他的确是“一时冲动”，他在日记里也是这样说的，但后来思路变得清晰了，这条小路可以带他重游故地，这才是促使他刚开始选择开车的原因。

沿着蜿蜒的小路下来，途中，伊萨克又说了一遍他之前说给她听的：他想“带她看点东西”。但是她静静地叹了口气，然后眼前出现一片桦树林，其中掩映着一座巨大的、老式的黄色夏日度假屋，她说这座房子的建筑风格有点可笑，之后为自己离开找了个借口：她想“去游一会儿泳”。伊萨克解释说，这个房子是他和家人在他 20 岁之前一起度过夏天的地方；这时，他开始出现一种“奇怪的严肃感”。其实，他本是想找一个特别的地方给她看的——没错，一块野草莓地！现在，他找到 247
了，他独自坐下来，缓慢地吃了几颗草莓，就好像这些浆果含有某种能扩张意识的精华素。恰在此时，真实场景与梦幻意象开始融合在一起，老人的心灵如何卷入记忆便通过一幕幕场景演绎出来。对此，电影可以表现得淋漓尽致。他忽然间“看见了”**她**——萨拉（Sara），他往昔的爱人，一个“无忧无虑的金发女郎”，穿着“金黄色的长裙”，她正在摘草莓。她离他那么近，甚至可以触摸到她——如果他敢的话。接着，他看见了他（年长一岁的）哥哥西格弗莱德（Sigfrid）戴着一顶学生帽正从山上下来。没多久，他大声说他要亲吻萨拉的嘴，她提醒他说自己跟伊萨克已经“私定终身”。但是，过了一会儿，他冷不丁“相当娴熟地”亲了她，而且她也“以某种强烈的情绪”吻了他。这时，她指着到处散落的草莓，尤其（极富象征意义的）是裙子上的红斑点，绝望地哭起来。据此，伊萨克显然是让自己重新经历了代表亲密感（对孤独感）危机的事件——这一危机对青少年后期以及成年早期的发展是关键性的。我们已经论述过，这一危机带来的后果在很大程度上取决于爱之能力的成熟。

（的确，我们已经听伊萨克亲口证实了他的婚姻是不愉快的。）

夏日度假屋

但是现在，他的白日梦——我们这样命名这种睁眼梦与记忆的混合体（这里，其戏剧性和审美效果被电影淋漓尽致地表现出来）——带着伊萨克进一步回到了儿时。伯格曼的手法真是妙不可言，他让本来“沉
248 睡着的”房屋忽然生动起来了，一面飘扬在上空的瑞典-挪威旗和一阵锣声转眼间让一大群人活跃起来，他们正准备吃早餐。伊萨克，在梦里他是隐身的，在这个“新的老场景”里，他依然是一个遥远的陌生人。他听到有人说他和父亲出去钓鱼了，这时他“感觉到有种完全无法言喻的快乐”。但是他的兄弟姐妹们都在那里，和他们一起的还有一位姑妈，很明显，她是家庭事务以及各种规矩和秩序的掌管者，她用洪亮的声音发出各种指令；还有一位年老（似乎带点孩子气）的叔叔叫亚伦（Aron），今天是他的生日；一对红头发的双胞胎姐妹（“样子好像两颗完全一样的野草莓”）大声地齐唱，道出了今天的诸多秘密，其中就有西格弗莱德亲吻了萨拉的事，这让萨拉啜泣着跑开，来到大厅。在这里她告诉一个过来安慰她的姐姐说，是的，伊萨克是那样的“优雅”和那样的“聪明”，但是，他只会在暗处亲吻她。

而在餐厅里，生机勃勃的欢乐场景和摆放规整的早餐表明亚伦叔叔的生日氛围达到了高潮。双胞胎写了一首歌并正把它唱给完全耳聋的叔叔听。最后，姑妈建议来四次欢呼，所有人便都欢呼起来。接着他们似乎看到伊萨克的父亲出现在窗外。显然，这对梦中人来说实在难以承受。突然地，伊萨克就回到了原地，一个人站在那里：在草莓地里，带着一种“空虚感和悲伤感”——或许，这就是绝望？

现代的“孩子们”

忽然，就像是从树上跳下来的，一个最真实的现代女孩，穿着短裤和男式格子衫站在他前面：她皮肤“被晒成褐色”，金色的头发“缠结

在一起，被太阳和海水褪了色”。她嘴里叼着一支没点燃的烟斗，“脚上 249
是一双木头做的凉鞋，鼻子上架着一副墨镜”。她问他，那黄色的房子是不是**他的**棚屋，门口的那辆车是不是**他的**老爷车。她的名字叫（没错）萨拉，正在去意大利的路上。伯格医生很喜欢和她交谈，毫不迟疑地说很“荣幸”可以载她一路同行到隆德。接着，玛丽安再次出现了，并愉快地和他一起发出邀请：对年轻人的合作式关心是他们之间发生的“首次联结”。然而，在他们回到车旁的时候，他们看到两个年轻男子，显然是与萨拉一起出来游荡的，他们正在等她。伊萨克冲他们说：“跳进来。”后来我们知道，这两个男生都还在学习：维克多（Victor）学医，而安德斯（Anders）是传道人。伯格医生边开车边透过后视镜看着他们，特别是那个姑娘，他告诉新萨拉关于老萨拉的故事，老萨拉是他的初恋，现在应该 75 岁了；现代萨拉说她简直不能想象“还有什么比变老更糟的事情”——然后就可怜巴巴地表达了歉意。之后，她用自我介绍的方式幽默地宣布自己是个处女，正在犹豫要跟哪个男孩结婚。至此，读者一定能想到，意大利的太阳对于北方年轻人寻求认同感所起到的作用[①]。我们认为这个谈话很清楚地表达了一点：两个年轻人分别代表两种矛盾的思想，即科学与宗教的对立。显然她的选择将在很大程度上决定她的身份，是成为一位医生的还是一位传道人的妻子。因此，忠实这一个人力量将产生于她身份斗争的结果。不过，为了旅行，年轻人同意不争论科学或上帝的事情。这样，新生代的乘客为伯格医生的生命阶段增加了新内容，即他似乎仍然必须与自己作为医生的职业认同进行
协调，直到他真正地面对老年期的存在主义的认同感。所有这些在随后 250
的行驶途中将清晰地、愉快地展现开来。

事故

一直往前开，就是乡村道路。萨拉真诚地忏悔自己不该那样谈论老

① 三个年轻人结伴去意大利的旅程意味着他们探索自我同一性或寻求自我认同的过程。北方寒冷，处于南方的意大利有温暖的阳光，这象征着年轻人有追求自我认同的发展动力。——译者注

年，她的真诚模样让大家继续笑了一阵子。伊萨克在设法驶过一个有盲区的弯道时，猛然看到对面驶来一辆黑色的小汽车。当两辆车都踩了急刹车之后，“我们的车”安全地冲到路边的草地上，而那辆车翻到沟里去了。一对中年夫妇从车里爬出来，神奇的是他们一点都没受伤，但是他们一直在喋喋不休地争吵，显然是争吵引发了这场灾祸。见到伯格医生之后，他们承担了全部的事故责任：那位女士是司机，她坦白地说，发生车祸的时候她正要打丈夫耳光。然而，此时他们继续互相嘲讽，特别是嘲讽彼此的人生观：她毫不迟疑地说他是一个“天主教徒”，而他说她是一个“天才的歇斯底里患者”和心理治疗的信徒。可能由于两个人的思想都意味着失败，因此才合不来？

两个年轻男孩和那个丈夫成功地把车翻过来，但是前轮掉了一个。“这就是我们婚姻的真面目。”那位妻子这样说道。不过，伊萨克同意让他们同行（坐在折叠座椅上）到下一个加油站。可是，刚钻进汽车，那位妻子就开始抽泣，她的丈夫则很无礼地取笑她，玛丽安让他离她远点。但是他不停地鄙视攻击她，直到他的妻子突然给了他一耳光。这
251 时，玛丽安减速停车，指着附近一个里面可能有电话的房子让他们下车，说这是看在孩子们的面上。用我们的术语来说：她的关怀感不允许她罔顾这种无所顾忌和漠不关心的行为继续出现在年轻人面前。在这里，她代表了每个人的父母角色。阿尔曼（Alman）在路边向他们道歉，心情十分低落。车继续往前行驶。

中午，中年

到中午了，显然，此时也是伊萨克的中年：此时我们真正地了解了“伯格医生”。每个人都需要一点补给，从载着他们横跨地图以及生命阶段的车开始。于是，他们在一个加油站停下来，后来证明这是特意选择的地点。加油站的主人是一个强壮的金发男子，叫阿克曼（Åkerman），他一下子就认出了伯格医生，还错把车里的人当成他的子女和孙子们。不过，阿克曼也承认，他从出生开始就是伯格的病人，伯格是“天底下

最好的大夫”——他的所有兄弟以及他的妻子艾娃（Eva）都和他一样曾是伯格的病人。艾娃笑容满面，“样子好像一颗穿着红裙子的大草莓”。这似乎是电影名字的一个明显变异，因为艾娃真的怀孕了。阿克曼这时就在这里建议他们给未出生的宝宝起名叫伊萨克（他们只有儿子[1]）。我们的伊萨克会不会在当上祖父之前成为教父呢？不过，这提醒我们，我们所谓的繁殖感可以出现在不同的生命中，它是由服务人类的生育、生产和创造以不同比例的构成来实现的。这一建议让伊萨克在那个午间时光和瑞典的那个地方——一处看起来具有“宽阔的视野”和“繁茂的树叶”的风景中，表现得十分体贴关切。然后，他对自己嘟囔了一句（可能阿克曼也不是没听到），说或许他“当时应该留在这里”。在这个小小的社区里，他曾经行医十五年，而现在每个人都记起了他， 252
一位真心“关怀”别人的医生——那是在他走上学术道路之前。这是一位典型老人发出的对自己所放弃的那部分认同感的哀伤。

沉思的午餐

午餐时，在附近一个小旅馆的露台上，一行人围坐在一张大桌旁，这里视野好极了。他们的服务员竟然曾经也是伯格医生的病人。喝了点酒之后，医生讲起了“人类兴趣”的奇闻逸事，“颇受欢迎”。最终，安德斯起身背诵了一首造物主的诗歌，而维克多提醒他这是被禁止的话题，然后他们又为理性主义与宗教的问题争论起来。可是萨拉被安德斯的朗诵打动了，她说她总是同意两个“可爱的男孩”中后发言的那个人的观点。伊萨克一直没动，但接下来，就在玛丽安为他点燃了雪茄之后，他也开始背诵什么。开头是这样的：“我到处寻找的朋友你在哪里？黄昏是孤独和关怀的时刻。”安德斯和玛丽安一起帮他背出结尾：“在每个手势和每次呼吸里，他的爱就在那里。”对此，萨拉评论说：“您有宗教信仰吧，教授？”

---

① 阿克曼已有几个孩子，而且都是儿子。所以，他就默认艾娃怀的也是儿子。——译者注

我们还会回到这个场景。但是如果我们将它蕴含的沉思与整个生命历程联系起来，我们会不得不说，在晚年成熟的宗教性中包含着一种信仰终极他者的需要，而在人类的生活中终极他者之道会自动显现。理性主义者维克多与唯一神论者安德斯一样，似乎对此都只有一点模糊的概念，因为他们正值青春期的末端和青年期的开始，并且他们的重要他人可以由具有人格魅力的领袖、有创造力的代言人或者神来代表。这种共享的重要他人成为青春期成熟起来的“我”和“我们”意识的必不可少的对应面。

253 不过，在此我们必须重申，从发展角度讲，一生中的“我”和“我们”意识最早出现在生命开始阶段与母亲（或重要的照料者）相联结的体验中，我们把她作为首要他人。因此，在韦特恩湖（Lake Vättern）场景中，当伊萨克沉默良久之后，突然说要去看望住在附近的母亲，而玛丽安说她也想一起去的时候，这场景便有了更多的“深意”。

重访母亲

当我们离开湖边，最后看了一眼它的远景，就看到伊萨克重访他的母亲，她现在快 100 岁了。同时，我们一定还能注意到这部伟大的剧作里出现的那些细微手势和表情，它们无不展现了伯格曼这位大师的精湛技艺。我们注意到，在伊萨克朗诵之前，玛丽安曾为他把雪茄点燃。而现在，就在去母亲家的路上，玛丽安挽着他的胳膊，而他轻拍着她的手：对于这样骄傲的两个人，手势真诚地表达出了他们彼此间的某种信任。但是——伯格曼常常用**但是**带给我们一个新的场景——当视线可及的时候，我们看到母亲的房子四周环绕着一圈“一人高的”石墙；屋里所有的物品看起来都不太真实，很像老剧院里的陈设。母亲一身黑衣，她似乎很清楚今天是他的“伟大日子”，她“伸出双手”欢迎他的儿子，接着他亲吻了她的双手。**但是**当她看到玛丽安的时候，她问那是不是他的妻子，如果是的话，她是否应该“马上离开房间……她给我们造成的伤害那么大”。得知不是之后，她想知道为什么玛丽安不（“和她的孩子一起”）待在家里。

接着，她指向一个大盒子，玛丽安将盒子递到她跟前，打开后看到里面全是旧玩具，并且她似乎知道每个玩具曾经属于她哪个子女或孙辈。不过，有短暂的片刻让人感到可怕，难道她不是在盒子里找自己的 254
孩子们而不是孩子们的玩具吗？然后，她数算了一下自己的后代：十个子女，只有伊萨克还活着。二十个孙辈，不过只有埃弗德看望过她，而且一年就一次。她的那些曾孙（天知道到底有多少），她见过的不超过十五个。她必须每年记着五十三个生日和纪念日。她自己总结，她最大的缺点是到现在她还没死，而所有人都在等着她的钱，当然，这就算并不总是，但也经常是高龄老年人的内心表白。恰好此时，响起了轰鸣的雷声，她结束了数算，说“那都不值一提”。她问：“这里冷不冷？”然后又问：“从我记事起我就总是觉得冷。这是什么原因呢？你是个医生吧？主要是在胃部，就是这里。”伯格医生头脑很清晰，将她的冷归于她的低血压问题。

当他们准备离开的时候，母亲拿起盒子里的最后一件物品征询他们的意见，这是她父亲留下的金表。没错，没有指针！这让伊萨克想起了前一天晚上做的可怕的梦。之后，探望的结束是一段蕴含着信任和关怀的情节：母亲相信这块表能够修好，因为她想把它赠给孙子［西格布瑞特（Sigbritt）的儿子］做 50 岁生日礼物。伊萨克跟母亲吻别的时候，注意到母亲的脸虽然很凉却是“难以置信地柔软”，同时她的脸上布满了“细小的皱纹”。她已经活了很久。在他们走出这个地方的时候，玛丽安再次挽起伊萨克的胳膊，而这让他对“这个文静独立的女孩充满了感激之情”。

三个梦

当他们回到车里的时候，伊萨克和玛丽安看到表情厌恶至极的萨拉快要哭出来了：那两个男孩，到山下还在“激烈争论”着他们的终极观点，他们就不能“不谈上帝而多关注一下”她吗？不过，很快，他们就 255

都回到车里了。玛丽安开车，困倦的伊萨克感恩自己很幸运有她这个可信赖的司机。现在，他可以打个盹了——但是做了好几个梦，“极其真实而羞辱”他的梦。

在日记里记录这几个梦的时候，伯格医生说他没有“对梦的可能含义做丝毫刻意的评论”，并且表达了自己对此事的态度：“精神分析理论把梦看作欲望从正面或反面得到的满足，而我对这样的理论从来没有什么热情。然而，我无法否认，在这些梦里存在类似警告的东西，它闯入我的意识，在那里扎根并无情地左右我。”因此，是有关联的！接着他补充说：“在前几年我就已经发现我很容易滑入充满高度个人化的记忆和梦境的朦胧世界。我常常怀疑这是一个日渐衰老的信号。有时候我也问自己，这是不是人之将死的预兆。”

伯格医生的这些反思正好都回应了伯格曼自己的观点。这些观点出现在这部剧本选编的前言部分，我们摘录于此。伯格曼写道：“有一本书对我而言是一场极好的哲学体验，这就是艾欧诺·凯拉（Eiono Kaila）的《人格心理学》（*Psychology of the Personality*）。他的论点是：人类严格按照需要来生活，需要有积极的也有消极的。这颠覆了我的想法，但却是完全正确的。我的创作就是基于此观点。”所有这些似乎要求我们提供一些方法学上的解释；但是我们的叙述中并没有人是在接受
256 “精神分析治疗”。我们的目的是利用一部伟大的作品，从戏剧性的动力学中为我们尝试提出的每个生命阶段的发展性标志找到一种确认和指导，我们已经用表的形式列出了这些生命阶段并将之视为对精神分析观点的扩展。按照戏剧的逻辑，医生的梦境似乎具有深层的“生活史”意识（由于他是意识到的而不是通过精神分析师的帮助得到的），因为梦带他回到老屋旁的草莓地，以及（短暂地）回到医学院的课堂，我们将看到的是他所意识到的内心深层的、冷漠的刚硬，而这正是玛丽安谴责他的地方。那么，他是否开始意识到了在老年期他必须放下那种僵化的整合，即他在一开始对自己所描述的样子？不过，梦本身是卓越的视觉性体验，并且还有戏剧性场景。所以，我们只能通过简单的总结来陈述

伊萨克试图通过面对自己的梦中人物想告诉自己什么。

1. 回到草莓地，萨拉坐在伊萨克身旁，他们之间有满满一小篮野草莓。她凝望他很久后用他几乎听不见的悲伤而尖锐的声音跟他说话。他是否曾看过镜子里的自己？她从篮子底下抽出一面镜子给他看自己的脸。他多大年纪了，他肯定快要死了，而她的生命还长。她继续说着，而他受到了冒犯，因为他不能忍受这个真相。她对他太体谅了。他只是**认为**自己能理解。她说："看看镜子里的你自己吧。"然后她告诉他，她要和西格弗莱德结婚了。他应该笑一笑的。"这很伤人。"她最后说，"你，一位荣休的教授，应该知道为什么这是伤人的。但是，你却不知道。因为除了你的那些知识，你其实什么都不懂。"萨拉扔掉了镜子，它摔得粉碎。他一直坐在那里没动，他知道自己多么年迈、丑陋和可笑。他，授封的博士，当想回答她的时候却只能结结巴巴。她听不见他 257
说什么，但"他说什么真的无关紧要了"。

这时，不知哪里传来一个婴儿的啼哭声。萨拉站起身，她"已经答应帮忙照看西格布瑞特的儿子"，便不顾伊萨克不让她离开的请求，径直跑到藤架那里抱起孩子："我的小宝宝，现在你要安静地睡。不要害怕风，不要害怕鸟，不怕寒鸦不怕海鸥，不要害怕海浪。我与你在一起。我会紧紧抱着你。别怕，宝贝。很快又是新的一天。没人可以伤害你；我和你在一起；我抱着你呢。"萨拉也一直在哭。伊萨克好想嘶吼，直到撕裂肺腑。

我们记得，在伊萨克结束探望母亲的时候，西格布瑞特的儿子已经成年而且将从伊萨克母亲那里得到她父亲的金表——修好后的。此时，萨拉照看的就是西格布瑞特的儿子。那么在这个梦里萨拉是否在提醒，他自己小时候，他的母亲对他的照料？不过，当他长大并看到母亲把母爱投入弟弟妹妹身上时，他便自然地失去了**她**，就像婴儿失去了首要他人一样。

接下去的一场梦境是发生在房屋门口、草莓地后面：西格弗莱德在喊萨拉，萨拉抱着孩子跑向他。"暗沉的"一天开始变得明朗，有钢琴演奏的声音传来。伊萨克把脸贴近窗户，看到一个成熟的身着礼服的萨拉正在享受一顿**两人**的节日晚餐。伊萨克敲打窗户，但是没人听得见。不知怎的，他切到了自己的手：伤口看起来就像一个污点。无须赘言，这个梦再次戏剧化地展示了孤独感，即亲密感的异常对立面，而这样的亲密感恰恰是伊萨克作为一个男性特别怀念的。

2. 炫目的月光所发出的能量现在让梦境发生了完全的变换。同样的门打开的是另一个场景，那里冷冷地站着阿尔曼先生。我们上次见到
258 他是他站在路边（“像一个受了责备的学生”）为他和妻子的粗暴行为赔礼道歉。这一次，他显然是一个审判者、一个考官，他礼貌而呆板地邀请伊萨克来到他以前的综合诊所里用于讲学与考试的阶梯教室。那里全是年轻的听众，其中有安德斯和维克多以及**他们的**萨拉。研究了伊萨克的考试书籍之后，（他又）默默地盯着他看了半天，阿尔曼示意他来到一台显微镜前，让他识别一种细菌。而伯格医生在显微镜下所看到的只是他自己的一只“被荒谬地放大了的”眼睛：“我看不到任何东西。”然后，阿尔曼指着黑板要他念上面用大大的“外国的”字母写的东西。伯格医生念不出来，阿尔曼读给他听——“医生的首要职责是请求原谅”——最后结束时他说：“你是有罪的。”（这是指罪孽吗?）

在整个过程中，伯格医生试图为自己辩解：显微镜有问题；他是医生，不是语言学家；他现在又说自己是一个心脏不好的老人。但是考官却大声说，他的书里没有任何内容是关于伊萨克的心脏的，接着他又打开灯将光照在一个女人（阿尔曼太太）的脸上，然后要伊萨克对她进行诊断。伯格医生说病人已经死了——而她大笑起来，说这真是一个大笑话。阿尔曼对考试的总体结论是“你不合格”。他可是授封的荣誉博士呀!

但是接着，他又告诉伊萨克，说他还因为“冷漠、自私和不够体贴”而受到谴责，而这些谴责都来自他的妻子！伯格医生最后的辩解是：她早就去世了。但是阿尔曼让他一起来，跟随他进到一片森林。

3. 月亮好似“红肿的眼睛”，月光下，阿尔曼和他走进一个树木枯

死、淤泥渗出、土壤疏松和蛇类横行的世界。接下去的场景（多少来自
记忆？多少来自梦境？）采用戏剧化的手段，显示出了现在的伊萨克对 259
激情是多么陌生，而过去，他的妻子对激情是多么歇斯底里：在那片树林里，在随时有“蛇从松软的、多孔的湿地窜出来”的地方，我们听到一个女人的格格笑声逐渐变成失控的大笑，她在空中挥打着想要挣开一个强壮而相貌丑陋的男人，当她正在“哭泣、摇晃”的时候，这个男人“想拔下她头上的发卡”，同时，他像是“对待一只动物一样”跟她讲话。突然，她全身静止下来，把头埋进“双膝之间”“接受”了他。然后，他们坐在那里，他抽着雪茄，而她思考着，如果她把此事告诉伊萨克，会（或将要）发生什么。她猜他会说：“你不用向我要求原谅。我没什么可以原谅你的。”接着又说：“可是，他要求过原谅吗？”她会谴责他“病态的”高贵，而他将给她一针镇静剂，以此表明他对她的理解。

接着，伊萨克梦见阿尔曼管他的梦叫“一场绝佳的外科手术”，因为“一切都被割断了”——是一个“完美的成就”。伯格医生问惩罚会是什么。他听到的是“当然是孤独”。“没有宽限期吗？”他问。但是，他的考官对此并没有提供答案。然后他就消失了。

4. 还有一个简短的场景，萨拉再一次“突然出现”。“要是当初你和我在一起”是他唯一能说的。他想跟着她，但是她的动作比他“轻快很多”。一会儿，她也消失了。然后是月亮也不见了。此时的伊萨克很想“像孩子一样恣意地哭出心中的悲伤”。

儿子的绝望

从梦中醒来的伊萨克发现车里只有他和玛丽安，他们到了另一个美
丽的乡村。孩子们为即将授封的他“下去采野花了”。“天！”他说。不 260
过，他利用这个独处的机会告诉了玛丽安自己的梦：“好像我想要对自己说点什么，可能是我清醒的时候不愿意听的什么事。”她问：“那会是什么呢？”他回答说：“死了，虽然我还活着。”这个回答引起她强烈的

反应：“你知道吗？埃弗德和你特别像！”

伊萨克：“你告诉过我了。”

玛丽安：“你知道吗？埃弗德说过一模一样的话！”

伊萨克：“说我吗？是的，我相信他会。”

玛丽安：“不，是说他自己。”

伊萨克：“他才 38 岁啊。”

玛丽安：“我可以告诉你发生的一切吗？还是你会觉得很无聊？”

终于！

如后来我们所看到的，就在她去伊萨克家之前，玛丽安曾想告诉埃弗德一件事，所以她开车带他来到海边，海水“和云连成一片无尽的苍白”。“你原来是给我设了个陷阱。”埃弗德怀疑她的秘密就是她有了别的男人。“并不是，”她说，“我怀孕了。”接着又说：“我要生下这个孩子。”他们都感到彼此的冷意。在那里“安静地坐了很久”之后，埃弗德“无声地吹了吹口哨”，起身冒雨往海滩走，在一棵树下又站了一会儿。最后，她走到他身旁，他（用冷冰冰的、平静的语气）说她必须在他和孩子之间做出选择：他无法接受任何迫使他“多活一天”的事情，他认为自己就曾是个没人想要的孩子。那么伊萨克是否确认他是自己的儿子呢？她试图告诉他，他的想法是不正确的。然后，他的那一套又来了：

“无所谓正确与错误，”埃弗德说，“人按照自己的需要行事；小学
261 课本就能告诉你这个道理。”

玛丽安：“我们需要什么？”

埃弗德：“你的需要是该死地活着、生存并创造生命。”

玛丽安：“那你的需要呢？”

埃弗德：“我的需要就是死。没错，就是死。”

这是玛丽安的故事，伊萨克能说的却只是问她要不要抽一支。抽烟能让她放松一些，她坦白地说，她觉得他母亲那种冰冷的心态“比死本身更令人可怕”；现在伊萨克说自己活着却死了，而埃弗德也差不多这

样。不过，她说："我想生下我的孩子；没人可以夺走他，即使是我深爱的人也别想。"（她无法容忍后代的死亡。）伊萨克记录下玛丽安此时的注视目光是"默然的、指责的和决绝的"，他写道："我顿时感到自己在颤抖，这是从来没有体验过的。"然而，他只是说了句"我能帮点什么忙吗？"——这正是她最开始到他家的时候就希望能听到的。至此，这部剧中一个十分关键的潜在主题就显露出来了。你可能还记得，在最初的梦境里我们似乎听到婴儿的啼哭夹杂在灵车摇摇晃晃的噪声中；这对于我们意味着（我希望伯格曼也清楚这一点）伊萨克的医生身份不禁让他产生起码的直觉，猜到了玛丽安的怀孕，尽管他"行将就木"，以至于无法面对这个猜测。不过，从那之后已经发生了很多事可以让伯格父子的心灵得到复苏。

抵达隆德

现在该继续往隆德开了。玛丽安按响了喇叭并发动了汽车。孩子们带着一大束野花出现了，萨拉郑重其事地将花束从车窗递给伊萨克，并
感叹说他们觉得他有多了不起，他年纪那么大并已经做了那么久的医 262
生："一个对生命了如指掌的人，将所有的处方都牢记心间的人。"随后她礼貌地吻了他的脸颊。然后他们都上了车，开始最后的一段旅程。

当他们到达埃弗德的住所时，所有人都在那里等着了，但是伊萨克最先注意到的是"一个矮小胖胖的女人"——艾达。所以，艾达是乘飞机来的。尽管她还是苦着脸（"乐趣已经荡然无存了"），但是她证明了自己已经很快进入预备的状态。埃弗德已经穿好正装准备参加典礼和晚宴；他很高兴见到玛丽安，他问玛丽安是否需要在旅馆订一个房间。"为什么？"玛丽安还表示要和埃弗德同住"不止一个晚上"。而且，她也要去参加晚宴。因而，在剧情的最后一天，我们将在那里看到各代人之间发生的最简单和最有意义的一整串相遇，这场相遇也让这部电影成为一个对人类的所有情感予以展示和交织的舞台。最后，这特殊的庆典的日子更使人确信了这场相遇。

现在他们开车前往隆德美丽的老天主教堂（前不久，哈马舍尔德葬在这里）。就让伯格医生自己来描述整个场景："号角声、钟声、礼炮声，聚集的人群，从大学行进到教堂的壮观队伍，戴花环的白衣少女，皇室成员，长者，智者，以及在巨大的拱顶间回荡的动听的音乐、庄严的拉丁语声音。学生们和他们的女伴，穿着光鲜华丽礼服的妇女，这是一个奇怪的仪式，带有沉重的象征意义。"伊萨克，以最端庄的样子走完仪式的过场，之后开心地看到"孩子们"也在欢呼鼓掌的人群中，而
263 艾达和玛丽安则坐在贵宾席中。他确实继续思考着"刚刚度过的（和梦过的）一整天"，并且他认为"在这一串意料之外的不相干的事件背后一定有非凡的真相"，而此时嘈杂的庆典似乎就"像转瞬即逝的梦一样毫无意义！"。不过很快，他又站在圣坛——最高点——被授予那顶著名的黑色礼帽。

一天的结束

因为太累了，所以没有参加宴会，伊萨克就乘出租车回家了。艾达已经把他入睡前需要的一切都准备妥当；他感到她无比的温暖。所以，当她帮助他就寝时，这位新封的荣誉博士竟开口请求她的原谅："我为今早的事情感到抱歉。"她却回答："你生病了吗，教授？"过了一会儿，他更加亲近地建议或许他们可以在称呼彼此时加一个"*du*"——在英语世界里就相当于互相直呼其名。可是，她却顾忌人们会怎么说他们，然后她请求"不要跟我有任何亲密的举动"。退出去的时候，她却把自己的房门半开着，以防他有什么需要。

躺下刚要睡，伊萨克忽然听到一阵音乐声，他再次起来，看到的是"孩子们"在楼下花园里弹着吉他唱着歌。然后萨拉大声喊出发自内心的告别语："再见，伊萨克爸爸。你知道吗？我爱的是真正的你，今天、明天直到永远。"伊萨克回答："我会记住的。"

随后埃弗德和玛丽安也回来了，因为她的鞋跟断了。伊萨克把埃弗德叫进来并询问他们俩将来怎么办。

埃弗德：“我已经请她留下来陪我。”

伊萨克：“然后会怎么……我的意思是……”

埃弗德：“我不能没有她。”

伊萨克：“你的意思是，不能一个人？”

埃弗德：“我不能没有**她**。我就是这个意思。” 264

伊萨克：“我明白了。”

埃弗德：“我们会随她的意思做。”

然而，对他欠债（记得吗?）的一句谈论让埃弗德产生了误解，埃弗德以为伊萨克在向他追债。之后，玛丽安进来在他的床边坐了片刻，伊萨克的感官似乎被激活了，因为他注意到她“很好闻，而且还发出甜美的女人味的沙沙声”。对她，他只说了一句“我喜欢你”。她说：“我也喜欢你，伊萨克爸爸。”如此，他们之间最根本的代际问题已经解决了。

最后，剩下伊萨克独自一人，他“听见”自己的心跳和旧手表的声音，以及钟楼的钟敲了十一下：离午夜还有一小时。然而，什么东西再次出现了——是什么？用术语讲就是**白日梦**，因为这是人清醒的时候做的梦。此时，梦者的清醒恰好是在接近午夜的时候，而伊萨克在记录这一段的时候，认为他必须做一些解释。一旦感到焦躁或悲伤，他告诉我们说，**此时**他就会试图“回忆儿时的情景好让自己平静下来”。那个夜里，他的思绪再次游荡，回到夏日度假屋和草莓地，回到当天他“回忆的、梦见的或体验的”所有场景。这就像是视觉催眠曲，他可以想象出来：一个“温暖的、晴朗的日子”，一阵“微风吹过桦树林”。在水边的码头上，他的兄弟姐妹们正在和亚伦叔叔嬉笑打闹，当红色船帆扬起来的时候，他们鼓起掌来。这时萨拉经过这里，看到了他，便跑过来说：“伊萨克，亲爱的，野草莓没有了。姑妈要你再为你父亲采一些。我们要乘帆船围着岛转一圈，之后会到那边去接你回来。”

伊萨克：“我已经为他采到了，但是我找不到我的爸爸和妈妈。”

萨拉：“你妈妈应该和他在一起。” 265

伊萨克："是的，但是我找不到他们。"

萨拉："我来帮你。"

这时，萨拉拉起他的手带他到"一湾狭窄而深邃的水域"。

伊萨克看到他的父亲正在钓鱼，而母亲在阅读，由于活动的要求不同，他们彼此离得很远。当萨拉看到他已经发现了自己的父母，就松开手立即消失不见了，显然要留下他自己来体验最终的，或者不如说是最初的认可。

在这里我们真正想说的是，一个人的"我"意识，即我们觉察活动的中心，其最初的体验发生在婴儿期，这时母亲被看作可接受的"你"，从而她成为我们之前所说的我们生命中的"首要他人"。整个一生中，从父亲开始，我们会有一连串其他的"他人"能给我们提供理想的父亲般的榜样形象，如有人格魅力的领袖，当然还有上帝。总而言之，伊萨克寻找他们已经很久了，他想喊他们但是嘴里却"发不出声音来"。不经意间，对这一切的描述都带上了历史感：他的父亲穿得像个绅士般的渔夫，母亲则戴着一顶巨大的帽子。终于，他的父亲看见了他并向他挥手、大笑，而母亲也从书里抬起头朝他点头大笑。

就这样结束了："我梦见我站在水边，朝水湾里喊，然而温暖的夏日轻风吹散了我的喊声，没让它们抵达目的地。不过，我并不难过；恰恰相反，我感到很开心。"

我们禁不住希望伊萨克的愉快感觉可以帮他安稳地睡一觉，这是他
266 那一天应得的。不过，我们也希望，与他刚开始的自我描述相比，我们所见证的他那天的所有体验，最终可以让他在生活中有更多的"再次参与"。如果不是希望出现某种参与，那么那一天发生的这种面对自我的体验，能给他带来什么影响呢？我们相信，起作用的是庆典仪式和玛丽安怀孕这两个事件的结合，外加一些特定年龄的心灵准备状态；而这一点，在他的日记开头，在他以回避的智慧和强迫性的整合方式做的自我介绍里，根本没有得到充分的展现。不管怎样，玛丽安当下的生育热情以及她的真切的关心对伊萨克提出了要求，使他的自我面对不仅仅是对

过去状态的“调整”，也不仅仅是对**真相**的接受，而是我们所说的**现实性**：在那一天，他和他最亲近的人再次一起参与进来，并且在最后的场景中，最单纯且“联结”最紧密的互动都变得如此清晰。

或许，这里面存在一个历史相对性的问题：伯格医生步入老年的历史时期，有理由让他——作为家庭和社区的稀有健在者——代表一个很古典的老人，他表现出退缩的整合感，同时，也有某种伪整合感，就像他自己所描述的那样。然而在今天，对这样的老人，我们能期望他在自己的生活和公共事务中出现什么样的更**积极的参与**呢？（有社会责任感的隆德医生？[1]）或许，我们也可以相信玛丽安，她一定会不断跟他说，即便是他这个年纪，他仍然可以在自己和社区的事务中形成某种祖父式的繁殖感。事实上，这可能是命运在等待一个女儿般的人物来承担伯格一家的代际角色，并教授这两位吃惊不已的医生[2]如何做父亲。

第二节　伊萨克的生命阶段 267

在前一节我们按场景顺序回顾了伯格曼的电影，通过伯格医生在老年期所回忆的生命故事，我们看到他重新经历的生命周期的各个阶段。现在，我们可以很清楚地指出，他所“还原的”生活史给我们提供了一个机会，让我们可以对成长和成熟时期的伊萨克生活的各个阶段进行一次重构。那么，让我们看看，伯格医生怎样用自己的话语表述每个阶段之和谐与异常两个对立面之间的张力，以及如何表述该阶段需要加强的力量。我们将回到原始剧本来弄清每个细节，不过，我们看的是与瑞典文对照的英文版剧本。

首先，我们必须提醒自己，伯格医生一直都活着，直到影片结束，而且他未来还将成为一个传奇人物不朽地活在我们心中。在最后一幕，

① 原文特指荣誉称号，是隆德城授予有社会责任感的医生们的。——译者注

② 电影中伯格医生及其儿子均为医生，所以此处是两位医生。他们因得知玛丽安怀孕而吃惊。——译者注

他只是平静地睡着了而已。此后，和谐和异常之间的张力将持续存在，如果以后他能有一些良好的体验，同时，如果他也准备好接纳自己的变化与衰老的话，他一定能继续形成新的优势力量。

还有一点也很重要，我们要记住，《野草莓》的整个故事是基于伯格医生自己的日记展开的。他在日记里说，日记是他从隆德之旅回来的第二天开始写的。这份记录的非凡之处在于：全情投入地记录了很多的感官体验细节，对声音、景色、触觉以及味觉和嗅觉都做了精细的描述。这种感知觉上的敏锐是很少出现在说教性的文本中的，而这正是艺术作品的一项杰出特质。在艺术形式的整个表达过程中，一定存在一种
268 整合性成分。伯格曼对伯格医生的艺术处理显然表现在他的语言文字上。毕竟，他是一位教授，受人尊敬的老师。他的专业领域是细菌学，这需要精确性和对细节的把握。在他的青少年时代，他就喜欢阅读诗歌，并希望与自己的表妹萨拉分享这种热情。

他告诉我们，他头二十年的夏天都是在海边的那个房子里与自己的兄弟姐妹和堂亲表亲们一起度过的。那显然是一个令人兴奋的、生动活泼的环境。尽管我们对老医生童年的其他方面知之甚少，但是由此我们可以猜到，他的童年是充满感官体验的。对很多人来说，多年前的事情和数字会变得很模糊，甚至无足轻重，但他的这种与自然界的活泼接触是影响深远的，并会保存下来成为他记忆中突出的组成部分。很多老年诗人的作品已经反复证实了这种持久的感觉记忆的存在。也许这是所有的老年期白日梦的一个重要成分。至少，伯格医生的梦以及半梦半醒的幻觉，在每个细节上都是特别生动的。我们要感谢在他的周围发生的这种生动活泼的参与，因为我们要跟随他一个阶段接着一个阶段地察看一遍。

婴儿期

既然我们提出，希望应该是在婴儿期获得的最初的基本力量——该力量会支撑个体在最早的阶段以及后来的发展——那么，我们想想伊萨

克·伯格这个特殊的孩子，他出生的社会环境会是怎样的。我们认为这个环境是自然地由他周围的事物和照料者构成的。关于伊萨克出生后头一年的生活环境，电影故事告诉我们多少信息呢？夏日度假屋，它的宽敞以及理想的地点，都表明这个家庭在冬天的住所也肯定超过富裕的上层中产阶级。因此，我们会想象，这个家庭拥有一个育儿室，给十个孩子轮流用。我们还能想象伊萨克得到了较好的身体照料。孩子们生来有不同的身体禀赋，而伊萨克很可能是一个结实的婴儿，长大以后乃至进入老年之后也有健康的体魄。不论怎样，他比兄弟姐妹们都活得长。 269

他的母亲应该是他的首要照料者，身体特别好，因为她不仅生了十个孩子，而且一直自己打理生活。加油站的服务员谈到了她，在 96 岁高龄的她创造了“健康与活力的奇迹”。然而，她是一个冷静、淡漠的人，说话直截了当，例如“我**总是**觉得冷”。不过，伯格医生告诉玛丽安一个意外的细节，这印证了我们前面的看法。他说他母亲“感觉敏锐，犹如林子里的动物”。这种感官的敏锐应该是母婴之间共享经验之交互性的一个基本成分，这种感官的敏锐还能为孩子提供早期的发展刺激。那时候孩子通常是在家里出生，并且是母乳喂养的，如果自己的母亲没有奶水也会找个乳母。因此，有理由认为，在 1 岁左右，他的感觉——触、嗅、味以及视和听——非常积极地参与到他周围的社会环境中。

在故事里我们不清楚伊萨克的兄弟姐妹到底有几个比他大或比他小。然而，在生日场景里我们看到一些特别小的孩子；虽然他是唯一活下来的，但他不是老大，因为他的母亲曾用不屑的语气谈起他的哥哥。他的母亲能有时间爱这个排行大概在中间的儿子，陪他嬉笑打闹吗？抑或，她会把他洗得干干净净，然后安放在某个地方，让他自己打发剩下的时间？

我们有理由认为秩序在这个家庭中有重要的作用。即使是在夏日度假屋里，时间表也是规则。在他的梦中，钟表是十分重要的意象，即使当他已经是一个老人的时候，他的母亲还会拿出自己父亲的那块没有指 270

针的表给他看，她打算等她的长孙来看望她的时候送给他做 50 岁的生日礼物。我们还认为，清洁在他的环境中也受到高度的重视。生日场景中出现的姑妈，她在餐桌上特别强调手和指甲的洁净，还有萨拉因为裙子被染了色而苦恼的样子也进一步证明了这个问题的重要性。

实际上，我们从总体上能感觉到一些严格遵守的共同价值观，比如，强调计划、注意自己的举止和礼节等。不论什么原因，当他需要交互性的特殊证明以及感官的滋养的时候，他所处的环境，都不是一个轻易屈从并能对一个婴儿的大声抗议做出反应的环境。我们感觉得到，在伊萨克的生命早期，他可能需要一些更加温暖而灵活的母亲教养行为，以及一些更敏感的照料。

在影片刚开头的时候，伯格医生对自己做了这样清晰的描述——“我对生活的全部希望就是，随其自然”，这是一个彻底的回避态度。伴随他生命阶段的展开，我们可以不断看到这种倾向贯穿于整个故事的证据，不过，同时也有大量的内容表明，他的生活也是有信任感的。

我们相信你能清楚地发现他的记忆里有一个年轻的和一个稍年长的萨拉，也会发现他对现代萨拉的反应重新激发了他对自己小时候与年轻母亲之间的那种交互性的渴望。这个年轻的女性人物反复频繁地出现并主导故事的情节，可是，她又总是离开。

271 此外，作为某种深层的信任与希望的表达，伯格医生在午餐会上带来了一首诗歌送给年轻人和玛丽安，那是一首赞美信仰的诗歌，玛丽安和安德斯（那位年轻的神学家）对这首诗都相当熟悉。

他背诵如下：

> 我到处寻找的朋友你在哪里？
> 黄昏是孤独和关怀的时刻。

安德斯继续背诵：

> 当暮色降临我还在渴望
> 虽然我的心在燃烧，在燃烧。

我看见他荣耀和力量的迹象
就在谷穗中和花的芬芳中

玛丽安结尾：

在每个手势和每次呼吸里
他的爱就在那里。

那一天的旅行所带来的启示性体验似乎已经深深地触动了这位老人，后来在隆德的典礼上，他在反复思考那一天的事并盘算着回去后要记录所发生的一切。他说：“我开始发现一种非同寻常的因果链，它将意料之外的不相干的事件串起来。”这种因果关系难道不算是一种科学的信仰吗？后来，在最后一幕，他站在水边朝他父母喊，他们离得很遥远并各自做着自己的事（就像往常一样？）。他们隔水相对，一个钓鱼一个阅读，除了冲他微微一笑和挥手示意之外，没有别的回应。但是他们的出现，即便是如此遥远，已经是对他们唯一在世的儿子的确认。他说：“不过，我并不难过；恰恰相反，我感到很开心。”确实，他是带着笑容安然入睡的。

如此，整个画面最终以希望为尾声。的确，在快到最后的场景中， 272
他和他儿子之间也至少达成了一些基本的和解。甚至玛丽安简单的一句“我也喜欢你，伊萨克爸爸”对他来讲都是恩赐，这位命定的年轻女性对繁殖感的信心令他赞许和尊敬。无疑，这也是一个赋予生命的诺言，他将会有一个孙辈。

童年早期

第二阶段是发展肌肉系统、试验独立性的时期，学步儿周围的事物和关系都得到了扩展。诚然，我们看到的伊萨克已是一个年迈的老人，但当他以旁观者身份出现在所有自己年轻时经历过的场景中时，我们看到他只要稍加注意，就能做到行动自如。他很清楚，跌倒是老年期的禁忌——医生们都知道，老年人的骨骼是很脆的，很容易发生骨折。

由于不再受限于有限的安全空间、婴儿床或婴儿围栏，学步儿可以探索更大的环境范围并成为一个更积极的家庭参与成员，可以与兄弟姐妹、姑姑阿姨、叔叔舅舅以及堂亲表亲们一起活动。伯格的家庭显然就是这样一个扩展的家庭，其成员至少会在一起度过夏天。这样的活动对年轻成员会提出很大的挑战，例如他们要对年龄大的成员表示尊敬和效仿，但同时也要参与竞争、也会出现嫉妒。

对一个学步儿的要求也变得更严格。此阶段是训练排便的时期，孩子会因为排泄机能发生的方式、时间和地点跟照料者发生冲突。不服从成人规定的社会标准是要受到惩罚的。羞臊是家人最随意地用于强化社
273 会规则的策略，当众点名则是在不听话、不讲卫生、贪吃、自私和粗心大意的时候被诉诸的手段。在这种情况发生的时候，如果有充分的支持性鼓励和良好的幽默感的话，那么这类羞辱感会逐渐减弱。对小孩子来讲，更深的伤害是来自哥哥姐姐或成年人对他们身体或心理的实际能力的怀疑和中伤。

在该阶段的整个时期内，敏锐的感官觉察力能够为孩子提供一种真实的、恰当的能力可得感，由此，一种强烈的意志力可以与社会遵从同时保持下来，这也是该时期的一大收获。

似乎在整个童年期，伊萨克都在固执地或者叛逆地挣扎，他想显示做自己的权利。在老年期，他是一个性格非常独立、意志坚强的人，也是一个十分顽固、带些傲慢的人。

年轻的萨拉说出了扩展家庭对年轻的伊萨克的塑造，她哀叹他的“优雅”、他的“聪明”以及他只想和她一起“读诗”。大概，这就是他的“与众不同”，即一种孤独，让他区别于他人，并吸引了理想主义的她。

然而，即便作为一个老人，伯格医生依然能果断说出他的计划和愿望。影片开头的噩梦之后，伯格在凌晨三点醒来。他说：“我立即就明白了我该做什么。”然后他叫醒了艾达并告诉她：“我要开车去……我要亲自开车去隆德。”他已经 76 岁了，而开到隆德需要十四个小时。他计

划独自去。由于艾达同样很固执，他争论并挣脱了她："我们可没结婚，艾达女士……我是一个成年人，用不着忍受你的骄横。"这次，他没有沉默寡言。他，是自己房子以及自己的主人。

艾达女士和他一起成功地为他提供了很好的身体照料——他有活 274
力、强壮，还很固执。但是，在梦境中，面对考官接受考试的时候，一种隐含的羞愧、怀疑和困惑也清晰地显示了出来。他试图通过规避医学方面的责任来为自己辩解，因为他的专业敏锐性此时面临着危机。"显微镜有问题"，"我是医生，不是语言学家"。最后，当他的虚张声势失败后，他又找借口，简直像个孩子："我是一个老人，你们得对我照顾一点。"

童年早期的羞愧主题在老年期的体验，是以最痛苦的方式展现在梦境中的。年纪更大一些的萨拉给他一面镜子，并强迫他看镜子里自己的脸，那是一副"又老又丑"的样子。她还说："……除了你的那些知识，你其实什么都不懂。"这对他的理智上的骄傲是又一次的无情打击。无疑，这次梦的主题后来在玛丽安毫不留情地质问中也有所暗示。

他总是夸耀他与儿子的关系。他说，他们很相像，而且彼此能够通过理智和实用的逻辑互相理解。然而，当她对这平静的信息报以控诉时，他的脸色很难看，她说："或许是真的，但是他也恨你。"她好像很尊敬这位强壮的、克制的老人，但是同时也认识到他身上的破坏性的特质，例如无情的意志力，而这正是他儿子被迫与之抗争的对象。

游戏期

第三个阶段是游戏期，儿童的社会环境不仅包括扩展家庭和亲密的朋友、同伴和玩伴，还包括托儿所或幼儿园的环境。游戏、童话故事和
儿歌会激发孩子们的想象力并打开替代性经验的大门。创造性和主动性 275
在自由玩耍中得到锻炼，不过，要限制在不危害他人的空间和权利的范围内。跨越这个界限，便会招致他人的不满，进而使得冒犯者感到内疚。通过积极的想象，个体可以学会同情他人的感受，并学会尊重他们

的目的性。

在该阶段有必要与物料之间建立一种活动关系，并学会信任物质世界的法则和可靠性。对事物的不信任会导致自我限制和适应不良。同时，借着对可靠的感觉经验的信任，孩子开始能够将现实性从幻想中区分出来，这也是极具重要意义的。当幻想世界比现实更安全的时候，它可以成为避难所并产生目的性。

我们如何才能形象地把这个时期的伊萨克与富于想象的游戏、主动性和对他人苛责的应对联系起来呢？

我们已意识到在整个梦幻系列中，老伯格医生是各个年轻时期场景的旁观者。他远离各个人物，带着些许焦虑但很真诚地注视着他们。只有一次，他表示他想让自己被听见，而就在那次，他切伤了自己的手指。或许，正是由于这种非参与者的视角，他才慢慢开始对整个童年进行设想。视角的不同可能让他充当了录像机。在老年期，他的梦境特别生动、独特，而且每个感知细节都被精准地记录下来。这种旁观者身份对作家、艺术家以及科学家来说都是一种必不可少的视角。我们会猜想在他的整个童年期，他的父亲是不是成为角色榜样呢，因为这是弗洛伊德所说的遭遇俄狄浦斯情结的时期。伊萨克的父亲在影片中只出现过一次，即在岸边钓鱼——一个孤独的活动，一个遥远的身影。

276 在我们即将追随的充实的一天的开始，凌晨三点决定开车去隆德似乎是任性的临时起意。故事中这一风格继续出现在伯格医生决定转道前往夏日度假屋时。“突然之间我有种冲动。”他说。后来他又非常任性地做出决定，先是同意带上年轻的萨拉，然后是她的同伴们。他发起午餐会，卷入他们的争吵和滑稽表演。他的参与是近乎顽皮和愉快的。在听到加油站服务员——一位曾经的病人的直言不讳的建议后，他明确表示还要去看望他的母亲，那么这是不是他决定开车的一个主要原因呢？出于某种原因，我们可能不会想到这样一个自律的老人会具备这种灵活性。那些唤醒他的梦似乎在驱使他证明自己的活力和自我决断力。当玛丽安说，“你是一个年老的利己主义者，父亲……你从不听别人怎么说，除了你自己……你铁石心肠……我们当中凡接触过你的人都知道你是什么样的人”时，他试图对她的评价一笑了之。而当玛丽安对他说的“我很抱歉你不喜欢我”做出“我不是反感你，我是为你感到难过”的回答时，他并不相信而且再次试图做出防御，他说她在开他玩笑并指出“她声调奇怪而且缺乏逻辑”。这暗示了一种总体上的对女性评价的彻底防御。

在后来的梦中——当考官阿尔曼强迫他违心地同意“医生的首要职责是请求原谅”时——他只是勉强地顺服了，虽然很困惑。当受到谴责“你是有罪的”时，他所有的防御似乎都瓦解了。

后来被迫再次观看他的妻子与情人在树林里的场景时，他的态度是 277
非常谦卑的。听到她对他的指责时，他呈现出明显的苍老——带着内疚和羞愧。

学龄期

在任何社会，基本力量之能力的发展都是在学龄阶段得到促进的。为了个体和群体的生存，勤奋得到鼓励。自卑感是其对立面，只有当自卑感对能力的高估水平起到恰当的矫正作用的时候，它才是适应性的、和谐的。对能力的高估可能会跟低估一样造成不良适应。因此，个体需要对能力做出准确的知觉，利用敏锐的、可靠的感官做出判断。

学龄期提供了一个扩展的社会环境，包括学校和工作群体、老师（“老板”）、校外的技能，并且开始形成群体成员感。此时，对自己的经得起检验的身体能力、心理能力和社会能力的信任至关重要。前一时期经历过的物料、工具、操作等经验得到游戏性想象的促进、意志力的支撑以及目的性的指引，从而促进个体的学习。但是，异常的倾向也会产生限制和矫正：不信任、羞愧和内疚这些基本的要素，能让个体避免出现自我中心和冷酷无情。为了获得必要的有利于掌握技术的各种技能和知识，学习是必需的，而且对校长和老师们的尊敬是强制性的。对能力不足的恰当感知会带来真诚的谦卑——孺子可教的前提，同时也有助于形成真诚地欣赏他人技能和创造力的基础。

我们很容易想象的是，年轻的伊萨克·伯格从学习和一切理性的追
278 求中发现了回报和令人满意的挑战。书本学习带来的孤独，可能给他提供一个躲开兄弟姐妹和那些比较外向的同伴的机会。以语言为工具，他可以用文字来表现自己富于想象的生活，并从诗歌的表达中享受快乐。后来，年轻的萨拉说，伊萨克“优雅至极、品行端正……他想和我一起读诗……他聪明极了”。他在学校里的专注和勤奋一定让他在家里也得到巨大的声誉，同时也促使他希望自己成为一个能够进入高级学术机构学习的学生。这也让他保持了科学怀疑、独立观察的品质。

76岁的伯格医生身体健康，也很能干。面对十四个小时的车程，他对自己独自驾车的能力没有须臾的怀疑，这表明他对自己身体和心理上的精力有十足的信心。他只在阅读和书写的时候才戴眼镜，基本不抽烟——除了雪茄，这是“一个很男性化的缺点”。他的车里总放着一根绳子，他说这是以防万一，而在遇到事故后他娴熟地使用了这根绳子。他的技能不仅限于智力方面，因为他还提及他现在喜欢打高尔夫球。

我们对伯格医生在老年期的能力也都毫不怀疑，毕竟，他行医五十年的卓越表现为他赢得了荣誉博士学位。他对自己的描述是，希望自己致力于“保持紧跟专业领域的前沿”。“我的生活被工作填满，而我对此感到庆幸。”他说。确实，正因为他为自己的能力感到无比骄傲，在阿尔曼的考试中，他的失败才给他沉重打击，那个说他“能力不足”的结论更是雪上加霜。

279 然而，我们回顾他的整个一生时，会发现他这种工作能力是付出了巨大代价取得并维持下来的。他已经无法否认自己在做丈夫、做父亲、做公公方面的能力不足。尤其是，当玛丽安找上门来寻求帮助时，他却给了她打击。“别想把我拖进你们的婚姻问题，因为那跟我没有一毛钱关系——各人都有各自的麻烦。”他用冷漠和偏见回复了她。他的这种态度说明，完全的自满感可能带来适应不良，容易使人出现情感上的无动于衷和麻木不仁。

青少年期

随着成年初显期的来临，年轻人面临的挑战是要和社会及其技术发生联系，要和观念、理想、信条以及符号的世界发生联系。对他们而言，非常重要的是为自己找到值得付出承诺和为之忠实的生活目标，并且能恰当地将自己的知识技能付诸实施。在先前的每个阶段，由和谐与异常之间张力的平衡所形成的强健力量，诸如希望、意志、目的和能力，此时将助推新的重要参与。不过，这是一个非常困难的阶段，个体很容易产生困惑并对自己的生活角色和能否形成牢固的“我”意识出现不确定性。同时，与同伴、群体、国家和理想有关的忠实与自我信任不可避免地将会受到我们所希望的某种不信任的挑战，这种挑战就是对过于单纯的方法与决心的适当的不信任。认同感混乱，即认同不停发生变换，这属于适应不良。但是，出现早熟而刻板的承诺，则会使那些大有前途的可能选择产生早闭。一项事业，若于己于人都是适应不良的，那么全然投身其中便会导致刻板的狂热。

如果能力得到良好的发展，而且与能力和社会需求相匹配的个人偏 280
好也是经过认真斟酌的，那么个体的心理社会认同就可以得到初步的良好塑造。

似乎年轻的伊萨克·伯格确实做出了这样的恰当承诺。他所具备的智力上的能力，使他能够进行长期艰苦的研究，以达到医学专业的要求。他很健康，也很强壮。他拥有敏锐的感官和训练有素的中立客观的观察能力，对此，我们猜想他进行过长年累月的练习。他看重科学探索的价值，从而选择了一个在社会和知识界同行眼中具有很高声望的角色。

历经五十年的行医，他似乎对自己的选择和成绩非常满意；而且，社会也愿意授予他一份很高的荣誉以褒奖他对职业的忠诚。

那个凌晨，当他从第一次可怕的梦境醒来后，他从床上坐起来说：“我叫伊萨克·伯格，今年 76 岁。我真的感觉很好。”这样喃喃自语之后，他觉得“平静了很多”。无疑，这个陈述就相当于一个“身份认同”。后来，他告诉我们他是十个孩子中唯一活在世上的，是一个路德宗信徒，一个瑞典人。而且最重要的是，他是一个医生。“如果出于某种原因，我不得不对自己进行评价的话，”他说，“我确信我会问心无愧和无所顾忌地评价自己。”总之，他似乎认为自己有很强的正直感。

然而，每个人在生活中都扮演不止一个角色。他的工作是他的职业角色。伯格医生似乎避开了对其他多种角色的真正参与。由于他的利己主义和顽固不化，他不曾表现出认同感混乱的延缓，也几乎没有体验过对丈夫、父亲和公公等角色的认同。

281 在最开始的梦境中，当他辨认出那具尸体就是他自己的时候，他明显感到吃惊和痛苦。虽然这么老了，但是他还从未面对过他的个人认同或者死亡的诸多方面。然而，就在这一天，当他的职业角色得到至高无上的认可时，他内在认同感的连贯性却受到儿媳的挑战，这迫使他置身于内在的混乱之中。在最后的生命阶段，这种混乱感会让他的代际角色身份出现严重的问题。不过，影片结尾表达了某种希望，即通过承担祖父和教父的角色，他有可能形成新的认同感。

青年期

通过回顾伯格医生的生命阶段，我们已经指出他的人际关系环境是如何一步一步扩大的。亲密的人际范围得到了稳定的增加，其中包括照料者、兄弟姐妹、扩展的家庭成员、同伴、教师以及存在于神话和所有文学历史中的理想化的认同榜样。进入成年期，个体首先要准备好经历一种包含有承诺和忠实并能在成熟的爱中达到顶点的体验。这需要以共享的生活、工作以及受到成人性关系和共同目标感滋养的生产力为先决条件。因此，这就要求两人均已具备明确的认同感，尽管双方都会得到一些修正和扩展，但彼此不会真正被对方的支配性所淹没。

从稀少的资料中，我们几乎看不出来伊萨克·伯格与兄弟姐妹或朋友之间有亲密关系。只有萨拉激起了他强烈的渴望，渴望在他的生活中有一个年轻的、富于关怀感的女性人物。这个愿望如此迫切、饥渴以至于它唤起了一个婴儿啼哭的声音，这声音反复出现在影片中那些绝望的关键时刻。在他的老年，只有与现代萨拉在一起的时候，借由她的无忧 282
无虑、幽默风格和富有活力的诱导，他才能建立一种愉悦的关系。

的确，孤独感以及排斥感的异常成分在第六阶段似乎超乎寻常地突出。我们认为，在亲密感中出现一些排斥感是可以想象的，也是值得同情的。但是，如果排斥感太多，同时又很少或没有亲密感与之相均衡，那么就会助长极端排斥感这一恶性倾向的出现。

在影片刚开始的时候，他说："我把我的自由意志几乎完全从社会生活中撤离出来。"他这是将非职业的关系放逐到了生活参与的边缘地带。在他的家中，他与艾达保持着一种看起来一贯处于冲突矛盾中的关系，而艾达是他忠实的管家，为他干了四十多年。她让他的起居保持有条不紊，让他有时间出去散步、打高尔夫并继续专业研究。她或许就是夏日度假屋场景中的那个做事高效、脾气专横、母系家长式的姑妈的化身？

伊萨克试图严格地与玛丽安保持一定距离，因为他不愿意倾听她的帮助恳求。在旅途中，他也保持着这种寒意，他冷漠地说："请不要抽烟"，"应该出台法律禁止女性吸烟"。

至于伊萨克的婚姻，如他所说，是非常不愉快的。这也是他最少提及的话题，因为他的婚姻是一次惨败，而且正如他母亲所说的，是家族的耻辱。由于这层关系，我们才有趣地注意到在途中遇到阿尔曼的情节：当阿尔曼当着车里所有人的面诉说他们糟糕的关系时，伯格医生表情僵硬、默然失语、一动不动。后来，是玛丽安控制住了局面。

这个场景过后，伊萨克睡着了，还做了考场的梦。当很丢人地说不 283
出正确答案时，他要求照顾一下他这个心脏脆弱的老人。阿尔曼只回答了一句："我的试卷跟你的心脏无关。"的确，我们对这些信息的看法与影片所揭示的他过去的生活所反映的亲密关系是一致的。然后，阿尔曼残酷地击中要害，继续控诉伯格医生是无能的，因为他把一个活女人诊断为死人。

年轻的萨拉告诉我们，她是多么清晰地回应了他对她的需要。同时很明显地，她也因她对他那年轻的控制感和正直感的尊敬而受到禁锢。但是，她想得到亲密感和温柔，然而他却无法做出回应。萨拉说：“伊萨克是那样优雅。他优雅至极、品行端正，也很敏感，他想和我一起读诗、讨论来世，他想弹钢琴二重奏，只喜欢在暗处亲我，他还谈论罪孽。”然而，她继续说：“不过，有时候我感觉我比伊萨克大很多，你知道我是什么意思吧？于是，我觉得他就是一个孩子，尽管我俩同岁……”我们再次感受到年轻的伊萨克渴望得到小时候那种不求回报的爱恋关系，那仍是令他十分怀念的。结果，萨拉被西格弗雷德追到手了，尽管萨拉含蓄地表示这几乎是违背她的理智判断的。

那么，从伊萨克所选择的妻子，我们能做怎样的推断呢？她被刻画为一位十分美貌、性感的女人。他仍在写字台上，面对他的位置摆放着她的照片。他是否曾认为与这样一个女人在一起，他会克服骨子里的冷淡？埃弗德自认为是一个“不受欢迎的孩子”，认为自己“冷漠、惧怕、不忠并背负内疚感”，因为他的“看护者们”都把他的母亲描述为缺乏
284 母爱、没有温暖的人。充满渴望的、富于激情的她最终彻底被伯格医生的冷漠挫败了。

尽管我们的科学家伯格医生最初显然是被凯伦（Karin）——他的妻子——所吸引的，但是他却对她保持着一种职业化的冷漠。她告诉我们：“现在我要回家把这些告诉伊萨克，我特别清楚他会怎么说：可怜的小姑娘，我多么同情你。他就像是上帝现身似的。然后呢，我会哭着说：你真的同情我吗？而他会说：我为你感到无比难过。接着我会哭得更厉害并问他能否原谅我。他则会说：你不用向我要求原谅。我没什么可以原谅你的。”这些话在他记忆里是多么根深蒂固啊，因为他竟可以在梦中逐字逐句地重复出来！凯伦被他这些话带来的高人一等的优越感激怒了，她又说：“但是他言不由衷，因为他完全是冷酷的。”身为医生的丈夫就提议给她——他的病人——一针镇静剂，并说他理解一切。

这种冷漠的傲慢遭受的惩罚就是阿尔曼说的“孤独”。伯格并非没有被触动，他问：“没有宽限期吗？”阿尔曼对此一无所知，随后他便消失了。伊萨克则继续说：“我想像孩子一样恣意地哭出心中的悲伤。”

这一切都是暗淡的。然而，在影片开始不久的夏日梦境里，当他发现自己并不在生日派对的场景中时，他听见有人说：“伊萨克和父亲出去钓鱼了。”他说：“哦，是的，父亲和我一起出去钓鱼了。我从这条信息中感受到一种私密的、完全无法言喻的快乐。”那么，这一定至少是他在童年期十分珍爱的一种亲密感。如我们所猜测的，如果他的父亲也是有些与人疏离的人，那么或许这就在他们之间形成了一种意味深长的联结。

伊萨克对三个突然出现的年轻人的接受和宽容则是令人惊讶和振奋
人心的。那些梦境、与玛丽安之间的交流以及在夏日度假屋出现的梦一 285
般的幻觉都已经产生了潜移默化的积极影响。

在漫长的一天即将结束的时候，有大量的证据表明他的一些防御性屏障正在破碎。他自我选择的孤独感至少已经被成功地突破了。不过，他在任何关系中都缺少真正的亲密感仍然是他最大的个人缺陷。在这个意义上，他是停滞的，而且这种核心性的缺失只会让他在成年期和老年期所承担的代际角色陷入枯竭。

伊萨克与三个萨拉之间的情感关系重新激发出了他在同情和开玩笑方面的能力，这种能力超出了我们的想象。通过回忆和幻想，再体验显然成了强有力的解药，它缓解了我们在伯格老太太身上看到的那种渐渐渗入的绝望感和那种接受老年期的冷漠麻木的可能性。

成年期

接下来我们进入繁殖感的阶段，它包含一段漫长的责任感时期，对精力和奉献都有所要求。这一时期的挑战是要以各种方式进行生产，而要发展的力量是关怀。

关怀指的是照顾个体所有的生产物——当然包括孩子，也包括个体从事的活动、制造的产品或者个体所从属的事物。关怀需要个体在社会机构中扮演积极角色，并为某个特定历史时期中的某个特定社会结构创造连贯性。无论是从个人角度还是在社区和更大的都市成员的角度来讲，如若不能以任何方式在所生活、工作和爱的社会网络中进行生产和参与，那么个体必定会陷入停滞感——一种终止成长的感觉。

286 无论何时，不管什么情况下，特定社会中的成年人对年轻一代的责任都是要保障年轻人发展基本力量的机会和条件。他们为未来社会中的生育、创造和生产奠定了基础。

我们认为年轻的伊萨克·伯格很早便开始追求自己所献身的医学训练，后来他成为一名卓越的家庭医生。加油站服务员和他妻子的见证非常清晰自然："现在你见到伯格医生本人了。""这就是那个爸和妈以及整个地区都在谈论的人。""天底下最好的医生。"而且他也表达了对那些年轻岁月的怀念。他沉思着眺望山谷，说："可能我犯了个错误。""或许我当时应该留在这里。"能从过去的繁殖感中获得一些表扬和称赞，这对于老年期是多么大的恩惠啊！躺在荣誉上并不会总有积极作用，除非这些荣誉时不时焕发一下光彩。

伯格医生显然被这次相遇打动了，他或许也因这些感激的话语被车里的乘客们听到而感到高兴。不过，这位年轻人——他曾经的病人把他的注意力拉回到眼前，坚持要送一箱汽油给他作为礼物，而且还引起他注意到年轻妻子的身孕。他们甚至提出了一个热情的建议，要给他们即将出生的儿子取名为伊萨克，并请求他将来做他们儿子的教父。

加油站的服务员以为伯格医生要去探望他年迈的母亲。那么，他是不是真的已经打算要去呢？这当然不在最初的飞往隆德的计划里。现在，他和玛丽安来到这位年老而孤独的妇人面前。尽管，或许并不是出于选择，但是曾经的她是那么有生产能力。现在她却孑然一身、冷漠无情。她是否曾拒绝过她的子孙和她周围的世界，而把自己围在远远的高
287 墙里面？或者，是不是因为她的冷漠高傲与漠不关心太过公然高调，以至于那些有可能给予她关心的人都被打击而退却了？代表着生命与活力

的玛丽安被她吓到了。透过玛丽安坦白直率的眼神所见到的母亲，以及没有指针的手表所赋予的象征意义震惊了伊萨克·伯格，因为他的脆弱性阈限已经被降低了。离开时，他们互相挽着胳膊：她，好像轻而易举地就看穿了他的冷漠的来源；而他，要处理的是当前的行程所能瞥见的未来。他们保持着联结，在故事后来的情节里，他对玛丽安说："我能帮点什么吗?"后来甚至提议："你不想来一支雪茄吗?"

但是，异常的倾向已经造成了伤害——这唯一在世的孩子从母亲那里没有得到过温暖，即使他是一位医生。他的儿子非常冷酷、内心充满仇恨，而他的儿媳开始慢慢设法帮她的公公再次参与到重要的情感关系中。至于他那么多的侄男甥女，他一概不感兴趣。他说："我和亲戚几乎没什么来往。"他是一个大家族里的"长辈"。因为没有朋友，所以他选择隔绝隐居。此阶段的繁殖感包括承担关心和照料孩子、家庭、工作和社区的责任——如印度教所说的"世界的维护"。从他做家庭医生之后，他似乎变得愈加注重学术和科学，因此，我们的老医生一直只单单专注于对伊萨克·伯格的维护。

不过，也存在一个引人注目的希望的象征。伯格医生家里有一条大丹狗，我们看到的是一条生育力旺盛的母狗，她显然刚刚生下了小狗仔——毋庸置疑，它是无可争辩的、强有力的犬类母神的原型形象。是他在养育大丹狗吗？这是老年期的一个非常活跃的参与，他有没有把它作为一个兴趣提及呢?

288

老年期

我们选择用**智慧**一词代表生命周期最后一个阶段的力量，并选择**整合感与绝望感**作为对立的两极代表心智发展的张力。我们选择**整合感**是因为它可以描述老年期个体如何不顾身体功能上的日趋瓦解，努力将必要的力量和目标整合起来以维持完整性。同时，它也意味着一种要将漫长而丰富多彩的人生经历聚集到一种有意义的模式中的需要。老年期是回忆并将许多迥然不同的成分编织在一起的时期，是将这些不协调的因素整合为一个复杂的整体的时期。这种整合其实在整个生命周期都在进行，特别是当每次面临危机并在危机解决过程中形成力量的时候。

同样，绝望感的要素也不可避免地成为努力奋斗的成分，它有助于达成每个阶段的和谐与异常之间张力的平衡。只有经历过这个世界，并在生活和成长中感受到人类处理关系和交互性问题的能力缺陷，才能不断地了解什么是战胜困难。随着力量的减弱，绝望感会大大提升，为了平衡绝望感，我们需要汇集历经各个生命阶段所储存下来的每一个智慧成分。

有些成分可能是孤立的、明确的，但是真正的智慧体现在以某种方式将所有成分整合在一起。最老最有智慧的长者能够理解，情况总是错综复杂的，我们必须对许多因素进行权衡和辨别。偏见是适应不良的，也是傲慢的，因为随着年龄的增长，人就不得不承认自己的无知。

289 这样的认识是孕育和滋养谦卑与幽默的肥沃土壤（腐殖质）。和谐和异常之间要达成平衡并产生智慧，谦卑和幽默对生存都是非常关键的。个体必须首先具备应对变化和丧失的心理韧性，因为该时期是一个不断适应新情况的阶段。

个体面临的一个主要挑战是保持敏锐的感官，如此身体才可以继续活跃并安全地参与到近距离环境以及较广泛世界的事务中，这样个体所属的各种关系就能够仍然具有敏感性、情感性和持续性。

那么，伯格医生在多大程度上具备了智慧力量所要求的条件呢？通过他对自己的描述来看，他是一个既鄙视他人又自负的人。他对玛丽安说："我不会尊敬心灵遭受痛苦的人，所以别来找我抱怨。但是如果你需要的是精神自慰，那我可以帮你预约某个不错的江湖医生或者一个牧师，目前这东西真是很流行啊。"他这一席话不但嘲笑了她的痛苦，而且还毫不留情、气势汹汹地把精神病学和牧师踩在脚下。这些话是在他真正倾听玛丽安之前说出口的，所以他为自己做出的这个最冷漠的预判感到内疚。他对精神病学和牧师这两个重要的人文关怀领域的鄙视，让人怀疑他这是公然的防御。我们后来了解到，他竭尽全力想从他的意识中抹去什么记忆。

他对艾达小姐那种严阵以待却又产生依赖的关系使她成为又一个蔑视对象。他把她当成下级那样说她："那个老女人"，"那个专横的女人"，以及一个"无限渴望权力的讨人嫌的老家伙"。即使是在日记里他也这样说。

似乎他根本不懂谦卑，然而在自己的梦里他深深地感受到阿尔曼的
羞辱。只有当和年轻人在一起的时候，那种活泼的幽默感才得以体现在 290
他的言辞中，也体现在他对年轻人的夸张情绪和姿态所持的完全良善的态度中。

然而，伊萨克·伯格医生仍然是一个有活力的人，而且能够在生活和事务中进行积极的参与。有大量的充满希望的征兆表明，他可以与自己的生活经验进行和解并发展出更完整的智慧。

在最后的典礼上他反复回想，然后像他所说的，做了一个"计划，要回忆并记录所发生的一切"，"我开始发现一种非同寻常的因果链，它将意料之外的不相干的事件串起来"。伊萨克·伯格受到了鼓舞，他要反思自己和他漫长的人生。他为自己具备的探究、鉴察和诊断能力感到骄傲。那天发生的所有事情都被记录在日记里，细节是如此准确无误，这些事情应该对他有所帮助，并能引导他获得新的启示。

未来也将提供更多的新体验以促进自我治愈、成长和改变——他与儿子、玛丽安乃至艾达之间的关系也会更加开放。而且，新的一代如孙子和教子将唤醒并可能释放他源自过去的关怀、爱与忠实。

终究，正如他对自己说的，伊萨克·伯格医生"感觉很好"。他才76岁，是一个有着令人吃惊的心理韧性的人。

预后是令人鼓舞的。

总结

当我们选择伯格曼的电影时，我们说它"至少是一部完整的生活史"。然而，我们最后还必须加上一句，它"而且至少是一个完整的交

互性场景”。因为这部电影对诸多参与的呈现很符合我们所说的现实性
291 和交互性的特点，这是非常必要的，单单这一点就可以让这些参与成为真正积极的参与。不过，只有在交互性的背景中，我们才能判断同一个人的各种关系在生命历程中，是继续保持着发展性的参与不足还是出现了防御性的解离。此外，我们还认识到老年人会努力再次参与那些典型的生活模式，就像过去那样。

我们已经看到伯格曼这部感人的影片如何让伯格医生和我们一个场景接着一个场景地面对人类在不同年龄时期的阶段性参与。实际上，它在引导我们一一梳理各种关系——从最初的阶段直到最后一个阶段的发展过程。然而，在生活史的历程中，这些关系也一直保留着解离的倾向，即个体可能会处于弱势，也可能会丧失他参与的所有对象。**弱势**一词用在这里实在太温和了：我们其实已经学会了对这种异常进行“诊断”。如果还有机会再适应的话，那它就是适应不良；如果个体或关系确实出现了某些萎缩，那么它就是恶性结果。然而，我们在此还必须补充一点，所有的阶段性关系只有放在共同文化的习俗背景下才能进行真实的判断。确实，电影的一系列场景向我们讲述了那一天的瑞典出现的诸多生命阶段故事的特殊意义。在影片最后，在那盛大的庆典仪式上，除了我们医生的搞笑窘态，我们还看到了富丽堂皇的仪式陈设，其中不仅有瑞典的学院，还有瑞典的国家级教堂，以及军队的礼炮——向几位真正的医学前辈致敬。最终，我们也意识到这真是一部感人至深的戏，那个公开的盛大庆典仪式中发生的相互作用，和漫长的一天里发生的紧密的代际交互作用，这种交互作用如此“自然”地结合在一起，让老医
292 生的心理社会认同感发生超越，开始面对尖锐的存在主义认同感的问题。不过，有一点我们要记住，这一局面的出现，仅仅是因为他的儿媳在遭遇自己的繁殖感危机时做出的决定，一个坚定而重要的参与。

第四章 293
我们社会里的老年期

至此，我们相信，对生命的每一种概念化都需要借用一个全纳性的意象或结构来实现：我们所用的则是生命周期这个概念。为试图说明它具有的循环性质，我们认为个体的生命周期同时也是无以计数的代际周期的基本构成。这个有着统一节奏的整体进程必须要遵循有机体的繁殖程序，与此同时，它还必须坚持不懈地努力，以使我们赖以生存的机构体系能够重建其社会秩序。

总之，拿我们的研究来说，从数量这样稀少、社会背景这样独特的老年人那里收集来的资料不管说明还是反对了什么，我们都必须要看得更远。实际上，我们应该呼吁我们的成年读者，还有我们的年轻读者——也就是所有尚未年老的读者——和我们一起思考可预期的老年人的情况，他们将由今天的年轻人和成年人组成，而和我们一样，他们也将受到所处时代的社会条件和历史相对性的影响。

从过去、神话和传说中，从人类学家和历史学家那里，我们明白了 294
老年人就是一个社会中传统的传递者、先祖价值标准的保护者以及延续性的承载者。他们被赋予圣贤、元老、先知、令人尊敬的顾问等名号，而且像导师和预言家那样接受人们的请教，原因就在于他们所拥有的久远以前的记忆是源自他们亲身的经历，这足以使人们认为，他们做出的预测是值得信任的。他们的生活史提供了编织的经线，不断前进中的社会则迸发出一股股生动活泼的纬线与之不停交织着。这种社会结构的内在联系强调了各个年龄组之间的相互依存关系，这有助于建立一种和谐的整体性。哲学家乔西亚·罗伊斯（Josiah Royce）在19世纪80年代的作品中告诉我们："因此，这种团体感是人们一起工作的力量所在，让人们清晰领悟到如此工作的理由，它是人性的第一需要。"或许，我们今天所需要的"清晰领悟"就是在于理解当今我们社会的老年人，他们如何才能成为社区生活中的愈加不可或缺的共同工作者。罗伊斯还指出，纵观历史上"每个年龄段的人，他们所能做的无非将其智慧注入社会制度、思想和艺术中"。我们的疑问在于，这种经由洞察而来的智慧，它的"注入"是否会受到今日之社会制度、学习中心或者艺术世界的追捧或欢迎。

随着技术时代的来临和技术所代表的价值观产生的影响，老年人不仅不再提供延续性，而且他们还发现自己正在被社会环境淘汰。如果他们缺乏技术知识，也得不到子女和孙辈给他们提供的一些科学训练的话，他们所传授的经验性知识常常会显得陈旧过时或者离奇古怪。由于感到被社会离弃、没有用处、缺乏生产力，他们便转而寻求某种舒服的
295 方式在余下的二十几年或更长的老年期里"消费"金钱和时间。维持这样一个庞大而"失能"的人口群体对任何一个社会来说都会是一场巨大的灾难。

这一困境必将成为一个逐渐让人预感不祥的公共问题，因为统计学家警告我们，到2000年至少13%的人口会超过65岁。如果当前的境况得不到纠正的话，那么目前工作着的男性和女性将会面临：未来的日子里，起初是欢度退休的假期，之后就是多年的浑浑噩噩、毫无作为的老年期；而作为老年人，他们将被迫看着他们的子女为了维持一个四分五裂的社会而打拼，担负起照料和教育孩子的重任，同时他们还要承担不断增大的老年群体所产生的巨额扶养费。一些子女可能会隐忍下去，而另一些则不堪忍受，因为他们心中免不了因罪疚而引发憎恨。

今天的成年人能做什么来保护他们自己的未来和他们的子女及孙辈们呢？那些现在50岁并将在2000年达到65岁退休的人，需要开始直

面这个紧迫而充满挑战的问题。老年期的出现肯定是在人们的清醒意料之中，而这一点正是我们必须对生命周期的轨迹有所了解的原因所在。科学家们已经取得很大进展，找到了诸多治愈方法，攻克了许许多多折磨人类的疾病。而现在更多的人则将注意力转向预防和治疗那些与衰老有关但不是衰老的固有疾病上来。鉴于这一新的老年医学研究热点的出现，许多人的寿命将会得到延长并远超过以前对平均个体所做出的预期或设想。

对每个老年人而言，因寿命延长而增加的健康年岁中的生活质量是可以得到大幅改善的。不过，那些现在四五十岁的人，如果他们希望将 296
来能够积极地参与老年生活的话，这种改善就必须通过规划才能达到。那么，现在可以采取哪些方法以确保将来的老年人仍然能够成为社会结构中的重要一部分呢？

退休

总体而言，对许多职业和许多行业来说，规定的退休时间过早。很自然，退休是一件存在很大个体差异的事，而一个笼统的规则肯定不能满足包含了太多变异的实际需要。必须留有余地，否则我们就得接受最低标准，而这是不公平的也是没有益处的。随着时间推移，老年公民数量在增长，他们的身体也变得更加健康强壮，这些变化将迫使人们重新审视现行的退休政策。诚然，指定某个年龄作为进入老年期的标准是必要的也是合理的。但是，我们质疑的是退休政策的规定，不管个体的能力和健康状况如何，只要享受了应得的退休待遇，他们就不允许赚取超过非常有限的额度之外的收入；这似乎对所有的私人企业是不公平的也是不利的。我们还会质疑退休金税，退休金是对多年坚持工作的酬谢。允许工作者继续为社会提供服务难道不行吗？退休工作者（“荣誉退休者”）的“网络”已经成功组织起来形成了许许多多的团体，并成为一个受欢迎的劳动力的补充。他们提供的服务有时还包括物物交换，这是一种能满足各方需求的友好方法。

上述充其量是一些拼凑式建议，然而，我们更有义务找到一些特定
297 的方法规避一种普遍境况所致的厄运，即它会造成人口中一个庞大的群体滑向呆滞和缺乏活力的状态。

总体而言，我们其实并不真正了解在我们的社会中 70 到 80 岁的老人到底有多能干和多勤劳。在农业经济中，只要是健康的，他们就能够承受相当大的一部分必要的劳动负荷。上年纪的男人和女人都会继续操持惯常的家务直到他们的身体干不动为止。他们这样做有时候是生活所迫，但更多的时候，他们这样做是出于自己的选择。他们不单单是感觉到自己有用和被需要，虽然他们的感觉是事实。如果他们能够用语言表述一下身体在活动中所表达的内容，那么他们会同意奥利弗·温德尔·霍姆斯在电台发表的 90 岁生日（1931 年 3 月 8 日）感言，他说："比赛是已经结束了，但是，只要工作能力尚在，一个人的工作就不会结束……只要你还活着，就不会结束。因为活着就意味着机能的运转，而这就是活着的全部内容。"

到目前为止，我们的技术经济还不能为老年人提供什么机会。尽管已经被反复辟谣[①]，但仍然广泛流传的一个说法认为，人进入老年期就不可能再学会解决问题的新技能和新方法。的确，一辈子的重复性的单调工作会让人的脑子变得呆板，而且还会消磨人的学习动机——好奇心和求知欲。但是，头脑练习能使之刷新和重新激活，在有需要的时候或者关键时刻，老年人无疑是具有胜任力的，并可以做出热情而有活力的反应。你可能还记得前述那位奶奶受儿子所托帮助照顾小孙子的故事。"那时我给他当娘，他呢，就管我叫'妈妈'。我把他和一群孩子一起送
298 到托儿所。我还重新参加了家校联谊会，那时我都快 70 岁了。"无疑，这是一个表现出了极高灵活性的老人个案。我们的研究还提供了其他一些老人的样例，他们也都有效地投入孙辈和病患亲属的照料工作中。

---

① 参见玛丽安·戴蒙德（Marian Diamond）的报告，老年人的大脑如果处于刺激丰富的环境中，就能够出现令人惊讶的生长。"The Aging Brain: Some Enlightening and Optimistic Results," *American Scientist* 66 (1978): 66-71.

当把这个不断增长的人口群体放逐到社会旁观者的看台上时，我们却发现他们被归为缺乏生产力、没有资源、处于劣势的一类人。我们时不时地给老人们授予荣誉地位和荣誉资格，这是我们对他们的尊敬，让他们得到满足感。我们以不计其数的、有组织的方式给他们提供照顾，这是我们的责任。然而，用宾果游戏（Bingo games）和音乐会来娱乐他们，这却是对他们的小看。我们必须探寻某种途径让他们能按照自己力所能及的方式为社会奉献余热，这是正当的也是该做的。

这让我们回到固定年龄的强制退休问题，因为我们现在要审视一下其对劳动力会产生什么样的影响。在“老年期”最初的几年，就是六十出头的几年，当退休临近的时候，一个头脑清楚、考虑周到的人会开始意识到自己将要跨过一座桥梁。在成年早期，个体即将进入劳动力大军的时候，曾出现过与之相似的越来越近的跨越感。不过，后面的这一场跨越将面临的却是非常不同的前景，它需要对现实性做出评估和规划。理想状态下，头脑清晰的规划可以将这一变化提前几年置于生命周期的远景中。正是他们的存在本身让所有的老人向社会“清楚大声地”宣告，这场跨越就在前面不远的地方，可是，大多数忙碌的年轻人却早已淹没在所投身的事务中，他们通常对如此明显的事实都视而不见了。

退休事件本身就是即将发生的转折带来的一个可能的冲击。许多组织、公司和专业人士试图让这一时刻仪式化。庆祝会可以是欢乐的并多 299
少带点仪式感，以彰显退休者多年的功劳、巨大的成就和崇高的地位。从另一个角度看，这种与同事最后打个照面、进行告别的方式也是在凸显即将到来的赋闲生活是多么美好。然而，对于那些尚未做好准备的人、把工作中的创造和参与看得很重的人，以及认同感主要源自工作的人，他们会产生痛苦的被剥夺感，感觉自己受到了驱逐和轻视。在我们最成功的充实活跃的受访者中，有一位很无奈地说：“你真的是无能为力，就像感染了麻疹。”转折在很大程度上可以中止于再判断——重新定义什么是工作，即根据他们的身体能力考虑工作对老年工作者的要求和压力。对于很多人而言，可以试试把日程安排得适当灵活一些，这有利于继续致力于业已专注的领域并持续做出更多的投入。

我们罔顾老年工作者的能力而放弃他们，除了会损害个人利益之外，对于需要高度训练有素和有创造力的工作者的经济环境而言，这也是非常不现实的。这是一种一刀切的简化态度和贬低智慧、创造力和经验等素质的举措，它将这些素质等同于年轻人所拥有的纯粹速度和更具现代化的信息。

然而，囿于强制性退休的事实，个体可以做些什么以保持积极参与呢？对于那些工作已成例行公事并且流于枯燥的人来说，与旧同事们在工作之余的会面可以让他们获得持续的归属感。他们希望享受的是免除了体力上的辛苦和固定工作纪律的束缚。另一些人则可能在花很多时间
300 打理自己的家以及投入亲友关系中找到归属感。但是，所有这些活动最后都容易变得乏味。就像莫里斯·桑达克《贪吃狗的改变》（*Higglety Pigglety Pop*）中那只无忧无虑的小狗，这些老年人可能开始对他们自己讲："生命不仅只是这样。"生活肯定不仅只是这样，如果能够做些规划，并对自己的能力做些评估的话，生命——特别是进入老年的头几年——可以充满创造性的活动，甚至可以出现新的工作认同感。正如前面提到的，我们的受访者所报告的活动类型十分宽泛，有些活动源自原有的技能，后来在新的方向上得到发展。例如，对自己的房屋进行改造并出租。（当然，所有这些必须以经济条件足以支撑一个有创造性的老年期为前提。）有些人以前几乎没有时间摆弄园艺，现在则成为精力旺盛的奇花异草的种植者，并充当自己、家人和社区的园艺师。另一些人专注于自己做生意的技能并投入新的行业里，例如在房地产等领域进行个人理财投资。

许多机构的存在就是以帮助老年人创办新的企业和开发新的市场技能为目标。社会的各个角落都需要大量的志愿者，因此有很多机会可以学到几乎所有的事情。一个人年轻时因为工作忙碌而无暇顾及的事，在老年期就有了最好的时机来做。所有这些都需要一个前提，他们得设法保持良好的健康状态，而且他们先前的兴趣和能力仍然是切实可行的。

那些 85 岁以上老人的问题则是另一种情况。我们也才刚刚意识到这个问题对他们自己以及社会有多严重，因为他们的数量一直在持续增加。现在，85 岁以上老人是美国人数增长最快的人群，有预测说，他们的数量会大大超过我们的养老能力和社会结构的容纳能力。 301

如果一个国家引以为傲的是独立而非依赖，是鲜活热情而非谨慎思虑，是敏捷轻快而非率直坚定，那么主导性的价值必然是年轻。这一价值对男性而言会出现在工作场所，特别是在追求技术的世界里；而对女性而言会出现在社会体系中的所有领域。因此，年龄歧视何以让老年人陷入这样一种困境就不足为奇了。年轻是美好的，年老是丑陋的。这一态度从深植于我们文化和经济中的刻板印象而来。终究，我们要丢掉旧物品——因为修补是十分困难的。新东西更招人喜欢也更时尚，因为它们更先进。旧事物是没用的、可丢弃的。有时候，旧东西可以进入古董、老象牙、葡萄酒的行列，就好比高寿的老人，即那些超过 95 岁的老人。所有能够像古董、象牙和葡萄酒一样得到保存的老年人，向我们展现的是一幅更为勇敢的画面，不过，那要靠财富、运气和自律。

这种文化态度最残忍的一面是老年人在该刻板印象面前很脆弱。一些人会认为自己是没吸引力的、无趣的，以及很常见的，觉得自己是不可爱的，这些对外表的贬低加剧了问题的严重性。有一种反应是不惜切代价地避免自己的外表或行为像自己的年龄，其结果必然是羞辱性的失败感。另一种态度则是听之任之，过度地放弃有益的兴趣和乐趣。其结果是，对这种刻板印象的接受让它成了现实。或许，中间的道路是最困难的，因为它意味着你要带着积极妥协的心态接受你自己。在这个过程里，要对自己正处于生命周期的什么位置以及这个位置的巨大优势是什么做出成熟的评估。然而不公平的是，让人们看到人生的前路是如此 302
负面，而同时却不告诉他们如何更好地和更乐观地设计人生的轨迹。

表现出这种茫然而缺乏安全感的老人，在描述自己的时候，总是离不开回答自己曾经是谁，这在我们访谈的少数几位老人中有所体现。然而，正如我们一直对读者所做的提醒，我们的伯克利样本虽然不富裕，但是他们几乎都衣食无忧。有些读者会感到困惑，生命的终点原来不过如此；即使那些有抱怨的人最后也妥协了。据我们所知，我们的样本中没有灰豹党（Gray Panther）和老年妇女联盟（Older Women's League，OWL）成员，也不附属于全国老年公民委员会（National Council of Senior Citizens，NCSC）或全国老化委员会（National Council on Aging，NCOA），我们也没看到有人佩戴老年权力（Senior Power）纽扣。他们的看法似乎一致表明："嗯，事实就是如此。"他们当中大多数人表达了一种自己很"幸运"的感觉。

我们国家中的大多数老人并不享受伯克利样本拥有的物质保障。无论哪个社会，最贫困的人总是老弱病残。即使是现在，尽管我们有社会保障福利、养老金和医保，许多老年人，特别是老年女性，仍然是贫困人口中最贫困的群体。在科技社会，由于技术竞争所导致的巨大变革，能够给老年人提供一个有身份的、可以创造经济效益的哪怕是边缘性角色（如农民、药剂师、屠夫、面包师）的机会也基本消失殆尽了。因此，在历史的某个时间点上，当老年人作为故事讲述者、历史学家、顾问和争议仲裁者的角色身份也消失的时候，以及当他们的个人尊严因那
303 些有权力和有手段削弱他们需求的人而感受到威胁的时候，老年人就会被迫沦为乞讨者。

已经有一些努力尝试将 60 岁以上的老年人安置到老年相关机构中工作。《美国老年人法案》（The Older Americans Act）在 1973 年得到了修订，其中加入了一个条款：凡优先雇用老年人的机构可以获得金钱补偿。该立法委员会的报告指出，其目的在于"将老年公民直接纳入第三类项目（Title Ⅲ projects）的发展和执行中来"。这似乎是一个明智的、深思熟虑的决定。然而，截止到 1978 年，加利福尼亚州老龄局（California Department of Aging）职员中 60 岁以上的只占 6%，而且，部分老年人从事的仅仅是日常文书或实习工作。或许有理由可以解释为什么这一要求遭到漠视，但是所造成的后果是，老年人都习以为常地被当作来访者甚至病人，这虽出于善意却轻视了他们。

当这成为护理行业对待老年人的典型原则时，那么老人所能求取的只能是远离、不参与、接受刻板印象，并在收入允许的情况下保养自己和自娱自乐。还有一些人则带着痛苦和妥协接受了病人的角色，这种放弃并非人之所向的方式。

当然，我们有医保。尽管存在不足之处，但它毕竟是老年人的救生索。正因如此，各种各样的医疗服务费用大幅上涨，超过了人口中大部分人可承受的范围。此处无意讨论公费医疗制度的优势，正如它在欧洲国家所体现出来的，但它似乎在很多方面比美国的制度更像是一个民主的制度。在一个强调自由经济的国家，我们在一些治疗和研究的前沿创新领域可以成为先锋。然而悲哀的是，这样的治疗水准只能惠及那些能够负担高额费用的人。

一个明智而令人期待的做法是，让更多的医疗专业人士将研究关注 304
到老年人疾病的预防上来，对那些本质上并非因老化引发的疾病加以预防。例如关节炎、心脏病、白内障以及耳聋等并不必然完全由老化过程导致，尽管肌肉张力的下降会让老人更易感。无论是关节炎还是心脏病，在一定程度上都可以由恰当的饮食得到控制。我们知道，直接地或持续地注视强光会诱发白内障，而有些耳聋是高强度的声响所致。进一步的研究将提供更多针对性的指导和信息。如果老年人没有这些疾患，他们该增添多少生产力和韧性！是这些疾病限制了他们的活动，否则他们可以更长时间地保持老有所为！

另一个重要的问题关乎能否帮助老年人保持独立活跃。许多问题其实在疾病发展到必须接受治疗之前是能够引起注意的，但是，如果体检不能进入医保，也没有切实可行的预防建议和干预措施的话，人终将走上成为患者并接受治疗这条必然之路。

有很多老年人因被迫丧失权力而感到失去尊严，他们便加入一些组织机构并承担倡议者的角色，呼吁人们更多关注我们所生活的这个世界、这个国家、这个州和这个社区。这样的归属可以获得两方面的支持：一是来自成员的力量；二是机构为个体提供可以积极参与社会和老

年人角色改变的机会。这是非常有益的，应该大加赞赏和鼓励。不过，
305 指望业已年老的人们在其有生之年对政策或年龄歧视的刻板印象做出巨
大改变，这种期望是不切实际的。正如我们前文提到的，有远见的年轻人应该开始促进这样的变革，这样，到2000年他们自己成为老年人的时候，社会的革新才可能改善他们自己的生活以及他们儿女和孙辈的生活。

在20世纪，我们对老年人的关怀经历了从以捐献感恩节礼物篮（Thanksgiving-basket）为标志的慈善活动到开办融合了多种社会服务的赫尔馆（Hull House）再发展到形成一种覆盖全国、州和市的责任意识。那么我们现在能否再进一步，真正地重视老年人，使权利和责任恰如其分地为人的一生做个总结?

做祖父母

我们研究中的受访者很少清晰表达对上文讨论的刻板印象的看法，因此也几乎没什么情绪反应。初见这种情况是很令人惊讶的，但是，当想起他们并不是无家可归或贫困潦倒的人，而且他们当中的大部分人会因为孩子和孙辈而感到欣慰和骄傲时，就不足为奇了。毕竟，他们是20世纪的幸存者，他们带领家人走过了战争和大萧条。除了少数几个例外，他们都认为自己的教养方式是值得回报的，也是成功的。大部分人表示他们有“不起的”孩子，甚至有更加出众的孙辈。然而，我们有必要指出，他们与指南研究保持了长达五十多年的关系，这可能激励了他们，让他们关注自己的教养方式以及孩子的发展情况。他们在父母作为“投资者”和“指导者”的角色认同方面的意识、自我意识以及倾注的力量，都十分明显。这种对自己成功的正面评价似乎并不是出于防
306 御，恰恰相反，而是出于真心真意的热情。他们最常用“完美”一词来
形容孙辈和曾孙辈。

几代人的合影表明他们以自己很好地扮演了“新晋祖先”而骄傲。由于抚育孩子曾经并仍然是他们生活中的重要内容，所以这种身份可以

让他们切实享受到其中的快乐。我们的受访者对孩子们的描述洋溢着些许令人讶异的满意感：“我的儿子们都很富有。”“我的孩子们都茁壮成长，而且都拥有良好的品格。”

既然做祖父母是父母角色的累积性体验，那么它应该可以为老年人提供一种最积极的晚年参与。随着地域稳定性和社区重要性越来越受到贬低，社会对家庭的迁移表现出无情的放任。我们的人生观似乎提倡，把年轻人抚养到独立成人后，你就可以把他们赶出门，任由他们自己去打拼了。大公司会刻意安排他们的员工进行流动，这是为了强化员工与公司的依存关系，也是为了不让员工与其他更重要的事物之间发生依附关系。其后果则是造成扩展家庭的离散，没人能算得清这其中的代价。祖父母往往被剥夺了与孙辈的联系，而他们对孙辈也是知之甚少。在工业化的体系中，例如我们的社会，比起代际的延续性，赚钱和贪婪始终排在社会价值观的最前面。

离婚给祖孙关系带来了另一种危机。媒体曾强调，由于儿女的离异便意味着做祖父母的要远离孙辈，这让他们感到十分痛心。说到底，离婚易导致所有当事人出现不良体验。如果随后因为孩子的监护权而发生激烈的争夺，并且祖父母也卷入其中的话，那么很可能引发限制探访权 307
限的后果。据说，现实中这样的案例只会发生在很少的一部分人身上。但是，在立法层面需要考虑给祖父母的探访要求提供一个合法地位。

祖父母常常可以利用这一危机来提供帮助，在子女和孙辈的情绪恢复过程中承担重要的角色。很常见的情况是，家庭成员在离婚进程中会疏离朋友，回避以前的社区支持，例如来自组织、教会、寺庙等的支持。此时，老年长辈就可以做点什么，他们不存在常人担心的侵犯当事人问题，可以帮助重建家庭的各个部分。女儿甚至儿媳可能由于得到帮助而重回大学或者得到特殊的培训，这样她们就可以想办法自立。（往昔，发生这种事情后，孩子就径直回家与父母同住，那样的日子一去不返了。）帮助照顾孩子或者给孩子们安排假期常常受到所有人的喜欢。尽管年迈的祖父母可能会感觉应付小家伙们太辛苦，但是很多人会很享受这样的机会，因为能够给孩子们提供关爱和支持，他们也很乐于扮演一个被感恩和被需要的角色。非常重要的一点是，在破碎的家庭生活中，那些父母离异但得到祖父母良好支持的孩子，会比没有得到这种干预的孩子，明显表现出更好的适应能力。[①] 该证据表明，当老年人意识到人们需要也想要他们的帮助时，他们可以有精力也有能力关心和照顾他人。

308

自由

老年期会出现对老年人自主性的严重威胁，而我们必须认识到，这些威胁是很急迫的。正如前文所述，所有的躯体障碍都会妨害活动的自由和自我决定水平。在机械化的环境里，老年人还要面对身体活动安全范围的其他设限。由于许多限制仅仅是因思考不周造成的，把老年人经常遭遇的一些实际问题及其解决办法都列出来是有帮助的。

首先，必须提供足够的保护让老年人免受暴烈性伤害，机动车行驶法规必须严格强制执行，以保证体弱的老人可以在街道上安全地行走。为了促进老年人对公共建筑（特别是进行登记和民意调查的地方）的使用，坡道和金属栏杆是必备的，供休息使用的座椅板凳也是必要的。我们有一位受访者说得非常现实："我甚至再也无法自己去看牙医了。我愿意走过去，就像过去我一直做的，但是，如果中间不休息一下，我是走不到那里的。而且，沿路没有地方可以停一停，坐下来喘口气。没有板凳或坐的地方，有些地方连人行道都没有。我再也走不了这么多路了。"显然，城市、城镇和郊区应该有人行道以保护所有的行人，特别是儿童和老人，使之免受机动车的伤害。

必须向全体市民，特别是那些再也不能开车的老人，提供公共交

---

① 信息提供者为朱迪丝·S. 沃勒斯坦（Judith S. Wallerstein）博士，她就职于转型期家庭研究中心。她与琼·B. 凯利（Joan B. Kelly）共同署名出版了《从关系破裂中幸存下来：儿童与父母如何应对离婚》一书（*Surviving the Breakup: How Children and Parents Cope with Divorce*. New York: Basic Books, 1980）。

通。如果他们想要继续参与曾经的活动，并且让这些参与和活动继续成为他们生活的一部分，就必须提供一些保障才能使之在现实上成为可能。

老年人对周围事物的继续参与程度的缩减会限制他们进入彼此往来 309
的共享生活。这种缩减常常不由自主地引发退缩和适应不良，由此可能直接造成其活力缺乏和抑郁。

随着年老，由于身体的整体肌张力开始松弛，同时体内各个部分因机能失调也引起他们对自己身体的觉察，老年人感到老化的身体被迫进入一种从未有过的无能为力之境况。有些问题可能不怎么重要，例如无法避免的面部皱纹。其他的则可能是令人痛苦的、使人感到虚弱和羞辱的。无论疾病的严重程度如何，老年人都不得不把关注点从生活中的乐趣转向身体方面的需求。而这可能是令人苦恼、令人沮丧的。

有一位受访者说："只要你能保持有事做，你就没有时间考虑自己或者为自己担忧。现在，我总是忙个不停，没工夫坐下来。但是有些老人，当没法加入团体或活动没有找上门的时候，哎，他们就放弃了。这有点悲哀，真的。他们不开心，其实他们有很多事可以做，但是他们似乎在哪儿都格格不入。"

另一位受访者，带着较少同情心用顺从的口吻说："有一种倾向就是放手……晚上就坐在这儿看电视，因为这是最容易做的事。等你活过80岁，你就明白了。"

在对自己的身体条件做出了现实的评估之后，老年人可以顺应环境并能够接受适当的依赖。一位更现实的老人直截了当地说："当然，你仍然对所有的事都感兴趣。但你不会期望自己还会像以前那样做每件事。有些事情你就得放手。"然而，不恰当的限制却可能会带来轻慢和贬低的感觉。一位鳏夫在描述自己当前的生活时，谈到他对限制的拒
绝，同时又希望依赖适当的帮助："我可以一直住在林子里，因为我知 310
道如果我真的需要帮助，我儿子会在三个小时之内赶到这里。现在，我得找儿子来修理水管，如果不是我儿子就在附近，我根本不会尝试这么

做的。过去，我可不需要他。”

我们的受访者谈到他们所了解的独立生活对他们有多重要，也谈到他们真的对“那些老年机构”有恐惧感。他们觉得熟悉的场景和街坊邻里能给他们支持，因为他们住在里面，人们也认识他们。一位妇女有些懊悔地说：“我知道要是我住得更近点，他们（我的家人）会方便很多，但是我还没准备好搬过来。我不想在这里成为他们的负担，但我想有时候我是个负担。我真的很喜欢自己的独立。”这样的反复思索，在其他人身上也能见到，可以做如下阐释：“在这里我感觉自己是独立的，有控制感。到了别处，我很可能就无法做到这些。”以省钱和现实等名义剥夺老人的这种安全的自主感是残忍的。在世界的其他地方——例如英格兰、斯堪的纳维亚、荷兰——家庭护理计划是为那些能够在家里自理的老人提供的，就是给他们一些入户的帮助。送餐上门服务就是朝这个方向迈进的一步。

为了让生命的最后几年尽可能维持积极和活跃，其他一些重要的问题也需要关注。其中一个方面就是适合老年人的住宅——独立而廉价的住宅。一些项目正在开发之中，但是需要由核心的住宅权威进行细致周到的协调和持续不断的监管。一些敏感问题的处理，例如住宅和城市发展（Housing and Urban Development，HUD）设施是否允许老年人养宠物，既需要有同情心，也要照顾到实际情况。

311

责任

以上都是当下迫在眉睫的问题，同时也是挑战，需要目前正在维护社会秩序的人们加以关注，他们现在就需要开始为自己的老年从长计议了。总体而言，看到问题比承担责任更容易，尤其是当这些问题还没有清晰界定的时候。

对于老年人自身而言，他们可以采取什么样的行动以保卫自己的独立性和自主感呢？人们肯定将之归到自己要尽可能保持健康和良好的身体机能。然而，这份责任并不应该全部放在个体的身上。社会有义务给公民提供支持和机会用以发展这种福祉，而且还应该尽可能为老年人提供维持精力的途径。例如，在身体健康方面，我们的教育体系可以承担更多的责任，教给每个孩子和年轻人他们的身体需要怎样的呵护，以及怎样才能让身体长久运转。学生们应该多多接受培训以掌握维护健康的技能，如同他们接受阅读、写作和算术的训练一样。解剖学与生理学可以设置为所有年龄段学生的主要课程——要求终身学习以确保社会的每个成员都了解有关健康的知识。

目前，学校确实设有体育课，在课上有身体锻炼。虽然也有课外体育运动，但是，其主要的关注目标往往侧重于“团队能力”，而该目标已经实现得很好了，故而并不是最急需的。青少年或许有机会接触到“性”以及性交后果的课程。尽管一半的学生将来有可能生儿育女，但
是，生孩子却并不是常规的学习主题。其结果是，年轻人乃至成年人拥 312
有充足的词汇量可以熟练地描述汽车发动机的机械问题，但却找不到合适的词语表述他们自己身体的生理过程。近几年，身体保健的新方法已经被引入教育机构、健身中心甚至电视节目中。参与者的获益已经证明了这样的学习机会应该进入更大型的社会体系中，或许，应该融入劳动人群的工作时间，就像在日本和中国那样普遍可见的。

鉴于当前的情况，我们看到罕有关于营养、关于如何选择和烹饪健康食物的指导，看到孩子们沦为电视食品广告散布的错误信息的受害者，就不足为奇了。我们需要灵通的资讯来保持坚定而不受那些巧妙的具有说服力的大众广告的影响，而这样的资讯在我们教育体系的初级水平上都还没有得到改善。

实际上，我们真的并不了解，自己的身体状态在这些年可以保持到何种程度，或者，身体健康的发展潜力是什么或可能是什么。很显然，只有少数人重点关注如何让身体功能具有引人注目的卓越表现。对其他人而言，身体功能必须与活跃的心理能力和工作技能的发展齐头并进。

从婴儿期开始，感官就应该得到保护，并且激发其发育至最完全的状态。我们有没有对过度的强光和噪声进行足够的约束来保护眼睛和耳

朵？我们是否真的了解哪种强度就会造成伤害？公共建筑、图书馆，特别是学校里的光照真的充足吗？

我们知道我们所呼吸的空气被污染了。那么，有没有把对空气污染
313 的抵制提高到应该有的优先位置？公共场所吸烟与通风条件很差的问题，一般又该如何处理？

或许有人马上会说，我们的食物也受到了糖、盐和防腐剂的污染。我们有没有加大力度来监管食物的供应？这可是现今的大生意，被技术化和政治化的生意。还有茶、咖啡、软饮料以及第一杀手——酒精又该怎么办？

因为一些英勇而有远见的祖先坚定不渝地努力保护，我们才有了公园。然而，随着人口的增长，我们将要对任何开放的尚未被开垦和未被污染的土地施予更多的保护。停车场所占用的城市空间原本应该可以让这里的人们自由地进行户外活动。城市街道并没有为跑步、步行或骑行提供足够的设施，而汽车却在每个十字路口都拥有优先权。

当然，我们在这里责备的如此冷漠、麻木不仁的社会，就是我们自己的社会——不仅仅是美国，而是整个世界。这些问题并不必然发展至此；它们是可以修复的。在20世纪60年代，这块土地上发出过一个声音，一个要求变革的声音，它申明并提出要引领我们所有人在身体和智力上通向更好的、更充实的、更富裕的生活。现在，面对有更长老年期的21世纪，我们应该再听听这个声音。

我们受访者中那些多年来从事辛苦的体力工作，并直到现在还继续保持较为适度的体力劳动的老人，都明显很强壮。前面提到的一对夫妻就是这类老人的最好代表，他们仍在自己的物产丰富的农场里工作，保持着富有活力的健康身体。他们敏捷、强壮，还能够从事一些艰苦的体力活。那位选择住到塞拉山麓孤零零小木屋里的男士，他也比同伴的身
314 体更健康，也更独立。然而，其他人则满足于舒适地从事较为有限的活动。有些人沉迷于电视，他们的社会环境没有提供支持，让他们做更多的事。他们活下来就已经很不错了，现在则尽可能享受他们的余生。当

他们太虚弱以至于不能照顾自己的时候或者生病的时候，我们的设施可以承担对他们的照料。而这就算足够好了吗?

年老的身体能够通过适当的锻炼焕发出活力，因此，白天参与活动的每一个时刻都可以是一份快乐而不是一项任务。这些最后的岁月可以是更富热情的，哪怕对那些想着别的任何事，唯独没指望靠自己的身体给生活带来活力感的人也是如此。这是可以做到的，因为身体原本就是一部带有自愈力的机器。老年人自己也负有责任去维护自己的身体能力，直到年岁太高使他们太虚弱从而不能再实践身体的自主性，即保证独立感。我们的受访者们非常清晰地表达了他们的顾虑，即担心身体和心理的崩溃。“你眼睁睁地看着自己一点点衰老，这会让人疯掉。老年是残酷的。”几乎所有人都说，他们希望在“灯枯油尽”之前死去。另一个人说得更直接：“我不想苟延残喘，不要去养老院，也不要去疗养院。如果我丧失了心智，我就一分钟都不想再活了。”

当一个人再也不能维持对自己身体的掌控，完全需要照护时，其成本常常高得惊人，一般家庭难以承受其重。故而，国立或州立的护理机构就成为唯一可依赖的资源了。这类机构在护理质量上的差异相当巨大。不同种类的护理服务要求的资格证书千差万别，并且，此类机构的开办者及提供护理的负责人其准入条件也是形形色色。不幸的是，这些机构大多只被当作风险投资来运营，为了利润的缘故会把开支压缩到最 315
低。相比于照顾每个人能力和需求上的差异，以例行程序安排病人的护理日程在很多方面则可以节省成本，也更方便可行。以这种机械的方式来运作机构是对员工和病人的伤害，因为它不承认也不顺应个体的优势和需求。

护理机构需要进行更多的思考、努力和竭诚奉献才能纠正这种有缺憾的实践，因为它将老年人及其照料者都去人格化了。

终身学习

指望教育系统——包括中小学、大专、大学以及各类职校——让所有人都获得终身学习的机会是不可能的。它只有在支付得起，同时还具有便利的交通和弹性的日程表的条件下，才有可能。老年人的收入无法承担因师资和场地发生的额外费用，所以他们是无法进入课堂学习的。理想状态下，所有的高等教育课程都应该对老年人开放，他们能给课堂带来热情和有趣的视角。大专院校在很多校区确实设有“荣誉课堂”，但是这些课堂的地点常常远离居民区，交通也不便利。诚然，可以组织某种扩展性课堂，使不同人群能够聚在一起，让有资质的教师用学识激励他们。社区大学以及许多学院和大学已经让老年人重返校园成为可能。老年人和年轻人均能从混龄学习中获得好处。这样的创新真的非常有益。

316 我们大多数人不曾经历过只有一间教室的学校，在这里不同年龄段的学生都一起学习。世界上依然有不少地方还是混龄教学，但我们已经很早就发现了把同龄孩子放在一起教学更高效。这样做的不利之处在于：我们似乎把学龄期之后的所有事务都按“同龄群体”的方式继续往下推进。除了大家庭的聚会，不同代的群体很少有机会碰在一起。如此，个体很难预期自己的下一阶段及可能的挑战，对早先阶段的回顾也很难产生强烈的共鸣和理解。这对老年人来说是一种剥夺，尽管他们当中很多人可能并未意识到这一点。因此，一直稳定地待在和自己一样老的人当中可能使人感觉单调乏味。

与年轻人的交往可以给老人带来巨大的快乐，孩子们纯真的嬉戏也可以让他们感到欣喜。不过，社交风格和态度差异所引起的尴尬可能会造成一些人为的障碍。一位年老的英格兰寡妇以英式的保守对此情景进行了形容：“不要去这些可怕的老家伙俱乐部，要去找年轻人。忍受一下他们的漫不经心。”[①] 完全可以说，之所以这种惯常的同伴团聚对老年人来说如此贫乏无味，其原因根植于包围着我们社会的年龄歧视。

当把老年人请进课堂，让他们给年轻人讲授过去的、在当前的技术

---

① Ronald Blythe, *The View in Winter*: *Reflections on Old Age* (New York and London: Harcourt Brace Jovanovich, 1979), 266.

时代濒于失传的技能时，他们的贡献是宝贵的。如果说这扰乱了课程——估计很可能会的，那么它对课程的充实足以有理由为之在时间和日程上做出必要的调整。我们不建议只是随意、临时地弄一下。老年人需要得到培训方面的支持，使他们有能力把技能有效地传递下去，课堂 317
教师也需要练习如何与他们巧妙地配合。然而，所有参与者都需要培养一种心态，即，承认老年人的贡献是一份令人尊敬的、宝贵的恩赐。

艺术

一般而言，学校的课程聚焦于为未来公民提供技能，使之能够参与现行的社会秩序并为成年生活中的角色做好预备。这当然是必要的。不过，把整个生命周期都包含进来，从一种更大的视角来考虑，艺术是一门可以充实到每一个发展阶段的课程，为不同能力和潜能的学生提供一种更宽泛的学习体验。在我们的中小学，艺术是不太受重视的，容易被看成是特殊兴趣的附属领域。在大专院校，艺术成为专业训练的预备课程。许多年轻人在学生时期没有尝试艺术方面的体验，原因可能在于它似乎不能保证给人一个有钱赚的生活。

如果从前没有从事过艺术方面的经验，那么一个人退休之后会发现自己很难进入专业化的艺术领域。该领域开启的创造性和启发性可以极大地丰富老年人的才智和审美。其实，正是由于这类活动一直远离一般人的经验，它们才能为其学习与促进提供一片新天地。它们要求感官进行沉浸式的参与，而过度忙碌的中年人对此是无暇顾及的，但是退休者却可以很自由地投入进来。

许多人认为自己没有创造的能力，但是这主要取决于文化因素。几 318
乎每个人都经历过创造性的激发，例如在音乐、舞蹈、绘画和雕塑方面的活动中，更不用说戏剧性活动，如在庆典仪式和狂欢节中，人们可以把所有艺术形式融合在一起，这种自然而丰富的彼此交织进而又强化了每个方面。对于老年人，从事这类艺术形式的表达可以成为一种很受青睐的积极参与方式和欢愉的源泉。然而，我们的社会制度并不能让这样的丰富生活简便可行。固然如此，在很多情况下，如果有精力充沛并富有进取心的热心人能够提供一些支持的话，依靠想象力和巧妙设计是可以实现的。选择一个房间、一个谷仓、一个仓库，在墙壁上挂上已完成或未完成的图画。各种各样的材料和材质——金属、织物、泥土、木头、石头，哪怕是架着步行器、拄着拐杖、坐着轮椅的人都会喜欢的。当然，还应该提供指导，给他们演示如何编织、绣结有趣的样式，如何对金属进行切割、弯曲、上釉彩，如何用锉和砂纸把木头打磨出漂亮的光泽，如何在转盘上用手或模具做泥陶。还有，音乐、歌唱和身体的摇摆可以给那些丧失了身体支配感的人带来惊喜的回报。各种形式的诗歌与写作也有自己的优势，而表演或朗诵戏剧能够给表演者提供美妙的角色感。

这是一个充满各种感官刺激的场景，包括视觉、听觉、味觉、嗅觉以及全部肌肉组织的运动觉。它所假设的，与老年人所说的“丧失了目标和兴趣，并因此也减弱了生活的感官色彩”①，应该完全相反。没有什么比让老年人保持与现实世界的联系以及保持所有感官的功能更有益
319 于他们了。老年人需要一种满足感，其来源是：我们一生之中赖以存在的感官末梢正在竭尽全力使老年人的身体保持警觉并予以赋能，使其继续保持积极的参与和创造性，并在人与物的世界里展示其能动性。② 这种需要本身就是不把老年人局限在同伴环境中的一个理由，因为变老是一个终结性的话题，并且只有用十分刻意的幽默才可能予以纾解和抗衡。一位观察敏锐的教师这样说：“当活动参与受到抑制或限制时，精力会偏转向那些并不熟悉的接收渠道，进而把自我的某些方面带入停滞状态。这样，会产生陌生而丑陋的自我意识，它让老年人陷入一种麻木状态。”③ 一位受访者坚定地说：“只要你让自己不停有事做，你就……让

① 引自 Blythe, *The View in Winter*, 242。
② Joan M. Erikson, *Activity, Recovery, Growth: The Communal Role of Planned Activities* (New York: W. W. Norton, 1976).
③ 引自 Blythe, *The View in Winter*, 257 - 58。

你的头脑保持着充实，这样你就没时间考虑自己或者为自己担忧。一旦你放弃，你就败了。”

与其把老年人置于除了思虑自己的衰退之外什么都不做的境地，不如在类似趣味盎然的工作室这样的地方培养他们的快乐，促进他们感官的参与。

在这种富有刺激与反应的积极参与的环境中，基本上不会有时间和机会给那些虚弱的、有些自怜的人反刍或讨论他们的疾病。当年轻人或任何其他年代的人，尤其是孩子们也参与进来的时候，老年人的心境无疑会得到改变。

在一个全心投入于过程的工作室的习作会上，课题是参与者们关注的中心，这里不是怜悯、讨论症状和残障的地方。究其原因并不难理解。因为这里没有听众，一群可能的听众已变身为全情投入于材料、工 320
具和进程中的工作者，没有什么比这更令一个抱怨者感到沮丧的了。

我们拥有豪华的博物馆，大大小小的都有。世界上很多活跃的艺术收藏家就出自我们社会中的老年人。有人可能会说，老年人不应该被指望能发挥活跃的、筹款董事会成员的作用，因为这是艰巨的劳动，是他们过去作为成年人维护世界的不可分割的一部分。然而，一个老年委员会能够为业余人士（热爱艺术的人）提供机会去表达他们对政策的看法，以及对机构的选择过程表达他们见多识广的观点。对于参与其中的老年人而言，这样的活动给他们提供了真正的身份以及合法感，他们感受到自己是一个文化事业中有胜任力的成员，而这个文化事业看重的是通过老年人进行文化的传承和延续。我们前面提到过一位年老的受访者，他一直到最近都在活跃地担任旧金山博物馆的讲解员，毫无疑问，在这项志愿者工作中他获得并同时给予了巨大的快乐。

还可以开发一些项目让老年人与年轻人和小孩子一起研习展品，并一起做一些与陈列主题有关的艺术体验活动。有一个博物馆正在组织这种项目化的活动，并已经取得了明显的成效。人们希望通过这些活动对年轻人和老年人都产生激励作用，促使他们更有效地利用博物馆提供的资源，同时也让“老年人有机会恢复长者和老师的角色”。[①]

321 这项试点计划现在进入第二年，已经吸引了大批的老年人和年轻人来到这家博物馆。参与者得到了热心支持，有来自博物馆工作人员的帮助，也有来自加利福尼亚艺术委员会和全国艺术捐助组织的资助。这难道不是一种极具价值的代际贡献，并值得其他博物馆效仿吗？

正如我们前面提到的，对于能够发挥作用的老年参与者，要把他们纳入各式各样的博物馆活动中，还必须恰当地考虑他们的身体状况，使其付出的代价保持最小化。

剧场也是一样，在戏里，全部的人生阶段都可以由角色表演出来，包括他们的压力、冲突以及或许还有不断累积的优势力量。许多老年人已经度过了生命周期的大部分，他们展现出一种对戏剧性描写的特殊敏感性或赏识。人类的弱点、自欺和虚假逃不过他们的慧眼，他们只需把目光投向过去，轻轻一瞥就能发出深沉的共鸣。但是，同样必须给他们安排廉价的门票和便利的交通。

老年戏剧表演小组也能够提供参与的机会，而且可能会令老年人格外开心。有一些此类的小组已经成功地组织起来，并有望为许多老年人提供一种蕴含着丰富多彩的形式与载体的综合性艺术体验。实际上，在过去十年里，人们对组建老年戏剧表演团体的兴趣十分高涨。美国剧院联合会（American Theater Association）出版的《老年剧场信息网》（*Senior Adult Theater Information Network*）中就有一份很吸引人的老年演出团体的名单，包括故事指针（Tale Spinners）、香料（Spice）、即兴表演（Improvise）、秋日表演者（Autumn Players）以及老年群星（Senior Stars）等。而今，有二十个老年戏剧表演节目以及众多工作坊和短期项目已经小有名气。老年剧场是对代际作用方式的一种促进，而这一方式已被证明是回报颇丰的。在创造性的戏剧表演中演绎早年的生
322 活阶段，对老年人来说应该是一项有意义的艺术体验，可以使之安于人

① 海林·福特冈（Helaine Fortgang）访谈录，他是旧金山市犹太社区博物馆的馆长。

类的生命周期。

有许多证据表明，老年人在绘画艺术领域可以体验到真正的参与和成就。我们立刻会想到一些杰出的美国老年艺术家，例如乔治亚·奥基弗、罗伯特·马瑟韦尔、迪克·库尼格（Dick Kunig）和爱丽丝·尼尔（Alice Neel）。那些从事老年人绘画服务的人谈到，自从摩西奶奶以她的艺术作品和专业技能震惊了世界以后，他们惊讶于老人们竟然可以如此迅速地对媒体做出响应，这些老人可以完全地释放自己，表现出一种独特的风格。在巴黎，有一个主要致力于老年艺术的展览，相关的报道和出版物证明了老年人有能力创造出“一个成就水准完全异于临时的或业余的艺术家”的艺术作品。拉福雷斯特瑞（R. Laforestrie）博士在伊夫里（Ivry）的查尔斯·富瓦医院（Charles Foix Hospital）创建了绘画与雕塑研修班，接着便为研修班老人举办了一场作品展。[1]三位工作人员在报告中讲道：“绘画与雕塑的体验为所有参与者提供了一场真正的探索之旅，这让我们重新认识了老化过程并抛弃了所有那些容易扭曲我们充满活力的、积极的生命观的预设、刻板印象和夸张的嘲讽。”[2]

在这次展览之后，又举办过几次，赞助者是巴黎的一些小型美术馆。这类鼓励性的美术作品展览所起到的作用远远超过言语，它激励老年人拓展自己的潜能并使其在这个过程中得到促进。

语言类艺术也可以成为一些老年人的兴趣领域，他们拥有的关于世界和生活的故事几乎快要消失了。他们本应该有机会讲述这些故事，因 323
为这些故事不仅对我们有益，也因为在讲述的过程中，老年人能够回忆和想起他们自己的生活。这类记忆常常比对近期事件的记忆更加生动，其原因或许就在于那时他们的感官非常活跃，因此也能够生动地保存那

① 有一本带彩色插图的目录册记录了这次展览，另外拉福雷斯特瑞、利佐特（A. Lizotte）和穆莱（R. Moulais）向第 13 届国际老年学大会提交的一篇论文也记录了这项工作。

② 这三位分别是伯纳德·科林（Bernard Colin）、拉福雷斯特瑞、穆莱教授，其中穆莱教授是查尔斯·富瓦医院老年病服务中心主任。

些感知形象。比起随机的、碎片式的回忆，这种方式可以更为有效地帮助回顾漫长的生命周期。

当要求老人自由地写下他们的生命叙事或者诗意的回忆录时，工作者们会惊奇地看到老人们所具有的自我表达能力。正如我们所猜到的，这样好的表达能力是老人们的感官曾经得到过高度唤醒和激发的结果，尽管他们当中很多人已经在养老院或护理机构居住了很多年。[①]

老年艺术家

西蒙娜·德·波伏瓦在她有关老年的不朽作品中曾收集了数量庞大的老年艺术家们——作家和画家的思想观点，他们纷纷谈到了一种感觉，即，在晚年他们获得了全新的创造力和动力。惠特曼的见证尤其令人动容，因为他曾经遭受严重的身体疾患以致最终只能困于轮椅。但是，他的头脑却异常清晰，仍然可以活动的还有他的右侧上肢。“至此，我就只剩这两样，它们是多么宝贵的财富啊!”他写道，“……但是，随着生命的衰落，随着所有的汹涌澎湃的激情都归于平静……迎来了从未有过的充满宁静与快乐的日子。”[②] 他这样写或许有一点逞强，但却很勇敢!

324 波伏瓦所引用的作家并未都达到这样的水平，但是那些在 20 世纪早期引领了艺术复兴之旅的画家让我们看到令人惊喜的事实，他们继续表现出创造力和有效而持久的勤勉。在很多音乐家身上我们也能看到他们如何在作品和表演上持续不断地进行投入。指挥一个管弦乐队是极其费力的事，而且排练和表演日程的安排都会非常严格。故而，这些艺术家的参与动机是显而易见的，几乎没有人会在 65 岁或 75 岁时谈起退休问题。

---

① Kenneth Koch, *I Never Told Anybody: Teaching Poetry Writing in a Nursing Home* (New York: Random House, 1978).

② 西蒙娜·德·波伏瓦引用的惠特曼的一封信，见 *The Coming of Age*, trans. Patrick O'Brian (New York: Putnam, 1972), 310。

正如我们所见到的，也正如我们众多的受访者所见证的，漫长老年期的开头几年完全可以活得富有创造力：试验新的生活方式，或者探索新的可以成为重要参与的活动，也或者，仅仅是把个人兴趣范围和鉴赏性体验做一点点令人愉快的扩展。

积极的参与

根据我们自己在人类发展领域的工作经验和访谈老年人的经验，我们选择了一个重要的主题进行报告，该主题经过证明是有助于理解老年人并具有特别的启发意义的。正如本小节的标题所指明的，这个主题就是**参与**，我们已经强调过了该词的含义以及它在一生中的重要性。参与必须是积极的，也必须包括经验的交互性，这也是我们的一个观点；提出这个观点并不奇怪，因为活力正是生命力本身的气息。

我们的伯克利老人们在他们晚年的活动中到底有多积极呢？该问题很难回答。正如我们已经指出的，很多老人的参与内容呈现出多样化的活动和关系。但另一些老人则呈现出相当迥异的状态。有些人在原先事 325
务的某方面保持了活跃。妇女们仍然会忙于家庭事务，这是肯定的。有人帮忙或者她们已退休的丈夫能伸手协助一下的话，一般她们会自己做一些购物、烹饪、洗碗和“打扫”的事情。一些男士会打理一下花园、修缮房屋，还会从事以前喜欢的娱乐活动。有一两位男士和女士参加了社团聚会或者教会的活动。有几位偶尔去剧院或音乐会并做短途旅行。所有人都看电视。谁能说这种沉迷是“好”还是“坏”呢？（它能带来娱乐、消遣时间，而且，最有益的是，它能够让看电视的人与外界保持一定的联系，但是它确实要求人久坐，而且很费眼睛。）当然，它既已存在，不论好坏，似乎都是不会消失的。

似乎，我们不能不扪心自问一下：这就足够了吗？老年人问题和社区组织的问题再次浮现出来，这些是关乎如何接触到我们的老年人并让他们更有效地参与进来的问题。就大多数人而言，他们并不是不方便外出的老人。那么他们不能做点贡献吗？他们的社会环境，即社区，不能或者不应当向他们提出任何要求吗？他们在已经度过的漫漫长路上常常遭遇艰难险阻，难道就没有什么对年轻人有价值的经历吗？在《理想国》中，苏格拉底说：“我认为年老者先于我们走过的道路是每个人都必须要亲自走一趟的，因此，向他们请教这条路的本质问题对我们是有益的事。”或许苏格拉底确实聆听过，并据此才向在场的希腊学者和哲学家们提出了他睿智的、简洁的、发人深省的问题。那么，我们自己应当如何更便利地获取这样的智慧呢？

我们受访者中有一些老人谈到自己已经做好死亡的准备并且愿意去死。一位老人说：“等你到我这个年纪，就会明白，我随时都愿意离开。
326 我活着不过是因为还有家庭的责任。”有些人甚至宁愿“生活不要继续”。他还毫无幽默感地述说道：“你已经拥有过了生命而且还活了那么久。你知道俗话说，‘好人不长命’，嗯，我年轻时一定是个恶棍，因为我到现在还活着呢。”不过，大部分人似乎很享受生活，即使他们的生活相当缺乏活力。

让人觉得人生还有意义的一种主要参与基本一致地体现在惦念和建立与子女和孙辈的关系中。他们为自己不畏艰辛把孩子们抚养成人而感到自豪，为年轻人的成长而感到满意，这赋予大多数人深深的满足感。随着孙辈的出生，他们会逐渐把自己的身份升格为一位令人起敬的老祖宗。让我们听听他们溯源自己的家世和孩子们的特点时的心声：“她跟她妈妈一样热情似火，她是我们的长女。她比任何人的精力都更充沛也有更多的规划。想想看，我妈妈也是那样的热情。还有我妻子的两位祖母也都是如此。”“我儿子是个完美主义者，这点像我。”“孩子们生来就十分聪明，和他们的爸爸一个样。”

如前所述，我们的老年受访者对生育方面的热情如此直言不讳，其原因可能在于他们已经参与本研究长达六十年之久，而这项研究主要就聚焦于他们的孩子。但是，对所有的父母而言，这的确是一种自然而然的热情，对祖父母可能尤甚。在我们之前，曾有我们的祖先——在我们之后，将有我们的后代，以及我们值得纪念的作为和成就。

或许，就在不久的将来，会有更多健康的、充满活力的老人，当他
们满怀期待能幸福长寿的时候，本节所讨论的一切意义深长的参与都将
被认为是天经地义的。与此同时，我们必须强调一点，现在 50 岁的人 327
们可以期待将来会比今天的老人过上更为丰富多彩的生活，而现在的老
人却必须要付出艰巨的努力才能开启那些目前将他们拒之在外的大门。

生命的周期

然而，生命周期的含义并不仅仅是指将自己的生命延伸到下一代。一如我们曾指出的那样，它会沿着个体生命行进然后发生回转，让生命以一种新的形式重新经历早期走过的各个阶段。用一个贴切的比喻来说，这种折返可以被看作一种朝向死亡的成长。枫树和山杨每年十月都会以火焰般的绚丽显示这可能是其生命中最后一次勃发生长。很遗憾，大自然没有授命让凡俗之人也经历同样精彩的生命表演。

实际上，随着老化过程的继续，人体便开始出现衰退，身体和心理社会方面的能力也随之减弱，这种变化似乎是与发展的轨迹逆向而行。当一个人的身体衰弱到需要帮助的时候，他或她就必须要重新适当地、不失信任和希望地接受对他人的依赖感。当然，老年人并没有被赋予如婴儿般的讨人喜爱的生存技能。年老的身体照料起来更困难一些，而且，对于照料者来说，从对老年人的照料中得到的满意感也低于对婴儿的照料。老年人拥有的生存技能得来并不容易，而且只能靠着意志坚定的修养才能得以维持。故此，唯有历经一生之久慢慢发展起来的信任感才足以应付这种情形，因为它会相当自然地引发人们对自己无助感的绝望和厌恶。多少老人中才会出现一位如我们所说的，“他是用一种谦恭的、半带幽默的温和方式放弃了老年生活中的每一个痕迹”？

我们尚不知晓人类的身体能够在最佳状态保持多久，而且更重要的 328
是，对此我们知道自己不知道。到底意志力和决心对延长活力起到什么
作用，也还没有得到证实。因此，有关如何在老年期提升活力的问题，
我们还有很多需要了解的。

不过，我们的确知道，个体需要适应身体、社区以及所处的环境，这是生存所必需的。在生命周期的每一个阶段，适应不良都会妨碍个体的发展，并会连带削弱社区的活力。在前面，我们谈到生命发展过程中的适应不良，也谈到了恶性倾向。在此，让我们更加细致入微地辨别一下在人生最后一个阶段的适应、适应不良或某些恶性倾向。我们不能将之与对价值观和美德的回顾或评估相混淆。在此，我们要讨论的是生存技能而不是性格优势或缺陷。

什么是适应，它对人或兽或植物有什么要求吗？它首先要求动物或植物能接受其所处的地方。当然，人类和许多动物在选择栖息地方面有更高的自主性，但是，即便如此，自主性也是有限的。接受就意味着适应这个地方和隶属其中的各种自然的、人造的形态和影响力。

既然所有事物都以某种方式彼此发生联系，那么显而易见的是，互相依靠单单对于生存也是必要的。令人深思的是，作为人，我们虽如此执着地紧紧抱着独立感的白日梦不放，但我们却变得越来越依赖于彼此的联系。这种把我们捆绑在一起的网络让我们完全地依靠联系来满足基
329 本需求，包括照明、能源、住所、交通和饮食。生活在小木屋、花园和农场的日子一去不返了，在那时候，独来独往倒是可行的。我们现在所处的网络并不是局域性的，而是全国性的，乃至世界性的。我们难道感觉不到这种互相依存？我们难道没有这样告诉我们的孩子，他们将会更加重视关系，并将更加清楚地看到世界上的人们被多么紧密地相互捆绑在一起了吗？可以确定的是，我们对人类的未来存有一个希望，即，能够认识到并接受，彼此依存是地球唯一的生存之道。彼此依存反过来也要求个体具有某种韧性，一种仍在演化中的恰当行为。往最好处想，这种关联性的演化可能会在适应性的能力和限制范围内变得很有创意，甚至有趣味。对于人类而言，这似乎就要求我们具备富有想象力的能动性，而这种能动性只有在富有韧性的信任与不信任保持合理比例的情况下才能发挥作用。我们的感官应该是敏锐的，而且对稳定的变化要保持机警，要做到这一点就要求能够意识到情境中的所有的相互依存的实

体，这还用说吗？所有这些都要求具备灵活的头脑、开放的潜能，并且还必须有一个强壮的、能够对所产生的观念进行贯彻落实或加以修正的生物机体。那么，对老年人来说，适应则提出了一个更大的挑战，社会和各个社区都必须为迎接该挑战寻找一条出路。

这就是我们讨论这些问题的原因所在，在 20 世纪即将结束之际，我们有了一个前所未有的数量惊人的老年群体，他们当中很多人会一直活到 90 岁或更高的年纪。他们向世界和自己提出了新的问题。尽管几乎还没有出现可用的指导性意见，不过，生存的适应法则可能打开我们的思路以发现新的对策。

在前面，我们也谈到社会制度中存在的功能失调现象，包括老年人照料和老年公民权利问题，对老年人疗养机构监管的恶意疏忽问题，退 330
休政策的过度武断问题，以及对丧失了驾驶、行走或攀登台阶能力的老人缺乏考虑未能提供安全的交通问题。

但是，让我们把注意力转到老年人自己身上来思考一下，当前时期，在这个国家的社会环境中，老年人有哪些态度和行为是适应不良的。毋庸置疑，每一个与老年人打过交道的社会机构都能列出一串具体的不合宜的姿态，不过，在这里我们只能做一些归纳。

或许，老年人表现出的最恶性的倾向可以被称为一种全然固执的拒绝，他们拒绝接受自己身上显然存在的退化症状。想想先前描述的那位女士，她拒绝使用轮椅并坚持要拄拐杖行走。但是，自从她确实无法拄拐走动之后，她几乎没离开过床、浴室和早餐台。这种执拗妨碍了正当的医疗和治疗的介入，甚至妨碍了一些临床设施的使用。这种拒绝显然说明个体并未尽到满足自己身体需要——营养和锻炼——的责任，也显然表明个体因轻视而对感官退化带给自己和他人的危险认识不足，比如感官退化会妨碍驾驶和骑行。

有一些不太显著的，但如果过度肯定就是恶性的倾向，包括脾气粗暴和持续的自艾自怜。此外，清高自傲会将他人的可能帮助拒之门外，而倚老卖老似的摆出一副智慧或富有整合感的面孔，也只能让人走向孤独。那种退缩而缺乏信任感的绝望也会让照料者所提供的帮助付诸东流。

331 在面临解体的时候不能催生出不断更新的整合感就是适应不良，这种情形在那些接受了病态老化刻板印象的人中非常明显。此外，否认精力和能力的衰退则会妨碍老年人为看护自己的身体健康和行使那些尚且良好的能力承担必要的个人责任。这还会阻碍老年人的交互性与人际依赖性的成熟。

对世界和所谓的进步都持有一种现实的绝望感才是合理的，但如果它的程度造成个体失去了活力，那么它肯定也属于适应不良。对随病而生的依赖感的恐惧与最初的、最早出现的对抛弃感的恐惧，二者会融合在一起，而要解决这个问题只有通过个体一生中不断积累的信任和忠诚，借助那些关心并负有责任感的人所提供的支持才有可能。

我们认为，婴儿为了生存**必须**发展出一定的信任感，而这种发展是一项必备的生存技能。对于母亲或照料者而言，婴儿的无助感就是对她的尽心尽力照料的本能呼唤，他们的眼神交流在很早的时候就得到了激活并形成了一种长久的交互性。如果孩子是“正常的”、健康的，他们柔软而完美的小身体就会给照料者一种美感的愉悦。他们的笑容那么令人沉醉，他们那很早就可以抓握并伸出要求触摸的手指激发了成人与婴儿间的相互信任感。

老年人多多少少是两者兼有的。不同于婴儿的是，老年人拥有一个优势储备库，其源泉来自生活史和故事叙述。作为时间的收集者和记忆的保存者，能健康活到年老的人已然具有了时间的优势——他们的时间得到了明智的、创造性的分配利用，通常表现为讲故事，把故事讲给那些有朝一日也会步其后尘的年轻人听。讲述这些故事并进行完美的讲
332 述，代表着上一代人把某种能力委托给下一代，把一种共享的和集体的认同传递给下一代的存活者，即未来。如前所述，信任是一种永恒的人类价值观或美德，通常被认为是所有关系的基础。希望则是另一种基础，是从婴儿到老年的所有群体生活以及生存本身的基础。老年人的问

题，或者说人生的问题在于，一个人如何运用老年期积累的信任和能力感来适应并与伴随老化而来的不可避免的身体衰变和平共处。

基于多年的合作经验，老年人不仅对自己的感官和身体能力而且对积累起来的有关周遭环境的知识都应该能够有所了解和信任，同时也知道何时是不可信任的。带着开放的心态聆听来自权威和专业人士的客观声音固然很重要，但是自己的个人判断是决定性的，因为个人与自己的身体和他人共同经历了那么多年的密切联系。然而，老年人到底有多大能力其实尚未可知。未来可能会给我们带来很大惊喜。

毫无疑问，老年人深知自己的优势力量。他们应该坚持运用自己的优势并参与到环境提供给他们的任何机会或可能性之中。他们不应当低估自己所具备的将蛰伏中的优势发展起来的潜能。从事一些有需要的、有益的工作无论对于老年人自己还是他们的社会关系都是适宜的。

伴随着老化，个体会不断遭遇一些无法避免的丧失——失去亲近的人和远的近的朋友。曾经拥有丰富的亲密关系的人也将是失去最多的人。虽然回忆是一种适应性的方式，但是，想办法努力建立新的关系不仅是适应性的，而且对个体的帮助更大。老年期是一个必然出现舍弃的时期——舍弃旧友、旧身份、早先曾经有意义的工作，甚至要舍弃早期生命阶段的一些所属物，如果它们现在妨碍了个体适应人生最后一个阶段的决定性的未知挑战，并使个体无法展现出必要的韧性和自由度 333
的话。

信任就在彼此的依靠中，施助与受助总在需要时。年迈的俄狄浦斯深深理解了，老年人有时候是需要三条腿的；骄傲可以成为财富但不可能成为一根拐杖。

当脆弱变成主导问题时，依赖就是适宜的，何况除了信任他人的陪伴外，一个人其实也没有别的选择，他们还会不断发现照料者的忠诚可靠是多么出人意料。

不过，生活越久便越让我们感受到自己所知甚少。接受童年的“无知”本性，并带上游戏般的好奇心，变老就可以成为一趟有趣的冒险，旅途上肯定会惊喜连连。

在此，我们或许会想起一幅景象，印度哲学家用它来形容最终的放手——存在的本相。猫妈妈用嘴把小猫叼起，母爱化解了所有紧张，悠荡之间是无尽的信任。小猫凭着本能就可以对此做出信任的反应，而我们人类却需要至少一生的练习才能做到如此这般的信任。世界的各大宗教信仰传统也折射出了对这些问题的思考，并纷纷赋予其实质与形式。

我们社会中老年人的可能角色

我们的社会面临的困境是，如何将数量巨大的健康老年群体吸收入社会体系内，并让他们富有成效地发挥自己的能力。我们的任务是要预见到这么一大群老年人将给社会带来哪些影响，因为健康的老人渴望并
334 要求更多富有活力的参与机会。老年人积累的智慧中有些品质已经普遍得到认可和尊重，如果认识到并给予表现的空间，他们会对我们的社会产生重要的影响。在此，我们指出以下几种可能的途径。

老年人在本性上属于生态环境保护者。久远的记忆和宽广的视野对维护我们的自然环境都是急需的。可以理解，老年人一般更热心关注水滨公共区域的障碍物、古树的砍伐、一大片肥沃的乡野被铺成道路，以及曾经清澈的河流溪水被污染等问题。他们拥有的久远记忆可以提醒他们周遭的环境在早年曾是多么优美。我们需要那些记忆、那些声音。

伴随着老化，男性和女性在很多方面变得不再那么明显偏爱男子气和女子气了。这并不意味着男性和女性丧失了性驱力和性吸引力。男性似乎变得更加能接受彼此依赖，而这是女性以前更容易做到的。现如今，很多女性反而变得更加积极主动并更多参与到那些曾是男性主导的事务中。有些女性接受这样的新角色是由于她们有个优势倾向，即比男性——她们的伴侣活得更久。很多年轻女性也曾经历过相似的转变，她们成为工作场所的专业人士。这些女性看起来很能干，能把养育儿女和家务与工作都挑起来，特别是当他们的伴侣能够认识到在这些事务中提供协助和支持是婚姻契约的基本成分的时候，她们做得更得心应手。

我们的受访者证明，允许并能够从不止一个侧面来评判问题是老年期智慧的一种属性。他们应该非常适合作为名目繁多的争议的仲裁人。丰富的经验应该成为远见卓识和清晰判断的先导条件。 335

老年人经验十分丰富，他们见证过毁灭与攻击带来的社会恶果。他们经历过战争，目睹过和平环境的分崩离析。他们懂得暴力会滋生仇恨，会破坏地球上生命的相互联系，他们也明白我们现在的破坏能力已经发展到如此地步，即暴力不再是解决人类争端的可行途径。

理想状态下，一个现代社会中的老年人应该是这样一群人，他们已经养成了显著的、对他人的宽容性和理解力，这里的他人包括“陌生人”，也包括“陌生方式”。这些老人可能成为倡导者，呼吁一种新的国际谅解，而不再容忍彼此恶意相称、贬低和不信任等典型的国际关系。

再想象一下，一个数量庞大而成熟的老年群体，他们已经从工作场所中紧张的人际竞争压力下解放出来，那么他们是有可能去追求各种各样活泼的艺术活动的。而这将给他们平凡的生活带来非凡的活力和艺术乐趣。而目前的成年人群中只有少部分人有钱或有闲能够参与艺术表现或成为表演艺术的欣赏支持者。要做到广泛参与艺术活动，其唯一的可能就是在小时候受到鼓励，从唤醒感官体验的游戏中发展出想象力的萌芽。当老年人着手开启这些新的体验之门并能够提升教育系统对艺术的融合度的时候，他们就能体会到这一点。艺术是一种通用语言，童年期对这种语言的学习可以为建立世界上不同社会制度间的联系产生帮助。

要形成新式的老年阶层就要求对所有的保健设施进行升级，并要求 336
对各个生命阶段的人都进行教育，无论是婴儿还是老年人。若要有机体能够运转百年之久，那么就需要在早期接受精心细致的培育和训练。教育必须为个体的发展任务做好准备，不单单是为早期和中年期的任务，也要为老年期的任务做好准备。训练是必备的，它既是为了富有成效地工作，也是为了能够理解并照顾感官和整个身体。活动的参与可以让整个人生更加美满，因此就必须不断改良并使之简便易得。实际上，让生命周期的发展理念得到更普遍的接受，可以提醒人们好好规划他们的整个人生，使之更加符合现实，还可以特别提醒人们，他们将有一个漫长的老年期。

我们的“联合反思”是从有关“年龄”和“阶段”等传统主题的学术研究开始的，那么作为结束语则应该关心一下老年期在整个人生经历中所表现的优势和承担的角色在现代社会发生了哪些变化。正如我们之前所说的，现代统计学已经做出预测，我们时代的人以及不久将来的大部分人，而不是少数精英，都将有更长的预期寿命。这意味着我们所提出的人类生命周期的概念将会发生剧烈的变化，以至于我们不禁发出疑问，照这种发展的情形，我们是否不应该回顾早期的各个阶段。确实，我们已经遇到了这样一个问题，即，既然老年期普遍都显著延长了，那么是否意味着应该为我们的生命周期增加一个第九阶段，它有属于自己的独特体验，例如某种不朽的感觉或预感。然而，一个决定性的事实在早期各个阶段都依然保持不变，那就是，对有机体及其心理社会环境而言，每个阶段的发展显然都是由生物学和进化的发展需要所引导的。进
337 而，对于每个阶段而言，这也就意味着当后一阶段到来时，前一阶段的主导性就必须让位。因此，尽管各个阶段之间的关联在一定程度上取决于每个人在特定历史背景和时代视角下的新兴人格特征和心理社会认同，但是对于成年之前的阶段而言，发展的各个年龄段显然是保持不变的。

与之类似的是，必须要强调在每个阶段，一旦进入其中，该阶段就与整个生命历程的命运交织在一起了。我们以倒数第二阶段出现的令人注目的繁殖感为例，进入老年期后，它形成了一幅两个主导性相对照的图景，即繁殖与死亡：一个人关心着自己所造之物的存在，而与此同时，也预先体验着一切终结于死亡。

在每个阶段的体验过程中，形成心理社会认同感都是至关重要的，但是无论一个人能活多久，他或她都必须面对自己，这就像面对一个分享属于全人类的存在主义认同感的人一样，而这种存在主义认同感就好像世界各大宗教中被创造性地赋予的某种形式。人生这最后的“安排”

必须足以使我们相信，作为“祖父母”的我们，注定要彼此分担我辈的责任。当我们最终从家庭和代际的参与中退下来时，只要有合适的时间和场合，我们就应该与世界上其他地方的老年团体建立联系，并以不断增强的全人类的交互性意识，继续学习如何交谈与倾听。

索　引

说明：索引中的页码为英文原书页码，见于正文边栏处。

译后记

2016 年秋，张宏学编辑邀约我翻译这本埃里克森论老年的著作。不巧，当时刚好接手了另一本大部头专著的翻译任务，鉴于能力与精力有限，就婉谢了宏学老师。几个月之后，得知还没有合适的译者，我动心了。不为别的，只因为埃里克森的人格发展观的确是一个难得的关于个体毕生发展的实体理论。他的自我同一性渐成论，尤其是其中对成年期自我同一性发展的诠释，给我的本科生课程——“成人发展心理学”提供了良好的组织框架，为我的老年心理学研究和社会服务提供了丰富的启迪，也为我调整自己的中年生活提供了有益的指导。据我所知，国内大学本科的发展心理学课程留给成年期部分的课时非常少，难以深入研讨老年期的心理发展问题。我指导的老年心理方向研究生，入学后都需要“恶补”老年心理发展的理论和基础知识。因此，我很希望本书的出版，能为国内高校的毕生发展心理学教学提供资料补充和方法的支架。

2017 年 2 月，我与中国人民大学出版社签订了翻译合同。当时的我，激情满怀畅想着要为本书写个长长的译者序，向埃里克森老师倾诉衷肠。然而，骨感的现实如照妖镜，毫不留情地还原了我能力的上限；俗世的捆绑也如狮子吞噬了时间和热情，拖沓的翻译进程彻底消灭了我为本书写长译者序的念头。还好，对埃里克森老师的表白毕竟不那么重要，重要的是这本书终于可以呈现给热爱发展心理学的读者了。

本书是埃里克森夫妇于八十高龄携手撰写的学术专著。其内容取材于美国加州伯克利一项长达五十余年的家庭追踪研究，最初的研究目的是通过对儿童身心发展的各项指标进行监测，为父母提供科学的教养方法和专业支持。星移斗转，这些孩子父母的追踪数据也历经五十多年。独具慧眼的埃里克森对这项研究进行二次“开采”，从老年期视角再次诠释自我同一性渐成论。本书不仅为埃里克森的毕生发展观提供了丰富的研究证据，也让这项地区性追踪研究成为老年心理学史上的里程碑。

值得分享的是，从开始翻译本书起，我便尝试将埃里克森推介的生活史素材——电影大师英格玛·伯格曼的《野草莓》引入我的发展心理学课堂，要求学生们运用埃里克森的人格发展理论解读伯格医生的生活史。多数同学表示看不太懂，也说不太清，少数同学能解读些许，能够深刻剖析的同学则凤毛麟角。不是青年学生不认真，实在是因为他们人生经验太少。埃里克森的理论极具思想性和实践哲理，非到一定年龄，不经受一番历练，是很难真正理解老年期所谓的“整合”与“完满”的。

本书出版要特别感谢三位老师。首先，要感谢张宏学老师的尽责与执行力，她的每次问候都会激发我继续向前推进。其次，要感谢国家开放大学的刘彩梅老师。在翻译进度延宕之际遇到热情的彩梅，她分担了本书第二章的初译工作。我由衷欣赏彩梅的文笔和效率，正是在她加盟之后，本书的翻译进程才飞奔起来。若没有她们两位的推动和助力，本书的出版恐怕还要再等上些时日。当然，我也可以把拖延的部分原因归于新冠疫情，由于它的全球肆虐，本书出版日程又耽搁了一年多。最后，要感谢职业编辑李和仁老师，他连日早起为本书做了最后一遍友情校对。

鉴于本书是一本学术著作，译文风格应尽量与原文保持一致。在此，我要向彩梅老师表达歉意，因为校对第二章的时候，对于作者自己的观点，我用较为古板严肃的学术语言替换了她原本华丽丰富的辞藻和活泼写意的表达。对照原文，我对本书内容进行了二遍统校。若有文字问题和原文理解偏误，责任在我，欢迎读者批评指正。

王大华

2021年6月30日

西方心理学大师经典译丛

001	自卑与超越	［奥］阿尔弗雷德·阿德勒
002	我们时代的神经症人格	［美］卡伦·霍妮
003	动机与人格（第三版）	［美］亚伯拉罕·马斯洛
004	当事人中心治疗：实践、运用和理论	［美］卡尔·罗杰斯 等
005	人的自我寻求	［美］罗洛·梅
006	社会学习理论	［美］阿尔伯特·班杜拉
007	精神病学的人际关系理论	［美］哈里·沙利文
008	追求意义的意志	［奥］维克多·弗兰克尔
009	心理物理学纲要	［德］古斯塔夫·费希纳
010	教育心理学简编	［美］爱德华·桑代克
011	寻找灵魂的现代人	［瑞士］卡尔·荣格
012	理解人性	［奥］阿尔弗雷德·阿德勒
013	动力心理学	［美］罗伯特·伍德沃斯
014	性学三论与爱情心理学	［奥］西格蒙德·弗洛伊德
015	人类的遗产："文明社会"的演化与未来	［美］利昂·费斯汀格
016	挫折与攻击	［美］约翰·多拉德 等
017	实现自我：神经症与人的成长	［美］卡伦·霍妮
018	压力：评价与应对	［美］理查德·拉扎勒斯 等
019	心理学与灵魂	［奥］奥托·兰克
020	习得性无助	［美］马丁·塞利格曼
021	思维风格	［美］罗伯特·斯滕伯格
022	偏见的本质	［美］戈登·奥尔波特
023	理智、疯狂与家庭	［英］R. D. 莱因 等
024	**整合与完满：埃里克森论老年**	**［美］埃里克·埃里克森 等**

＊ ＊ ＊ ＊

了解图书详情，请登录中国人民大学出版社官方网站：

www.crup.com.cn

VITAL INVOLVEMENT IN OLD AGE

By Erik H. Erikson, Joan M. Erikson, Helen Q. Kivnick

First published as a Norton paperback 1989.

图书在版编目（CIP）数据

整合与完满：埃里克森论老年 /（美）埃里克·埃里克森（Erik H. Erikson），（美）琼·埃里克森（Joan M. Erikson），（美）海伦·克福尼克（Helen Q. Kivnick）著；王大华，刘彩梅译. --北京：中国人民大学出版社，2021.9
（西方心理学大师经典译丛 / 郭本禹主编）
书名原文：VITAL INVOLVEMENT IN OLD AGE
ISBN 978-7-300-29757-6

Ⅰ.①整… Ⅱ.①埃… ②琼… ③海… ④王… ⑤刘…Ⅲ.①老年心理学 Ⅳ.①B844.4

中国版本图书馆 CIP 数据核字（2021）第 174201 号

西方心理学大师经典译丛
主编　郭本禹
整合与完满：埃里克森论老年
　　埃里克·埃里克森
［美］琼·埃里克森　　著
　　海伦·克福尼克
王大华　刘彩梅　译
Zhenghe yu Wanman：Ailikesen Lun Laonian

出版发行	中国人民大学出版社		
社　　址	北京中关村大街 31 号	**邮政编码**	100080
电　　话	010－62511242（总编室）		010－62511770（质管部）
	010－82501766（邮购部）		010－62514148（门市部）
	010－62515195（发行公司）		010－62515275（盗版举报）
网　　址	http://www.crup.com.cn		
经　　销	新华书店		
印　　刷	涿州市星河印刷有限公司		
开　　本	720 mm×1000 mm　1/16	**版　　次**	2021 年 9 月第 1 版
印　　张	18.25 插页 2	**印　　次**	2023 年 11 月第 2 次印刷
字　　数	247 000	**定　　价**	69.00 元